城市设计研究丛书 ｜ 王建国主编

传统乡村聚落性能化提升规划技术研究

Performance-Based Planning Method Research on Traditional Rural Settlements

赵 烨 著

东南大学出版社
SOUTHEAST UNIVERSITY PRESS

南京·2022

内容提要

本书基于中国传统乡村聚落面临的保护与发展兼顾、建设与传承并举等现实问题,尝试将性能化设计思路导入乡村保护规划,通过"性能化"概念与传统乡村聚落完整性的结合,将"合理性灵活"的技术理念从宏观思路转化为规划技术并融入整个规划过程,建立互动的工作框架与技术路径,完成不同层面、不同类型性能的整体性提升,并对传统乡村聚落的产业发展、性能改善、环境保护、风貌存续之间的关系进行了反思和总结。

本书适合高等院校建筑学、城乡规划学、风景园林专业的师生,以及从事村镇规划与建设、历史文化遗产保护的研究和管理人员等参考或阅读。

图书在版编目(CIP)数据

传统乡村聚落性能化提升规划技术研究 / 赵烨著. —
南京:东南大学出版社,2022.11
(城市设计研究丛书 / 王建国主编)
ISBN 978-7-5641-9368-3

Ⅰ. ①传… Ⅱ. ①赵… Ⅲ. ①乡村地理-聚落地理-
乡村规则-研究-中国 Ⅳ. ①TU982.29

中国版本图书馆 CIP 数据核字(2020)第 264264 号

责任编辑:孙惠玉 杨 光 责任校对:子雪莲
封面设计:顾晓阳 责任印制:周荣虎

传统乡村聚落性能化提升规划技术研究

Chuantong Xiangcun Juluo Xingnenghua Tisheng Guihua Jishu Yanjiu

著　　者:赵　烨
出版发行:东南大学出版社
社　　址:南京市四牌楼 2 号　邮编:210096　电话:025-83793330
网　　址:http://www.seupress.com
经　　销:全国各地新华书店
排　　版:南京布克文化发展有限公司
印　　刷:徐州绪权印刷有限公司
开　　本:787mm×1092mm　1/16
印　　张:15
字　　数:365 千
版　　次:2022 年 11 月第 1 版
印　　次:2022 年 11 月第 1 次印刷
书　　号:ISBN 978-7-5641-9368-3
定　　价:79.00 元

本社图书若有印装质量问题,请直接与营销部调换。电话(传真):025-83791830

近 10 年来,中国城市设计专业领域空前活跃,除了继续介绍引进国外的城市设计新理论、新方法以及案例实践成果外,国内学者也在一个远比 10 年前更加开阔且深入的学术平台上继续探讨城市设计理论和方法,特别是广泛开展了基于中国 20 世纪 90 年代末以来的快速城市化进程而展开的城市设计实践并取得了举世瞩目的成果。

首先,在观念上,建筑学科领域的拓展在城市设计层面上得到重要突破和体现。吴良镛先生曾提出"广义建筑学"的学术思想,即"广义建筑学,就其学科内涵来说,是通过城市设计的核心作用,从观念上和理论基础上把建筑、地景、城市规划学科的精髓合为一体"。事实上,建筑设计,尤其是具有重要公共性意义和大尺度的建筑设计早已离不开城市的背景和前提,可以说中国建筑师设计创作时的城市设计意识在今天已经成为基本共识。如果我们关注一下近年来的一些重大国际建筑设计竞赛活动,不难看出许多建筑师都会自觉地运用城市设计的知识,并将其作为竞赛投标制胜的法宝,相当多的建筑总平面推敲和关系都是在城市总图层次上确定的。实际上,建筑学专业的毕业生即使不专门从事城市设计的工作,也应掌握一定的城市设计知识和技能。如场地的分析和一般的规划设计;建筑中对特定历史文化背景的表现;城市空间的理解能力及建筑群体的组合艺术等。

其次,城市规划和城市设计相关性也得到深入探讨。虽然我国城市都有上级政府批准的城市总体规划,地级市以上城市的总体规划还要建设部和国务院审批颁布,这些规划无疑已经成为政府在制定发展政策、组织城市建设的重要依据,用以指导具体建设的详细规划,也在城市各类用地安排和确定建筑设计要点方面发挥了积极作用,但是,对于什么是一个人们在生活活动和感知层面上觉得"好的、协调有序的"的城市空间形态,以及城市品质中包含的"文化理性",如城市的社会文化、历史发展、艺术特色等,还需要城市设计的技术支撑。也就是说,仅仅依靠城市规划并不能直接给我们的城市带来一个高品质和适宜的城市人居环境。正如齐康先生在《城市建筑》一书中论述城市设计时所指出的,"通常的城市总体规划与详细规划对具体实施的设计是不够完整的"。

在实践层面,城市设计则出现了主题、内容和成果的多元化发展趋势,并呈现出以下研究的类型:

(1)表达对城市未来形态和设计意象的研究。其表现形式一般具有独立的价值取向,有时甚至会表达一种向常规想法和传统挑战的概念性成果。一些前卫和具前瞻眼光的城市和建筑大师提出了不少有创新性和探索价值的城市设计思想,如伯纳德·屈米、彼得·埃森曼、雷姆·库哈斯和荷兰的MVRDV 建筑师事务所等。此类成果表达内容多为一些独特的语言文本表达加上空间形态结构,以及其相互关系的图解乃至建筑形态的实体。其中有些已经达到实施的程度,如丹尼尔·李布斯金获胜的美国纽约世界贸易中心地区后"9·11"重建案等。当然也有一些只是城市设计的假想,如新近有人提出水上城市(Floating City or Aquatic City)、高空城市(Sky City)、城上城和城下城(Over City/Under City)、步行城市(Carfree City)等。

（2）表达城市在一定历史时期内对未来建设计划中独立的城市设计问题考虑的需求。如总体城市设计以及配合城市总体规划修编的城市设计专项研究。城市设计程序性的成果越来越向城市规划法定的成果靠近,成为规划的一个分支,并与社会和市场的实际运作需求相呼应。

（3）针对具体城市建设和开发的、以项目为取向的城市设计目前最多。这些实施性的项目在涉及较大规模和空间范围时,还常常运用地理信息系统(GIS)、遥感(RS)、"虚拟现实"(VR)等新技术,这些与数字化相关的新技术应用,大大拓展了经典的城市设计方法范围和技术内涵,同时也使城市设计编制和组织过程产生了重大改变,设计成果也因此焕然一新。通过 20 世纪 90 年代以来一段时间的城市设计热,我们的城市建设领导决策层逐渐认识到,城市设计在人居环境建设、彰显城市建设业绩、增加城市综合竞争力方面具有独特的价值。近年来,随着城市化进程的加速,中国城市建设和发展更是举世瞩目;同时,城市设计研究和实践活动出现了国际参与的背景。

在引介进入中国的国外城市设计研究成果中,除了以往的西特(C. Sitte)、吉伯德(F. Gibberd)、雅各布斯(J. Jacobs)、舒尔茨(N. Schulz)、培根(E. Bacon)、林奇(K. Lynch)、巴奈特(J. Barnett)、雪瓦尼(H. Shirvani)等的城市设计论著外,又将柯林·罗和弗瑞德·科特(Rowe & Kotter)的《拼贴城市》、马修·卡莫纳(Matthew Carmona)等编著的《城市设计的维度:公共场所——城市空间》、贝纳沃罗(L. Benevolo)的《世界城市史》等论著翻译引入国内。

国内学者也在理论和方法等方面出版相关论著,如邹德慈的《城市设计概论:理念·思考·方法·实践》(2003 年)、王建国的《城市设计(第 2 版)》(2004 年)、扈万泰的《城市设计运行机制》(2002 年)、洪亮平的《城市设计历程》(2002 年)、庄宇的《城市设计的运作》(2004 年)、刘宛的《城市设计实践论》(2006 年)、段汉明的《城市设计概论》(2006 年)、高源的《美国现代城市设计运作研究》(2006 年)等。这些论著以及我国近年来许多实践都显著拓展了城市设计的理论方法,尤其是基于特定中国国情的技术方法和实践探新极大地丰富了世界城市设计学术领域的内容。

然而,城市设计是一门正在不断完善和发展中的学科。20 世纪物质文明持续发展,城市化进程加速,但人们对城市环境的建设却仍然毁誉参半。虽然城市设计及相关领域学者已经提出的理论学说极大地丰富了人们对城市人居环境的认识,但在具有全球普遍性的经济至上、人文失范、环境恶化的背景下,我们的城市健康发展和环境品质提高仍然面临极大的挑战,城市设计学科仍然存在许多需要拓展的新领域,需要不断探索新理论、新方法和新技术。正因如此,我们想借近来国内外学界对城市设计学科研究持续关注的发展势头,组织编辑了这套丛书。

我们设想这套丛书应具有这样的特点:

第一，丛书突出强调内容的新颖性和探索性，鼓励作者就城市设计学术领域提出新观念、新思想、新理论、新方法，不拘一格，独辟蹊径，哪怕不够成熟甚至有些偏激。

第二，丛书的内容遴选和价值体系具有开放性。也即，我们并没有想通过这套丛书构建一个什么体系或者形成一个具有主导价值观的城市设计流派，而是提倡百家齐放，只要论之有理、自成一说就可以。

第三，对丛书作者没有特定的资历、年龄和学术背景的要求，只以论著内容的学术水准、科学价值和写作水平为准。

这套丛书的出版，首先要感谢东南大学出版社徐步政副编审。实际上，最初的编书构思是由他提出的。徐副编审去年和我商议此事时，我觉得该设想和我想为繁荣壮大中国城市设计研究的想法很合拍，于是欣然接受了邀请并同意组织实施这项计划。

这套丛书将要在一段时间内陆续出版，恳切欢迎各位读者在初次了解和阅读该丛书时就及时给我们提出批评意见和建议，这样就可以在丛书的后续组织编辑时加以吸收和注意。

王建国

2008 年 9 月 18 日

传统乡村聚落是我国农耕文明的重要见证,因受到地域特征、宗族思想、经济发展的影响,呈现出丰富多样的形态,具有重要的历史文化价值和研究意义。在中国过去30多年的快速城镇化进程中,来自不同主体的需求和意愿使传统乡村聚落的生存空间遭受不断挤压,并呈现出两大乱象:"格式化"抹杀了乡村已存的多样性和乡土特色;任由村民乱搭乱建的改造导致乡村风貌凌乱无序。如何兼顾保护与发展,在建设发展中保留多元化和多样性,是目前中国传统乡村聚落需要解决的共性科学问题,也是研究难点。

基于上述现实问题与价值取向,本书将性能化设计思路引入保护规划,以"合理性灵活"的核心理念与传统乡村聚落的传统性、完整性相结合,寻求互动的规划技术,在谋求发展、提升性能的同时,尽可能保持其形态完整与风貌延续。

本书通过对我国乡村建设的历程回顾、村镇规划的发展梳理和他国保护的经验总结,提取目前我国传统乡村聚落的四大发展主题——持续现代化、保护与发展、传统性特征、性能条件改善。对我国传统乡村聚落的传统性和完整性进行了论述和系统建构,以"在地性、时间性、社会性、传承性"来表述传统性特征,以"要素完备、结构完整、功能完善、关系完好"来解释形态完整性特征,最终形成以环境条件、历史脉络、人文因子、基底要素、结构单元、标志节点为要素的形态落点体系。

结合发展现状和村民调研,本书提出了围绕保护与发展的具体四大目标:保存空间结构、确保安全格局、改善使用功能、提高设施效率;建构了性能化提升规划编制的技术框架和路径,将"性能化"概念及其"合理性灵活"的技术理念从宏观思路转化为规划技术并融入整个规划过程。通过三次导入,分别就"宏观价值判断—中观项目集合—微观设计操作"对传统规划的定位、目标、内容、项目集合、参变量指标等内容进行技术拓展,完成不同层面、不同类型的性能提升。本书着重通过乡村的街巷网络的适应性和可达性提升优化、地块格局的二维及三维指标反馈,阐述了操作层面上的主动调整与被动响应之间的互馈作用与意义。最后,以福建武夷山曹墩村为例进行实证研究,对其进行了性能化提升规划,并对产业发展、性能改善、环境保护、风貌存续之间的关系进行了反思和总结。

本书通过多层次导入结合的工作路径、"多性能指标合集"和"双向构建与互馈"的技术方法,对传统规划方法及主要内容进行了有效补充,使传统乡村聚落的性能提升与形态保存的平行推进得以实现。

作为中华农耕文明的"活化石",传统乡村聚落既承载了广大农村地区人们的日常生产与生活,同时承担着传统文化的延续保存与彰显。这两大"重任"使得乡村的韧性与脆弱性在现代发展中表现得淋漓尽致。作为建筑师、规划师,帮助传统乡村聚落找到合适的定位、合理的策略、恰当的路径,是对当代中国乡土社会发展的积极回应。保存传统文化根基和提高村民的生活条件，是必须同步推进的一体两面，撇开适度发展谈保护，会禁锢乡村的内生动力与活力；离开文化传承谈发展，会使乡村成为无根的浮萍。因此，寻找平衡、互动的规划方法与技术是本书的初衷。

本书是作者近年学习研究的阶段性成果，受限于能力和时间，研究难免有局限性，期待更多乡村建设参与者展开相关研究、对话交流。书中如有疏漏，敬请各位读者批评指正。

赵 烨

2020 年 6 月

目录

0 绪论

0.1 研究背景

　　传统乡村聚落是我国农耕文明的重要见证,因受到地域特征、宗族思想、经济发展的影响,呈现出丰富多样的形态,具有重要的历史文化价值和研究意义。在中国过去 30 多年的快速城镇化进程中,来自不同主体的需求和意愿使传统乡村聚落的生存空间遭受不断挤压,使我国现阶段的农村建设呈现两大乱象:一种是"格式化"的农村住房和田地建设,通过开山腾"地"、填湖造"地"、改田为"地"等方式,规划横平竖直的道路格网、布置整齐划一的民房,让农村快速具备城郊的面貌,抹杀了乡村已存的多样性和乡土特色;另一种是"过度随意化"的自由发展,对村民提升生活质量的意愿不置可否、不设门槛,任由村民自发改造、乱搭乱建,村庄被各种"补丁"拼贴,风貌愈发凌乱、不协调,乡村中的矛盾和问题也日益积累(图 0-1)。

　　关于乡村空间形态的研究并不少见,但至今仍然没有解决乡村发展进程中错落参差的个体改造如何体现隐藏的空间结构规律,以及如何在统一建设中保留多元化和多样性的问题,乡村的物质建设始终没有寻找到令人满意的发展方向。

　　现代生活方式与乡村传统的生产、生活方式之间的差异并不是"非此即彼",而是存在多个过渡节点,因此"改头换面"不是一蹴而就的,而是需要经历长期的多个改造阶段;从保护角度来说,任何时期都存在值得保护和能

图 0-1　统一建设与随意改建

够保护的内容,只要在其中找到一个共识和重合区域,便可作为乡村改造的价值起点[1]。两种极端的处理方式看似是不可调和的矛盾,但如果将形态控制作为建设的硬性"红线",性能提升作为发展的弹性空间,便有可能在保全形态的同时提高村落的宜居性,并保留部分灵活性和乡土特色。

无论什么强度的建设都会对传统乡村聚落的物质与文化层面产生或多或少的影响,但根据介入手法和干预后效果可以判定优劣和适用度。传统乡村聚落的性能提升会导致形态的改变,若改变被控制在合理范围内,则传统乡村聚落的提升不仅是有效提升,而且是优质提升;若超出一定范围,则意味着建设失控,提升也就违背了初衷。究竟能够改变到什么程度,是以形态完整性作为性能化提升的评价标准的切入点和意义所在。

0.2 研究对象

0.2.1 传统乡村聚落

乡村聚落是指在地域与职能上与农业密切相关、具有明显自然依托性和乡土特性的人口聚居地,包括村庄(自然村与中心村)与集镇(一般集镇与中心集镇)。传统村落,原名古村落,2012 年 9 月被修改为"传统村落",以突出其文明价值及传承的意义。中国传统村落,特指民国以前建村,拥有较丰富的文化与自然资源、物质形态和非物质形态文化遗产,具有较高的历史、文化、科学、艺术、社会、经济价值,应予以保护的村落[2]。传统村落承载着中华传统文化的精华,是农耕文明不可再生的文化遗产;它是广大农民生产、生活的家园,拥有着丰富的历史遗存,蕴含着灿烂的民间文化,承载着各族人民的精神实质与气质,是中华民族文化的重要组成部分。但随着工业化、城镇化的快速发展,传统村落衰落、消失的现象日益加剧[①],不仅使灿烂多样的历史创造、文化景观、乡土建筑、农耕时代的物质见证遭到毁坏,而且使得大量从属于村落的民间文化随之灰飞烟灭,因此,加强传统村落的保护发展刻不容缓。2012 年 4 月,国家四部局——住房和城乡建设部、文化部、国家文物局、财政部联合启动了中国传统村落的调查与认定,统计全国具有传统性质的村落接近 12 000 个,同时建立中国传统村落名录,截至 2019 年 6 月,共五批 5 821 个村落入选[②]。

自 20 世纪末以来开展的新农村建设将广大的乡村快速拉入城市化进程中,大部分乡村经历着难以想象的巨大变革,并迅速从乡土变为"半城-半村"状态,可以认为,我国现已基本不存在"原始"意义上的聚落,现今语境下的"传统乡村聚落"基本等同于传统村落和传统集镇范畴,本书将研究对象限定于村落一类的传统聚落。

乡村聚落指位于乡村地区的人类各种形式的居住场所(即村落),包括村庄和拥有少量工业及商业服务设施但未达到建制镇标准的乡村集镇。活态特征是两者都具备的,大多数聚落至今仍在使用;侧重表达聚落所在的区域和主导产业类型,涵盖的村落数量和类型更为广泛和普遍。本书选择传统乡村聚落作为研究对象,意在将其与城镇聚落区分开,聚焦地处乡村、以农业生产为基础组织生产、生活、社交文化的聚落,具体包括村落在周边自然山水土地环境长期影响下形成的宏观形态,由空间要素组合构成的村落中观空间格局,以及组成空间格局的相关微观物质要素,影响传统聚落空间格局塑造的非物质要素,如经济因素、文化氛围、民风民俗等作为村落传统性调研的重要内容纳入分析范畴。

虽然传统乡村聚落受到在地影响远超过其他因素,但本书研究的是在传统乡村聚落保护规划中针对性能提升与传统保护之间存在的诸多不协调性和无法"共存"的现状,运用"合理性灵活"的思路,在传统保护规划技术路线中引入的性能化规划技术,这是跨越了地域、时间、文化类型、尺度,具有普适性的、适于推广的技术方法,不只是针对某一类乡村聚落,因此,地域差异、文化差异等要素不作为划分聚落的标准,只作为传统性的分析内容。

借鉴系统论、有机论的思想,本书将乡村聚落形态完整性理解为:表征空间形态的各物质性要素构成齐全;形态结构具有相似性或为分形结构,纵向宏观—中观—微观呈现过渡连贯的自组织状态;各要素子系统不仅能够满足自身内部的特定指向性功能,且与其他子系统衔接契合,形成流畅的协同配合,共同支撑起空间结构;该空间结构体系存在一定的缓冲和弹性空间,保证要素之间的协调和在可控制范围内的自我更新却不突破结构体系的界限,同时,当系统中的任一要素改变(增加、减少、替换)时,其余要素可及时调整以适应整体的变化。

0.2.2 意大利村镇样本选取

意大利作为欧洲重要的文化发源地之一,具有悠久的历史,至今完好保存有大量历史遗迹和文化遗产,拥有世界上最多的遗产名录(55项③),其前瞻的保护思想、先进的遗产保护体系和工作方法,以及与其他国家的频繁合作交流,使其在遗产保护领域的国际地位保持领先。

意大利历史城镇保护和历史地段复兴具有非常悠久的历史和广泛的实践,无论民居、公共建筑、集市还是开放空间,几乎所有的城市都保存有历史遗产,且一直保持高度活力与集聚力。意大利的基本国情与发展模式使其历史城镇的数量和地位远远高于同级别其他国家[3],且传统性很高,不仅提供居民远离喧嚣都市的平静生活和优美环境,而且表达对在地历史的尊重和文化的传承。在全球化浪潮不断席卷的现代社会和文化思潮中,面对"历史城镇该如何自处与对话"这一国际议题,意大利一直在积极寻找适合本国的方法。20世纪50年代以来,意大利历史城镇保护与更新在保护思路、方法、技术手段上开展了大量的创新实践,对我国城镇与乡村的保护与更新有着重要的参考价值。

在农业逐渐失去核心竞争力的今天,意大利的城镇保护及时调整了导向,重新开始了价值认知和积极保护,无论是历史建筑保护,还是空间品质更新,历史城镇仍然能"留住人",其中有不少值得借鉴的思路和方法。

0.2.3　性能化提升保护

性能化设计(Performance-Based Design)最早是一种新型防火设计方法,根据建筑的不同空间类型、功能分区、结构要求,基于火灾安全工程学的原理与方法,选择恰当的防火措施有机组合成总体防火方案。经过引申与发展,性能化设计已成为一种针对各类复杂建筑的设计方法,为了实现建筑需要满足的特定指标或性能要求,性能化设计不同于传统的特定规范建造,而是采用综合、灵活的途径进行性能补偿,整个建筑满足实际使用中的总体性能要求即可。它表达了一种更为灵活、动态的设计思路:不拘泥于针对逐个具体问题提出彼此割裂的解决方案,而是采取对薄弱、缺失、无法满足现行设计规范要求的某些关键环节,在整个系统中寻求路径,进行补充强化。

传统乡村聚落的"性能化提升保护"便是基于广义性能概念提出的。针对传统乡村聚落,现阶段问题主要集中在产业发展规划和居住条件改善方面,即全面提升各方面性能,包括总体规划、交通、管线、房屋室内外环境等,但片面关注、急于提升性能又导致了"千村一面"或风格拼贴的出现,传统聚落还必须面对历史地理资源保存、人文遗产保护传承等更能体现传统聚落内涵的多重价值,并处理好其与改善居住条件之间的关系。性能化设计的思路在此时引入便很有意义。首先,性能化设计本身就是为了提升性能而存在;其次,在面对不同权重的问题时,将形态格局、传统风貌保存需求视为优先保护的对象,作为提升不可触碰的"红线",再从基础设施、建筑结构、物理环境、居住硬件等方面寻找提升对策,通过这一技术方法,将提升作为保护的一部分,提升为了强化弥补使用性能,从而更好地保护不可逆资源,力求实现保护与提升并存,理性地协助规划编制解决问题、调和矛盾。

0.3　国内外研究动态

0.3.1　理论研究

1) 欧美地区

乡村聚落发展与保护一直受到学界的广泛关注,地理学、考古学的研究较为突出。

(1) 地理学:最早对聚落做较为系统的地理研究的是德国地理学家J. G. 科尔(J. G. Kohl),他于1841年出版了《人类交通居住与地形的关系》一书,首次对聚落的形成进行了系统研究,对从大都市到村落的不同类型聚落进行了比较研究,论述聚落分布与土地的关系,着重说明地形差异对村落的意义。1906 年 O. 施吕特尔发表了《对聚落地理学的意见》,第一次提出"聚落地理"的概念。后来德国地理学家弗里德里希·拉采尔(Friedrich Ratzel)对人类地理学进行了系统阐述,并首次将决定论引入地理学。

20 世纪 20 年代,法国地理学家保罗·维达尔·白兰士(Paul Vidal de la Blache)、让·白吕纳(Jean Brunhes)、阿尔伯特·让·玛丽·尤金·德芒戎(Albert Jean Marie Eugène Demangeon)等人,以地理学的眼光对农村聚落展开调查研究,用历史方法研究类型、分布、演变及其与农业系统的关系,并形成了人文地理学科。白吕纳在《人地学原理》中对农村聚落与环境的关系进行了全面的研究,创立了聚落地理学的基本原理,为聚落地理学的形成做出了巨大贡献。阿·德芒戎在《人文地理学问题》中,对农村居住形式、农业对居住形式的影响、法国农村聚落类型、现实问题等做了深入探讨[4]。这一系列研究活动及成果可视为欧洲学界首次对农村聚落的系统研究,并对后来的地理学发展产生了深远影响。

20 世纪 30 年代,世界范围内对聚落地理的研究已相当普遍,且德、法、英、美、苏等国形成了各自的研究风格,内容聚焦于乡村聚落的形成、类型、分布、规划等方面。第二次世界大战后,城市地理研究迅速崛起,乡村聚落地理研究不仅在数量上相形见绌,而且在理论和方法上鲜有进展。直至 20 世纪 60 年代,计量革命重新推动了乡村聚落研究,并以定量与定性相结合的方式展开。

(2) 考古学:美国考古学家戈登·威利(Gordon R. Willey)在《秘鲁维鲁河谷的史前聚落形态》(1953 年)中正式提出"聚落考古"(Settlement Archaeology)一词,并提出"复原文化历史、复原生存方式、描述文化进程"的三大目标。20 世纪 80 年代,聚落考古经张光直推介至国内,促使其在国内的兴起,后由严文明、曹兵武、张忠培等学者经过基本概念解惑、结合中国现状、理论结合发掘等阶段,基本解决了前提性问题:"聚落"所包含的多个层次及形态演进过程、中国的聚落考古断代、单个聚落形态和聚落群研究各自的侧重点等。20 世纪 90 年代后,国外文献的分析与经验借鉴、具体区域的文化形态研究、地理信息系统(GIS)等新技术应用这三大趋势促使聚落考古在意识形态和技术层面均得到很大提升,真正步入研究的繁荣期。目前,聚落考古的研究重点在于以下几个方面:① 聚落与生态环境的关系;② 布局结构与功能的关系;③ 发展与文明的关系[5]。其中,前两项更侧重物质性,与建筑学的研究领域存有交集。从物质性角度考虑,研究内容主要有单个聚落形态及内部结构研究、聚落分布与聚落之间的关系研究、聚落形态历史演变研究。这与建筑学的历时性与共时性研究思路不谋而合。

2)国内

(1)国内乡村聚落研究概述

我国古代没有对农村聚落进行过系统的研究,只能通过地方志、笔记、游记对当时各地农村的描述了解概况。明代徐霞客在《徐霞客游记》中,对其所经村镇均详细记述了地理位置、聚落规模、结构形式、房屋的地域差异,并对聚落与周围环境的关系进行了探究,包括风土人情、经济生活等。

20世纪30年代,白吕纳的《人地学原理》传入中国,对国内的地理学界产生了较大影响,乡村地理学有了快速发展。林超于1938年对聚落分类进行了讨论[6],并指出了农村聚落与土地的密切依附关系;1939—1950年的《地理学报》刊登论文主要聚焦于个案调查、变迁发展、区域地理中的农村聚落土地利用等方面[7]。

受到时代与国情的影响,乡村聚落研究经历了相当长的停滞期,直到20世纪80年代才重新回到学者的视野中,随后的发展逐渐摆脱了照搬国外研究成果的初级阶段,愈发与本国国情相结合,形成了具有浓烈中国特色的农村聚落研究。

1978年以后,一方面,随着农村经济的复苏,县级农业发展热烈展开,村镇建设和土地利用提供了大量课题,各省都有针对实际问题进行的研究;另一方面,城镇化与农村人口转移问题开始出现,城镇体系建设、人口转化预测成为新的重点之一。之后,每10年都有地理学者对研究进展与趋势进行总结与判断:1988年,金其铭对新中国成立前后30年的乡村聚落地理研究进行了历史梳理与趋势分析;1994年,陈宗兴、陈晓键对国内外的乡村聚落地理研究的内容变化与理论进展进行分析并划分了发展阶段;2013年,海贝贝等对1990年以来的乡村聚落空间研究进行了评述,刘永伟等对2002—2011年的乡村聚落研究又进行了分类与总结,提出了新时期研究的五大特点[7-10]。

我国自新农村建设提出伊始,相关研究立即成为学术热点。建设模式研究主要集中在以地域分类为主的"地域模式",如苏南模式、温州模式、成都模式、珠三角模式等;以驱动要素判别的"驱动模式",如工业企业带动型、外商投资带动型、商业贸易带动型、特色农业带动型、生态农业带动型、旅游休闲产业带动型、劳务输出带动型等;以及"空间模式",如城镇扩展模式、中心村集聚模式、非建设用地疏解模式等[11]。近年我国开始关注主体功能区划,主体功能区划是全国和省两级政府根据《全国主体功能区规划》实施以县为基础单元的主体功能区划分。我国国土被划分为"开发类"和"保护类",按照资源环境承载力、现有开发密度、发展潜力进一步将开发类区域划分为优化开发区、重点开发区,将保护类区域划分为限制开发区、禁止开发区,形成四类主体功能区的地域空间格局,和主体功能区—主导土地用途区—优选村镇建设模式[12]。

建筑学界以建筑单体为主的传统民居研究逐渐扩展到对整体的全方位考察,学科面也不断拓宽。除建筑学外,人类学、考古学、社会学、生态学等多个学科均有不同程度的相关性,因而聚落研究更为完整、多样且系统化[13]。刘致平在《中国建筑类型及结构》[14]中提到,建筑学对我国传统聚落的研究有两条主线:一是"聚落构成"研究,即对聚落的位置选择、空间形态、组织结构等的分析,也可以理解为共时性形态解析,对不同地域及文化背景下的聚落进行比较,从外部条件分析开始,进而考察聚落结构、街巷空间,再解析典型民居与公共建筑,以此形成由外及内、相对完整的体系,例如大量的地域聚落形态及成因比较研究;二是发展变迁研究,即历时性研究,探讨经历不同时间阶段发展而来的聚落特征,以此不断更新对保护的理解,融合其他学科的视角。两条线索交织,例如对京杭大运河沿岸聚落分布规律的研究[15]。

（2）国内聚落研究具有代表性的学术团队④

① 清华大学单德启、陈志华、楼庆西、李秋香团队

单德启教授自 20 世纪 80 年代开始对徽州地区的传统村落与建筑展开研究,出版了《中国传统民居图说》(徽州篇、桂北篇、越都篇、五邑篇)等著作,主持课题“城市化和农业化背景下传统村镇和街区的结构更新”等,长期致力于乡土建筑在现代化过程中的转变研究。陈志华提出了“乡土建筑研究”的理论框架,界定了聚落研究的内容与方法,并扩展到社会历史文化领域,进而对聚落展开完整的建筑文化圈研究。1989 年起,陈志华、楼庆西、李秋香等带领学生开始乡土建筑调查研究,先后对浙江、安徽、江西、福建、广东、陕西、山西、湖南、河北、四川等地的大量传统古村落进行了调研与测绘,共出版了“中华遗产·乡土建筑”“中国古村落”“中国乡土建筑丛书”“乡土记忆丛书”“乡土中国系列”“乡土瑰宝系列”“中国民居五书”等共计 69 本著作,在学界产生了深远影响。

② 东南大学潘谷西、张十庆、董卫、龚恺和段进团队

潘谷西教授率张十庆、董卫、龚恺等对徽州地区的研究持续了 30 余年,积累了丰厚的成果。20 世纪 80 年代,他们的调查研究成果主要以学位论文的形式呈现:《明清徽州传统村落初探》《宗法制度对徽州传统村落结构及形态的影响》《皖南村落环境结构研究》⑤。20 世纪 90 年代,他们与歙县、黟县文物局展开合作,对徽州古村落进行测绘,出版了“徽州古建筑丛书”之《棠樾》(1993 年)、《瞻淇》(1996 年)、《渔梁》(1998 年)、《矛峰》(1999 年)、《晓起》(2001 年)。2000 年以来,段进教授携团队对太湖流域古镇、徽州古村落尝试展开新技术运用研究,出版了多部相关论著⑥。

③ 天津大学张玉坤团队

张玉坤教授长期从事传统民居、农村住宅的研究,自 2003 年起主要研究方向为人居环境与生态建筑(都市农业)、聚落变迁与明长城军事聚落,2003—2008 年先后主持自然科学基金项目“中国北方堡寨聚落研究及其保护利用策划”“中国古代农村聚落分布规律与文化生态学研究”“明长城军事聚落与防御体系基础性研究”,2015—2018 年主持自然科学基金项目“明长城军事防御体系整体性保护策略研究”等,主编有《中国长城志:边镇·关隘·堡寨》卷。

④ 华南理工大学陆元鼎、陆琦团队

陆元鼎教授主要对广东传统民居建筑进行研究,出版《中国美术全

集·建筑艺术编:民居建筑》《广东民居》等专著,主编《中国传统民居与文化》等专集,在广东传统民居研究中系统地论述了传统民居中有关梳式布局、密集式布局、民间丈竿法模数和民居通风体系理论。陆琦教授对岭南地域传统民居建筑进行持续研究,发表论文有《岭南园林与人居环境的创造》《传统民居装饰的文化内涵》《土家族民居的特质与形成》《浓洄镇特点与民居特色》《广州西关民居保护规划研究》《广州小谷围练溪村改造与更新——广州大学城民俗博物村设计》《岭南传统聚落的保护与功能置换——广州大学城民俗博物村保护与更新设计》等。

0.3.2　实践研究

西方发达国家的村镇研究和实践工作始于 20 世纪六七十年代,为复兴日益衰败的农村。英国、德国等相继开展了各种形式的"乡村计划"并取得了丰富的经验,结合国家政策的引导,目前已步入成熟稳定阶段。现阶段,欧美各国已基本实现了农业与工业、服务业同步发展,乡村与城市同步发展,农民与城市居民共同富裕。

我国的新农村建设在建设思路上与东亚其他国家及地区较为相近,但目前仍处于发展的初级阶段,建设内容仍着力解决农业粗放型技术问题,农村体制仍停留在户籍单元而非社区单元,建设主导者仍是政府而缺少非营利组织的介入和村民参与。与东亚其他国家较为成功的案例相比,中国的新农村建设还需要相当长时间的发展。

目前,我国正处于"新型城镇化"发展阶段,大量深层次结构性问题引起了各界的高度关注。近年来全国各地通过"新农村建设""美丽乡村"等各类乡村建设活动推动了新时期的乡村发展,但现阶段的"乡村建设"内涵已经发生了重要转变:城乡巨大差距、城镇化新态势、三农问题成为新背景,乡建目标转变为改善人居环境、扶持乡村发展、传承本土文化、复兴内生活动等,乡建内容也不断扩充,从传统的物质环境建设转向组织协助治理问题等方面。

总体而言,当前乡建的主体主要有三类:首先是在国家"社会主义新农村建设"背景下,各地方政府主导开展的新农村建设、美丽乡村建设,主要内容是改善人居环境、提高基础设施条件;其次是精英知识分子,运用自己的社会资源和知识技能对乡村发展进行实践干预,主要成果是提升乡村的品质与知名度;最后一种类型是将城市资本通过新农村建设项目注入乡村,对乡村产业和空间进行改造。三类主体交叉重叠、互相促进,从政策、项目、资本等多方面推动宏大的乡建图景(表0-1)。基础建设主要由政府主导,规划师、建筑师协助政府完成村庄总体规划、环境整治规划、住宅建设等一系列物质建设,一批长期从事乡土建筑研究、乡村可持续发展、乡村复兴研究与实践的知识分子,基于各自的研究平台和视角,结合实践对乡村建设提出各自的见解,推动乡村保护规划水平的不断提高。

表 0-1 典型的乡村建设实践

时间	地点、事件	内容	特色
2007 年始	浙江德清莫干山	以裸心谷为代表的"洋家乐"	将隐士、乡野文化结合的特例
2010 年始	浙江美丽乡村建设行动	打造"宜居宜业宜游"的美好家园	改善人居环境、发展生态经济、投资农家休闲旅游、以安吉桐庐为代表
2011 年始	江苏美好城乡建设行动	村庄环境整治	改善环境、提升基础设施、都市生态休闲游、以石塘村为代表
2011 年始	河南信阳郝堂实验村	李昌平、王继军、孙君等改造村庄	村社共同体、自主建设、内置金融
2011 年始	安徽黟县碧山计划	欧宁、左靖的艺术介入	保存乡土传统和地方文化
2012 年始	四川成都"小组微生"	美丽乡村建设	土地流转经营、川西民居风貌
2014 年	浙江临安太阳公社	绿色生态农场	2014 中国建筑奖
2015 年 11 月	四川成都《中国美丽乡村论坛宣言》	"面向 2020 的美丽乡村建设"	在全国掀起美丽乡村建设热潮

　　与有形的物质建设平行展开的另一条脉络——文化乡建也逐渐蓬勃发展起来。中国的知识分子近年也在不断思考："乡村从何时起成为民族的累赘,成了改革、发展与现代化追求的负担? 成为低层、边缘、病症的代名词?"[16]"知识分子对当下农村的描述,已经从过去的'农村破产'变为'乡村凋敝',在城乡关系仍旧如此紧张的今天,乡村建设在一边倒的利益诉求下究竟还有多少改良的空间? 乡村建设难道只是中国知识分子'知其不可而为之'的道德心结吗?"[17]无论是文化策展、建筑设计,还是乡村营建,艺术家们的各种"还乡"实践都借助场景再现和精神回归的方式,折射乡村的情感心理、文化状态、物理形态,试图获得同龄人的共鸣,引导更多人回到乡村,唤醒人们对于当代乡村在我国历史变革和文化变革中所处尴尬、悲惨境遇的反思,重新审视中国乡村与中国现代化发展的关系。

　　实际上,世界不同地区的乌托邦实践和乡村社区建设从未间断,例如新西兰的"嬉皮公社"和生态村、法国字母主义者的"冬宴"概念、20 世纪 60 年代北美地区的"回归土地"运动和部落的礼物经济等。亚洲多国的艺术家和知识分子也通过多种途径为乡村保护做出努力,在乡村展开的实验大多源于对本国或当地的现实忧虑和文化介入。例如,里克力·提拉瓦尼(Rirkrit Tiravanija)和卡明·勒猜巴硕(Kamin Lertchaiprasert)在泰国清迈开展的"土地计划"(The Land Project,1998);印度作家阿兰达蒂·洛伊(Arundhati Roy)在农村地区反对水坝建设(Sardar Sarovar Dam Project)和支持毛派农民抗争(Naxalite-Maoist Insurgency)社会运动;日本策展人北川弗朗(Fram Kitagawa)自 2000 年开始在新潟县乡村越后妻有地区开展题为"地球艺术节的村庄是什么"(大地の芸術祭の里とは)⑦的三年展(Echigo Triennial)与艺术项链:十年地区再现活力营建计划(Art

Necklace:The 10 Year Long Regional Revitalization Project),要求所有作品必须结合当地空间,必须雇佣当地农民参与以增加就业。这些乌托邦实践和文化艺术建设都是期望以艺术的方式表明自己的立场,对老化凋敝、濒临衰颓的农村,对已经逝去的农村艺术、农村生活和乡土精神表达无声的惋惜,并试图重建当代社会对于乡村的客观认识。

第0章注释

① 2000年我国的自然村总数为363万个,2010年锐减至271万个,即10年间减少了92万个。

② 数据源自中华人民共和国住房和城乡建设部网站。

③ 截至2019年7月,经联合国教科文组织审核被批准列入《世界遗产名录》的意大利世界遗产共有55项(包括自然遗产5项、文化遗产50项),含跨国项目6项(文化遗产4项、自然遗产2项),数量上与中国并列第一。数据源自联合国教科文组织网站。

④ 参考浦欣成《传统乡村聚落平面形态的量化方法研究》一书中"富有代表性的研究学者"内容并有所改动,详见:浦欣成. 传统乡村聚落平面形态的量化方法研究[M]. 南京:东南大学出版社,2013:11-14。

⑤ 以上论文分别为张十庆硕士学位论文,1986年;董卫硕士学位论文,1986年;韩冬青硕士学位论文,1991年。

⑥《城镇空间解析:太湖流域古镇空间结构与形态》(2002年)、《空间研究1:世界文化遗产西递古村落空间解析》(2006年)、《空间研究4:世界文化遗产宏村古村落空间解析》(2009年)。

⑦ 资料源自地球艺术节网站。

第0章参考文献

[1] 孙君. 郝堂村一号院改造,信阳,河南,中国[J]. 世界建筑,2015(2):94-99.

[2] 胡燕,陈晟,曹玮,等. 传统村落的概念和文化内涵[J]. 城市发展研究,2014,21(1):10-13.

[3] 徐好好. 意大利波河流域历史城镇城市遗产的保护和更新研究[D]. 广州:华南理工大学,2014:64.

[4] 阿·德芒戎. 人文地理学问题[M]. 葛以德,译. 北京:商务印书馆,1993.

[5] 汤莹莹. 80年代后中国的聚落考古及其相关问题研究[J]. 赤峰学院学报(哲学社会科学版),2013(5):6-9.

[6] 林超. 聚落分类之讨论[J]. 地理,1938,6(1):17-18.

[7] 金其铭. 我国农村聚落地理研究历史及近今趋向[J]. 地理学报,1988(4):311-317.

[8] 陈宗兴,陈晓键. 乡村聚落地理研究的国外动态与国内趋势[J]. 世界地理研究,1994(1):72-79.

[9] 海贝贝,李小建. 1990年以来我国乡村聚落空间特征研究评述[J]. 河南大学学报

（自然科学版）,2013(6):635-642.

[10] 刘永伟,张阳生,李奕. 近 10 年来国内乡村聚落研究进展综述[J]. 安徽农业科学,2013,41(5):2101-2103,2109.

[11] 崔明,覃志豪,唐冲,等. 我国新农村建设类型划分与模式研究[J]. 城市规划,2006(12):27-32.

[12] 张永姣,曹鸿. 基于"主体功能"的新型村镇建设模式优选及聚落体系重构——藉由"图底关系理论"的探索[J]. 人文地理,2015(6):83-88.

[13] 浦欣成,王竹,黄倩. 建筑学视角下国内乡村聚落研究解析[J]. 华中建筑,2013(8):178-183.

[14] 刘致平. 中国建筑类型及结构[M]. 3 版. 北京:中国建筑工业出版社,2000.

[15] 李琛. 京杭大运河沿岸聚落分布规律分析[J]. 华中建筑,2007(6):163-166.

[16] 梁鸿. 中国在梁庄[M]. 南京:江苏人民出版社,2010.

[17] 左靖. 碧山 02:去国还乡[M]. 北京:金城出版社,2013.

第 0 章图表来源

图 0-1 源自:新浪网;王建国工作室陕西聚落调研组.

表 0-1 源自:张京祥,姜克芳. 解析中国当前乡建热潮背后的资本逻辑[J]. 现代城市研究,2016(10):2-7.

1　中国传统乡村发展概述

1.1　中国乡村发展与城镇化

1.1.1　中国乡村建设发展

按照我国乡村建设的演化历程,乡村发展可大致分为以下几个阶段:

1) 1920—1949 年,乡村建设研究的萌芽初期(代表人物:晏阳初、梁漱溟、费孝通)

这是中国农村的第一个发展期,留学归来的晏阳初和立志于乡村教育运动的梁漱溟不约而同地将目光聚焦在农民的教育方面,认为中国农村的落后根本原因在于农民的落后,不懂得学习先进文化与思想,且不能凭借自身力量建立先进的制度来推动进步。因此,他们两个人以不同形式表达了农民教育的迫切性。

晏阳初在美国的求学经历让他认识到平民百姓中深藏着"脑矿",于是,他决定回到中国开始平民教育和乡村建设运动。他从国民性的角度,把当时中国民众的问题概括为"愚、穷、弱、私"四大病症,主张教育是根治的根本之道,但教育不能孤立存在,必须与建设结合,教育为建设服务,建设反过来促进教育。1926 年,他将研究重点从城市转向农村,以河北定县为基地,开始了综合的社会改造实验研究,史称"定县实验"。"三大方式""四大教育"是他在定县实验中推行的平民教育与乡村建设的主要内容:以"学校式、社会式、家庭式"三大方式结合并举、"以文艺教育攻愚,以生计教育治穷,以卫生教育扶弱,以公民教育克私"四大教育连环并进的农村改造方案,在定县获得了成功之后拓展至全国的其他省份地方农村。梁漱溟将中国的乡村问题归纳为四个方面:旧社会、政治结构、经济建设和乡村组织。在当时的整体环境下,乡村发展的"两大难处"是"高谈社会改造而依附政权,号称乡村运动而乡村不动"[1]。

晏阳初和梁漱溟作为平民教育和乡村建设运动的领袖人物,其高瞻远瞩的思想至今仍贯穿中国农村建设的主旨,其孜孜以求的运动至今仍是未竟的事业,但在当时的社会背景下难以推广:在尚未解决温饱问题的初级阶段,倡导思想精神的提高,未免有些形而上的"高谈阔论"。

费孝通在 1936 年对位于江苏太湖东南岸的开弦弓村进行了实地生活调查,并于 1939 年完成了《江村经济》一书,详细描述了中国农民的消费、生产、分配和交易体系的运行、农村土地的利用和农户家庭中再生产的过程,说明农村经济体系与其特定的地理环境之间存在的关联性,以及与农村社会结构之间的种种复杂关系。选择该村作为中国工业变迁过程中的典型案例——工厂代替家庭手工业系统并引发了各种社会问题,并将其作为中国小城镇经济发展的缩影,对主导、影响经济现状的深层原因进行了梳理和阐述,将社会性和生活性视为中国农村发展之根本,由一个村庄放大到全国的时代背景下所共同面临的经济、文化、社会变迁,这一调查对于当时中国经济问题研究和农村研究是一种必要的补充。

当时还有一些寻求救国道路的仁人志士及学者,其观点却大相径庭。陈序经深入中国南方农村,对闽、粤、桂的船家疍民和东南亚各国华侨进行调查研究后,于 1934 年在《广州国民日报》发表《中国文化之出路》一文,提出东西方文化的研究者有三种不同的主张:一是主张全盘接受西方的文化;二是主张复返中国固有的文化;三是主张折中的办法。他认为折中派和复古派都没有出路,主张"全盘西化"或"充分世界化",在全国引发了一场激烈的文化论战,1936 年,他在《独立评论》发表《乡村建设运动的将来》,批评梁漱溟等人"以农立国"的主张,又引发了乡村建设运动的论战。吴景超则集中在工业救国的思考上,对土地制度进行了研究,提出土地制度改革和佃农问题,于 1935 年写出《阶级论》,对当时的中国社会性质的准确理解、对中国社会阶级的理解以及对于中国农村土地、租佃及人口问题给出判断与解释,是他那一阶段的突出学术贡献。

2)1949—1952 年,新中国成立初期的土地改革

全国广大解放区的土地改革完成标志着彻底消灭了封建剥削制度,结束了中国社会的半封建性质,土地由剥削阶级所有转为归农民所有,实现了"耕者有其田"的目标,解决了新民主革命时期留下的最大问题,同时也有力地激发了农民的劳动积极性,当时社会中 88% 的人口回归传统农业社会,大大解放了农业生产力,使农业生产迅速得到恢复和发展。

3)1952—1978 年,农村合作化运动与人民公社化发展

土改结束后,开始引导农民走合作化道路,通过劳动互助、土地入股、集中经营等方式,实际是将土地农民私有制转为农民私有、集体经营使用的土地制度。为了满足工业化需求,1955 年开始推行高级合作社,"一大二公"使农民的土地收为集体所有,高度集中的劳动和平均主义的分配影响了农民的积极性。1958 年升级为人民公社集体化,以乡为单位,集中上万亩土地的产出以换取城市产业资本和农业机械等工业品下乡,在这一集体化时期,我国开始了城乡二元结构的隔离模式,农民在极其贫穷的条件下为国家内向型工业化和城市化起步做出了重大贡献。

1978 年,我国开始推行家庭联产承包责任制,安徽凤阳县小岗村 18 位农民的土地承包协议开创了家庭联产承包责任制的先河,隔年,邓小平

对此做法给予了肯定,并提出农村改革势在必行。1982年,社会主义集体经济的生产责任制被正式提出。1991年11月中共十三届八中全会提出"把以家庭联产承包为主的责任制、统分结合的双层经营体制作为我国乡村集体经济组织的一项基本制度长期稳定下来"。这一举措作为农村经济体制改革的第一步,充分调动了农民的生产积极性,解放了农村生产力,挖掘了农村劳动力和土地的潜力。

1978年的家庭联产承包责任制开创了中国农业发展史上的黄金时代,最直接的表现为生产资料、生产关系等所有制以及农业耕作模式的改变和生产力的迅速发展,实际上撼动了农村土地制度及农民的思想,为后来的土地改革、户籍制度改革等奠定了经济和社会基础。

4)1978—2005年,农村经济新的发展时期——乡镇经济(代表人物:费孝通)

1983年,费孝通联合其他学者共同对江苏的小城镇展开了系列研究,在《小城镇 大问题》中,他首先用"小城镇"定义这类源自农村又比农村高一层次的社会实体,将江苏吴江县的小城镇划分为五种类型,以此强调各个小城镇以共同性质为基础的个性特点。在集镇发展逐渐衰落又转衰为兴的整体态势下,农村经济结构的变化、乡镇工业的快速增长、与城市工业和农副业构成了三个层次的区域经济大系统,成为苏南地区的特有模式。他提出这一模式根植于苏南的经济、社会、人口结构,却有着全国城镇发展的共性问题。商业型集镇的转型将持续永久地影响城、镇、乡的各个方面,也将进一步改变我国的行政管理体制。结合我国自20世纪80年代开始的城镇化过程,农村建制镇从1978年的1 800多个增长到2005年的2万多个。

5)2005年至今,新农村建设、新型城镇化建设

2005年9月,中共十六届五中全会在国家"十一五"计划中提出的首位重大战略是新农村建设,其中,县域经济的论述就是强调中小企业发展和城镇化建设相结合,是我国从城市化向城镇化发展的转变。在国家宏观政策持续城镇化战略的背景下,众多学科加入了农村发展研究的大军,探讨中国乡村在现代社会发展背景下的新问题、新方向。多年的新农村建设主要投入在两个方面:农村"五通"——电、水、公路、宽带、电话和农村社保①。党的十八大报告将"新型城镇化"作为新一轮社会发展的重大策略,把小城镇和乡村发展上升到"国家战略"层面,强调以人为本,按照乡土社会的生态多样性安排城镇化和乡村相结合的可持续发展规划。"乡村现代化"将是未来我国中长期发展的战略任务,研究小城镇及乡村规划是学界长期面对的重点课题,直接左右我国全面现代化的进程。

中国是农业大国,对于农村问题的研究绝不在少数。从层级上可将这些研究大致划分为三个尺度:政府宏观引导与调控;各学科专业人员的理论研究与实践操作;民间自发力量进行的农村整治行动。中共中央在1982年至1986年连续5年发布以农业、农村和农民为主题的中央一号文

件,对农村改革和农业发展做出具体部署;2003 年至 2014 年又连续 12 年发布中央一号文件[②],强调"三农"问题在中国的社会主义现代化时期"重中之重"的地位;2014 年全国人大政府工作报告又提出"三个一亿",即一亿农业转移人口落户城镇——以人为本,一亿棚户区城中村人口改造——共享文明,一亿中西部地区人口就业就近城镇化——区域均衡,足见政府对于"三农"问题的关心与提升农村整体水平的决心。

过去 30 年,中国在土地制度的改革方面取得了重大进展,为建立和完善土地财产的现代法律体系奠定了坚实的基础。目前我国正处于新型城镇化时期,是以城乡统筹、城乡一体、产业互动、节约集约、生态宜居、和谐发展为基本特征的城镇化,是大中小城市、小城镇、新型农村社区协调发展、互促共进的城镇化。但种种现象显示,现行的土地政策和管理制度仍然存有很多缺陷,经济与社会的发展使得土地制度改革与完善的紧迫性凸显。中国农村的当代问题在很大程度上受到制度设计和东西方文化比较认知的影响,土地制度和户籍制度是历史遗留至今的问题。全球化、现代化、城市化采用了一种激烈的方式重新分配社会资源,城市不断发展壮大,但是,原本稳定的城乡关系变得岌岌可危。乡村的"差序结构和人治社会"被不断打乱甚至被毁坏,陷入乱治格局;反哺农村的传统被"西化"引入的个人主义所代替,乡土观念逐渐淡漠,"弃老"现象、留守儿童、"空心村"比比皆是。从根基上说,社会结构的改变是导致农村走向衰败的根本性原因之一,而乡村的衰败也必然会增加城市的负担,变为后顾之忧[2],整个国家规避危机和风险的能力则被拉低。

传统的中国乡土社会,经济自给自足,政治推行自治,因而具有一定的抗压能力,也是"城市在经历大风大浪的同时,农村却能够细水长流"[3]的原因。解决现今中国农村问题并非"回到过去",而是"面向未来",下一个"轮回"如何摆正农村的位置,准确认识乡土社会的价值和特色,将经济发展与文化建设并举,实现乡村的温和演进与提升,是值得深入思考的问题。

1.1.2 中国城镇化发展

纵观全球的城镇化进程,经历了从西欧发端,逐步向欧洲其他国家、美洲、大洋洲扩展,进而波及亚洲和非洲的发展过程,表现为四波浪潮[4]。

第一次浪潮从 19 世纪开始,历时 200 多年,主要发生在西欧国家。此次城镇化进程受工业革命影响,"推动"了大量剩余劳动力向城市迁移,工业发展创造了大量就业岗位,进一步"拉动"人口向城市聚集,两种作用力同时产生,形成合力。在 1950 年前后,西欧大部分国家的城镇化水平已达到 60% 以上,步入成熟阶段。第二次浪潮从 19 世纪中后期开始,历经一个世纪,主要在北美洲和大洋洲,受到了殖民扩张、工业化发展和技术扩张等多种因素的综合影响,在 1950 年前后,美国、加拿大、澳大利亚等国的城镇化亦已步入成熟阶段。第三次浪潮从第二次世界大战后开始迅速兴起,至

2000年基本稳定,拉丁美洲及北欧国家领先,亚洲国家紧随其后,但发展类型较为不同,城镇化模式与效果也相差很多。第四次浪潮在21世纪之后,为亚非发展中国家的快速发展期。我国在此阶段实现了快速城镇化,并将持续至2050年左右(图1-1)。

由于所处的时代背景、国际环境、国内发展基础等方面的差异,中国城镇化发展与国际步调不完全一致,从1949年至今也大致经历了四个阶段,并体现出具有中国特色和符合中国国情的城镇化。

第一阶段(1949—1957年):工业化建设推动下的城镇较快发展。这是新中国成立后的第一个快速成长期,百废待兴,"一五"计划集中力量重点发展工业和苏联援建项目建设。

第二阶段(1958—1977年):大起大落后的长期停滞。先后受到"大跃进"和"文化大革命"两大重要历史事件的影响,国家在三年中实现了"跃进"式发展,却导致了国民经济遭受严重损害,城镇化经历大起大落、颠沛流离的停滞期。

第三阶段(1978—1994年):改革开放引领东南沿海城镇率先发展。这是第二个高速发展阶段,从前期的"四大特区、沿海开放城市及沿海经济开发区"建设到全面改革开放,经济发展和城镇化都完成了突飞猛进的增长。东南沿海地区利用地理、交通等自然优势,同时作为改革开放的"门

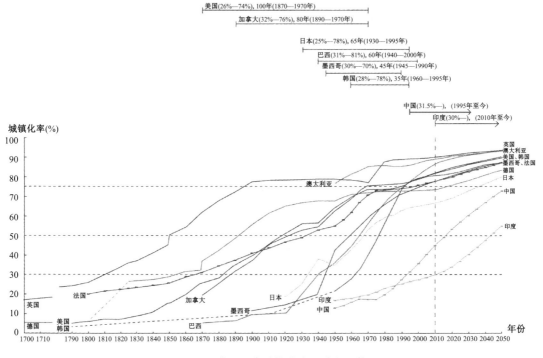

图1-1　典型国家城镇化发展阶段比较

户"获得了诸多优先政策,为发展铺平了道路。

第四阶段(1995年至今):市场经济体制改革推动城镇化全面快速发展。1995年的"十五"计划将城镇化纳入国际战略;2001年中国加入世界贸易组织(WTO)是对中国发展的一次强刺激,外向型经济发展模式逐步形成。

上述的四个阶段是按照全国性重要事件和整体发展水平进行划分的,各地区的发展因受到不同因素的影响与牵制,发展轨迹不尽相同。整体来看,我国的城镇化发展受到特殊国情条件的影响,具有不同于欧美和亚洲其他国家的突出特点。首先是大国城镇化:作为全球人口第一、国土面积第三的大国,我国的地理环境和人居条件差异显著,东部、中部、西部发展水平极不平衡,东部的高城镇化率被中西部地区的低城镇化率所抵消。其次是候鸟式城镇化:民工潮从20世纪90年代末形成热潮,至今仍然是一个庞大且复杂的群体,跨区域往来迁移从多个方面引发了社会问题,他们既是城市建设、经济发展的重要力量,又是群体性事件的多发群体,故而成为社会"又爱又恨"的对象。究其根源,民工潮与我国的农村政策及土地制度存在紧密关联,农民剩余劳动力得不到充分发挥导致其向城市涌动,但在城市里又缺乏长期稳定生活的技能与资本;留在农村的宅基地缺少合理的建设或补偿,农民的土地财产权益不充分,因而陷入两难境地。目前,我国的城镇化更多的是土地城市化而非人的城市化;各级政府承担了圈地扩张的指挥棒角色;人口红利已转变为负利,农民在此过程中被格式化。

1.2 全球各国/地区乡村与城镇发展

1.2.1 亚洲地区(东亚模式)

所谓东亚模式,无论意识形态还是政治主张都不尽相同,但在土地制度上却高度一致,都是"耕者有其田"的基本制度,体现的是儒家思想,主要包括中、日、韩、朝等。整个亚洲社会都是原住民拥有土地的制度,几乎找不到大农场土地规模化经营的案例。各国在农业、农村建设的时代背景与社会背景上也有很多相似之处——在快速工业化以前农业体制均属于小农经济,在工业化之后工业发展迅速、农业发展滞后、城乡差距扩大。20世纪中后期,日本与韩国先后展开了以"扶持农业、建设农村"为目标的运动,使乡村的社会、经济和物质状况发生了巨大的变化。

日本历史上曾三次大力推进新农村建设,第三次也是最重要的一次——造村运动。"造村运动"始于20世纪70年代末,是在第二次世界大战后致力于重建城市导致农村急剧"空心化"、石油危机引发经济衰退难以实现可持续发展、财政投资和信贷能力不足无法改变地区差异、信息化造成农村人口向城市大量流动的背景下所展开的"自下而上"的自发性运动,希望在不消耗大量能源和财政支持的前提下,主要依靠村民的力量与意志,振兴农村、稳定人口、提高农业生产率、寻找更多的生活出路,实现乡村的自我完善和发展。其中,最具影响力的是平松守彦于 1979 年开始推进的"一村一品"运动。他以九州大分县为起点,发展乡村农业取得显著成效后,多元化拓展至乡村文化活动、街区建设、旅游业等方面,如越后妻有艺术展、三岛町"生活工艺运动"、美星町天文镇、汤布院町温泉与电影祭等。日本的造村运动使农村发生了巨大变化,首先是消除了城乡差别,尤其是生产、生活的基础设施实现了无差别;其次增加了农民收入,刺激了农村的多元化消费,运动的内容也由农业扩展到整个生活层面,包括景观与环境的改善、历史建筑的保存、基础设施的建设、健康与福利事业的发展等,最终成为全民运动[5]。

韩国"新村运动"的发起也有类似的原因。20 世纪 60 年代,韩国受到战争和政府重工轻农政策的影响,工农业发展失调、城乡差距拉大,农业发展濒临崩溃。面对农业和农村的结构性矛盾,政府从 1970 年起推动"新村运动",目标在于"脱贫、自立、实现现代化"[6],加速农村现代化发展使其与国民科技水平保持同步。运动由政府发动组织,起初的基础设施阶段主要改善农民的居住环境,由政府根据民意统计全国 3 万余个村庄共同需要解决的 16 个项目,在不改变村落原有布局及肌理的前提下,完成基础设施的建设和生活条件的改善;随后调整种植结构结合技术推广,进入全面发展阶段;1980 年后,社会民间组织的力量逐渐超过了政府组织,领导农民的自发运动和自觉参与,整合城乡流通体系、环境保护、道德意识改革。与日本的农村建设相比,韩国虽然鼓励村民自愿参与并以农民自己选择为主,但仍表现出明显的"自上而下"的政治性和强制性。

中国与日本、韩国的国情不同,中国在更为宏观的城乡关系联结、文化对话等方面有更多的思考和尝试。其中,中国台湾地区与大陆地区由于发展阶段、乡村规模等差异,存在切入点、实践方式等区别。中国台湾地区的农村建设也一直开展得轰轰烈烈,但与中国大陆地区不同,为了区别于传统的社区规划,更明晰地表达过程性和文化性,更多以"社区营造"的形式推进。中国台湾地区早期的农村建设发展参考了日本的"社区营造"政策,学习"町并保存"(Machizukuri)、造町运动、新农业运动的成果及经验。20 世纪 70 年代以前的台湾地区农村更强调以防卫与血缘为主的稳定的社会关系与生活空间,聚落空间亦以地方寺庙或宗族祠堂为中心。但快速的城市发展致使许多"在地认同"经验被疏忽,地域特色和生活模式被现代城市生活更新取代。20 世纪 70 年代开始的文化自觉运动和 80 年代兴起的社会民主运动为草根民主的发展提供了土壤[7],积蓄了大量自下而上的动力,终于以"社区热潮"卷土重来。1994 年,台湾文化建设委员会提出了"社区总体营造"政策,既承接了之前的农村运动,又实现了本土化的转变,包含营造空间、福祉经营、创发产业、深耕文史四种类型,改造对象涉及聚落、农村、小镇、原住民部落、沿海渔村、乡村特色产业等,是台湾地区乡村发展历史上的一次最基层、最普及、最温和,却难以估量影响力的社会运动。许多专业人士后期加入营造运动,如建筑师黄声远、谢英俊等,从介入环境调研逐渐转变为物质空间生产,在此过程中逐步加深对"在地性"的理解[8-9],进一步推动了地方性建筑设计语系的发展和"在地性"呈现方式。这一席卷整个台湾地区、持续数十年的运动唤醒了人们对土地、对家乡的感情,拉近了邻里关系,还给人民对生活环境的主控权,是一项真正自下而上、浩大持久的家园再造工程[10]。

日本、韩国与中国台湾地区属于同一文化圈,虽然对于农村发展所选择的切入点和路径不尽相同——日本是资源贫乏型发展模式的代表,更注重特色化和差异化发展;韩国是农业与农村结合模式的代表,发展更呈现模式化和统一性;中国台湾地区在文化层面一直着力弱化农村和都市之间的区分,但明显受到当局党派施政的影响而摇摆不定,发展并不连贯——但共同点在于,发展农业、农村事业的核心在于"内置动力"建设,即从增加农民收入的表浅发展转而深化为提高农民的素质和精神,培育发展农业经济,最终使农村脱离城市支持、工业反哺,实现自立发展,具备自我优化更新的能力。在日、韩及中国台湾地区的东亚模式中,日本的土地私有化设定虽比中国大陆地区更为严格,整个农村经济受到"综合农协"这一庞大多元的垄断性财团体系的控制,但体系内 98% 的成员是农民,收益返还给农民,韩国和中国台湾地区的乡村治理也都是依赖日据时期构建的小农经济和综合农协模式维持了农村的稳定。中国大陆地区在 20 世纪 80 年代重新实现小农经济后,并没有走相似道路,而是以农换工,工业化原始积累阶段的内源积累基本来自"三农",才会有现在的新农村建设——工业反哺农业。

1.2.2 意大利村镇发展特征

另一个文化语系下的欧洲国家意大利经历了多次国土扩张、边界调整以及频繁的政权更替,长期处于地方割据、城邦林立的状态,各地区在不同时期出现了丰富的种族部落,被不同政治权势掌控,接受各异的文化熏陶与洗礼。特殊的自然地理状况、政治人文传统、产业经济特征都深刻影响了意大利的历史进程,更造就了多样化的历史村镇。

意大利在古代就已经初步形成了村镇体系与网络,在长期的发展过程中,独有的"分散城镇化"[11]特质一直受到保护并得以延续。这种"区域多中心结构、少数国家级大城市与大量小城镇共同发展、城市管理乡村腹地体制"的雏形是源自古罗马时期就开始采用的严整划分土地的系统性方法(Centuriazione)③,它促成了大方格网式的土地分割肌理,道路网、水网,甚至新的城市建设计划都以此为模板。这种土地分割体系既是意大利重要的历史人文遗产,也是迄今仍然付诸使用的农业生产体系基础,并对村镇空间格局有着十分明显的塑造作用。通过土地重整,城市和聚居地建立起连接系统,极大地改变了区域的经济地理环境(图1-2)。最早的波河平原实践由当时驻扎的古罗马军队和早期宗教团体组织开展,很快就改变了早

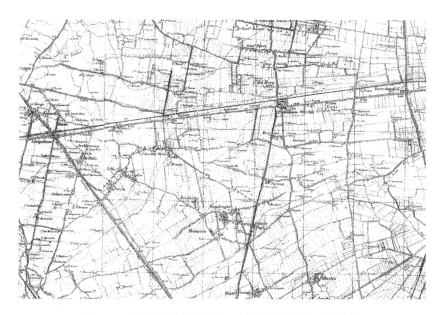

图1-2　意大利波河平原的土地划分与城镇的对应关系

期人类聚居地的形态,划分模数和基本尺度到中世纪甚至更晚仍在使用。除了对农业用地的规整切分与合理利用外,由社会文化的同一性——相同的文化、习俗、语言和各类社会自治组织——所维系的小城镇体系在中世纪和文艺复兴时期进一步得到巩固。经济与文化属性共同促成了现今的村镇发展态势,乡村地区也普遍存在活跃的经济活动和优美的人居环境,乡村居民反而拥有更高的生活质量。

从物质建设和空间形态来说,与我国村镇发展特征不同的是,意大利村镇的发展具有强烈的历史延续性和高度统一性,地域、社会因子的作用并不明显,而是更多呈现以时间为轴的发展序列,古罗马、中世纪、文艺复兴、近代的建设和布局方式都具有较强的差异性且均有所表达。目前遗存最多的中世纪城镇,布局有相对固定的模板:以城墙为边界,城内空间沿道路伸展,道路中段或尽端设置广场,围绕广场建设市政厅和教堂等公共建筑(图1-3)。但无论哪个历史时期,村镇始终与自然环境融为一体,且无论什么时间扩建、修补,也都尽量延续原有的形态和轴线,以保证图形和实体能够被识别。

目前遗存下来的最古老的历史村镇大约建于7—8世纪,大部分保存至今并与现代城市结构明显区分开来的片区也都可以追溯到中世纪(10—14世纪),尤其在13世纪,大批新兴城市建设的同时,大量古老城市和村镇也经历了大规模改造。意大利的土地地层叠加现象十分普遍,村镇建设也是如此。几乎所有的老城中心区都是罗马帝国时期的结构原型,在长达数个世纪的演变后,叠加了中世纪、文艺复兴、巴洛克、近现代改造的痕迹特征;更有甚者,例如西西里岛的部分城镇如诺托(Noto)、希拉库萨(Syracusa)都是由腓尼基人兴建,之后接连受到古希腊人、古罗马人、阿拉

图 1-3 中世纪古城奇塔代拉平面图

伯人、摩尔人的影响,最终成为"巴洛克之都"①。一般城镇中都会见到多层叠加并置的历史遗迹:伊特鲁里亚时期的街巷、古罗马的石材、中世纪的教堂、文艺复兴的宫殿、巴洛克式的教堂、新古典主义的街区……各个时期的内置属性、历史断代的共同作用,使这些村镇呈现拼贴的结构与混杂的风格,街道格局与尺度、建筑平面与立面,其复杂性非一般所能比拟。意大利作为具有高密度文化遗产的国家,已经在最大程度上适应现代的需求,提供混合使用功能、链接多层交通系统、组织各类服务设施,同时让居民意识到所处历史空间和物质环境的价值,"教人理解现在和未来"。

1.3 国内外历史城镇保护

1.3.1 国际保护公约

在第二次世界大战中,欧洲国家的许多历史城镇遭受大规模破坏,战后重建的关键问题之一便是如何对待历史。起初,城市重建用于解决人们对于基本生存空间的需求,之后的经济增长和发展给城镇扩张带来了巨大压力,旧城更新中历史文化遗产保护的呼声也随之愈发强烈。数十年间的一系列国际宪章及补充文件,对现代国际历史文化遗产保护进行了共识构建,其中针对乡村建设的部分建议有以下几项:

1)《威尼斯宪章》[国际古迹遗址理事会(ICOMOS),1964 年]

在第二届历史性纪念物建筑及专业技术国际会议上通过的《国际古迹保护与修复宪章》(即《威尼斯宪章》)对古迹纪念物与历史遗址提出了美学

与文明的标准,强调了历史真实性的传达与保存,也对历史建筑物的概念进行了扩展:"不仅包含个别建筑,而且包含能够见证某种文明、某种有意义的发展或某种历史事件的城市或乡村环境。"

2)《内罗毕建议》[联合国教科文组织(UNESCO),1976年]

《关于历史地区的保护及其当代作用的建议》(即《内罗毕建议》)把历史文化遗产保护的范围扩展到历史城市、古城区、古村庄,同时将保护视野扩大到"普通"建筑,反映历史中"普通人"生活状态的系统价值大于单个因素的价值总和,应从整体的角度衡量而非孤立地评定。

3)《华盛顿宪章》(ICOMOS,1987年)

《保护历史城镇和城区宪章》(即《华盛顿宪章》)聚焦于历史意义的城镇保护。首先,宪章明确地提出"在历史性城市和地段保护中,必须改建或重新建造时,必须尊重原有的空间组织,主要是原来的地块划分尺度,并要把原有建筑群的价值和素质赋予新建筑"。其次,进一步肯定了保护与发展结合的必要性。孤立的保护,尤其是对于历史地段,难以取得很好的效果;当视野扩展到城镇后,范围更广阔、要素更复杂、演变更动态,保护理念与方法需要考虑结合城镇发展的动态特征,有别于历史建筑单体和建筑群。

除了上述文件直接提及城镇街区和乡村环境的整体保护外,其余十几项重要文献都探讨了历史建筑、历史街区和乡村聚落的保护问题。国际历史文化遗产保护的总体发展趋势呈现出综合性、整体性、有机性等特点:《马丘比丘宪章》《华盛顿宪章》等重要文献不断强调文脉、文化传统的影响,提倡保护与发展相结合,从博物馆式保护转变为适应性保护,从强调更新改造逐步演变为以文化为导向的复兴策略[12]。同时,随着人们对历史文化遗产价值的认识深化,保护方法也从单极走向多极,保护对象的扩展也包含着层级的划分及针对性保护方法的分类。以文化价值为导向,以产业调整为协同,以法律法规为依据,以民众参与为途径的保护实践,是未来历史遗产保护的大势所趋,也是适用于乡村发展中"整体保护"的价值观和实践方法。

1.3.2 我国的城镇保护法规体系

我国的历史文化名城保护以"全面保护"为原则,保护体系涵盖了从城市整体格局到文物古迹单体的物质文化遗产以及民俗传统等非物质文化遗产,对资源普查、评价、分类保护策略都有系统的工作方法与标准。其中,与传统聚落保护及保护规划编制直接相关的国家法律法规与技术规范主要有《中华人民共和国城乡规划法》(2007年),《中华人民共和国文物保护法》(2013年),《历史文化名城名镇名村保护条例》(2008年),《历史文化名城保护规划规范》(GB 50357—2005)及《传统村落保护发展规划编制基本要求(试行)》(2013年)等(表1-1),住房城乡建设部、文化部、国家文物

表 1-1　部分与传统聚落保护及保护规划编制直接相关的国家法律法规内容

法律与规范名称	保护与发展的总体目标
《历史文化名城名镇名村保护条例》(2008 年)	保持和延续其传统格局和历史风貌,维护历史文化遗产的真实性和完整性,继承和弘扬中华民族优秀传统文化,正确处理经济社会发展和历史文化遗产保护的关系。历史文化名城、名镇、名村应当整体保护,保持传统格局、历史风貌和空间尺度,不得改变与其相互依存的自然景观和环境。保护历史建筑。控制历史文化名城、名镇、名村的人口数量,改善历史文化名城、名镇、名村的基础设施、公共服务设施和居住环境
《历史文化名城保护规划规范》（GB　50357—2005）	有效保护历史文化遗产;改善城市环境,适应现代生活的物质和精神需求,促进经济、社会协调发展;保护格局和风貌;保护与历史文化密切相关的自然地貌、水系、风景名胜、古树名木;保护反映历史风貌的建筑群、街区、村镇;保护各级文物保护单位;保护民俗精华、传统工艺、传统文化等。合理调整历史城区的职能,控制人口容量,疏解城区交通,改善市政设施
《传统村落保护发展规划编制基本要求（试行）》(2013 年)	改善居住条件,提出传统建筑在提升建筑安全、居住舒适性等方面的引导措施。完善道路交通,在不改变街道空间尺度和风貌的情况下,提出村落的路网规划、交通组织及管理、停车设施规划、公交车站设置、可能的旅游线路组织。提升人居环境,在不改变街道空间尺度和风貌的情况下,提出村落基础设施改善、公共服务提升措施,安排防灾设施

局、财政部《关于切实加强中国传统村落保护的指导意见》(建村〔2014〕61号),住房城乡建设部、文化部、国家文物局《关于做好中国传统村落保护项目实施工作的意见》(建村〔2014〕135 号),《传统村落保护发展规划编制基本要求(试行)》(建村〔2013〕130 号),另有相关标准《中国历史文化名镇(村)评选办法》和中国历史文化名镇(村)评价指标体系对各地方性资源的具体保护实施给予指导。但总体上来看,保护对象仍以文物保护单体为主,整体性保护措施仍显不足,实施与保障也因此而滞后。

目前与传统聚落相关的保护条例及保护规划编制中存在两个方面的矛盾:一是保护对象多样化与原则规定的标准化之间的矛盾;二是保护与发展提升的多样需求之间的矛盾。

上述相关法规规范在传统聚落的保护、改善与利用等方面都提出了相应要求,其中格局、风貌与空间尺度是保护的核心对象,道路交通、市政设施及防灾设施又是提升改善的主要内容。通常在规范以及相关的研究中,如何确定与评价被保护对象,以及如何进行保护是论述的重点,提升改善只是遵循现有各类技术规范与标准。尽管聚落保护与历史名城、街区、城镇的保护不尽相同,有一些原则性的变通条款,但对于不同地区、不同类型的传统聚落保护与发展的需求与问题,规范显然不可能也无法在通用性规范中提供适用于实际案例的具体指标或操作方法指导,因此规范条文总是流于原则且较为笼统。

而在地方性的保护条例或保护规划编制技术性指导文件中,对相关问题逐条给出了可使用的技术措施建议,对于具体的保护规划编制有较强的指导性和操作性。但规划总是涉及系统性问题,技术性指导文件中的分项技术措施如何运用,并整合为一个系统性的规划,以及针对具体保护对象这些系统和措施应当达到何种目标,在现有的规划编制技术指导文件中仍是缺失的。

第 1 章注释

① 详见温铁军《土地制度与中国城镇化(演讲稿)》,载于爱思想网站。

② 2003 年《国务院关于全面推进农村税费改革试点工作的意见》,2004 年《中共中央 国务院关于促进农民增加收入若干政策的意见》,2005 年《中共中央 国务院关于进一步加强农村工作 提高农业综合生产能力若干政策的意见》,2006 年《中共中央 国务院关于推进社会主义新农村建设的若干意见》,2007 年《中共中央 国务院关于积极发展现代农业 扎实推进社会主义新农村建设的若干意见》,2008 年《中共中央 国务院关于切实加强农业基础建设 进一步促进农业发展农民增收的若干意见》,2009 年《中共中央 国务院关于促进农业稳定发展 农民持续增收的若干意见》,2010 年《中共中央 国务院关于加大统筹城乡发展力度 进一步夯实农业农村发展基础的若干意见》,2011 年《中共中央 国务院关于加快水利改革发展的决定》,2012 年《中共中央 国务院关于加快推进农业 科技创新持续增强农产品供给保障能力的若干意见》,2013 年《中共中央 国务院关于加快发展现代农业 进一步增强农村发展活力的若干意见》,2014 年《中共中央 国务院关于全面深化农村改革 加快推进农业现代化的若干意见》。

③ 详见维基百科。

④ 诺托于 2002 年获巴洛克之都(Capitale del Barocco)的称号。

第 1 章参考文献

[1] 梁漱溟. 乡村建设理论[M]. 上海:上海人民出版社,2011:402.

[2] 约翰·里德. 城市[M]. 郝笑丛,译. 北京:清华大学出版社,2010.

[3] 刘易斯·芒福德. 城市发展史:起源、演变和前景[M]. 宋俊岭,倪文彦,译. 北京:中国建筑工业出版社,2005:12.

[4] 周干峙,邹德慈. 新型城镇化发展战略研究(第一卷)[M]. 北京:中国建筑工业出版社,2013:5.

[5] 陈磊,曲文俏,李文. 解读日本的造村运动[J]. 当代亚太,2006(6):29-36.

[6] 龙玲. 日本、韩国与中国新农村建设的比较研究[D]. 成都:西华大学,2013:24.

[7] 丁康乐,黄丽玲,郑卫. 台湾地区社区营造探析[J]. 浙江大学学报(理学版),2013,40(6):716-725.

[8] 周榕. 建筑是一种陪伴:黄声远的在地与自在[J]. 世界建筑,2014(3):74-81.

[9] 黄声远. 自在、活力、探索,连接乡野和城市的生活市集:宜兰西堤社福馆及屋桥[J]. 风景园林,2011(5):54-56.

[10] 曾旭正. 台湾的社区营造[M]. 新北:远足文化事业股份有限公司,2007.

[11] 侯丽. 意大利城镇化的社会经济与空间历史进程及模式评述[J]. 国际城市规划,2015,30 (S1):29-35.

［12］周岚. 历史文化名城的积极保护和整体创造［M］. 北京：科学出版社，2010：
　　　50-52.

第1章图表来源

图 1-1 源自：周干峙，邹德慈，王凯. 中国特色新型城镇化发展战略研究（第一卷）：中国
　　　城镇化道路的回顾与质量评析研究［M］. 北京：中国建筑工业出版社，2013：19.
图 1-2、图 1-3 源自：维基百科.
表 1-1 源自：笔者整理绘制.

2 传统乡村聚落性能化保护理念的引入

2.1 传统乡村聚落的现状问题分析

2.1.1 人的主体地位与改善需求

聚居源自人类生存的本能,从初始的群聚生活,随人口增加而规模扩大,以迁徙适应自然环境,第一次劳动大分工使人类从游牧到定居,进而开始形成聚落,利用技能改造环境逐渐成形,加入人的意志建立社会结构,趋于成熟稳定……聚落的改变由人决策和操作,其"有机"特性也是人赋予的。聚落的演化轨迹在很大程度上受到人的意识形态、价值取向、功能诉求、建设能力、审美追求等多方面的影响,大到选址布局,小到室内陈设,每个环节无不渗透着人的意志。聚落的日常直接使用者对待聚落的态度决定了它的命运,各个时代聚落所呈现出的不同面貌实际上是当时身处其境的人所持有的对于自然、生活、自己的态度的间接表达。

由于变化与发展是缓慢且渐进的,乡村聚落在很多时候呈现近似"静止"的稳定状态,寻找数十年前的生活印迹并非难事,因而历时性累积特征成为聚落的核心价值之一。从加泰土丘遗址、庞贝古城遗址、马丘比丘遗址[①](图 2-1)等一系列人类遗迹来看,聚落的历时性累积是在漫长的时间长河中将无数个体的随机行为与行动轨迹凝聚成具有高度特征性、高度统一性的生活习性表达,并固化留存在物质实体上成为共时存在的要素,使后人能够仅通过残存的墙壁、街道、广场和自然便可了解当时的自然环境、聚落空间、人们的生产与生活、行为模式甚至历史事件,比通过文字记载或图形解读更加直观和深刻。人们今天看到的聚落绝不是一蹴而就的,而是由无数历史"切片"叠加而成的。后人保留了祖先的那些与时代、环境相匹配的生活习惯,淘汰了"不合时宜"的风俗习性,重新加入了自己的想法与做法,在一代代的更迭中,聚落得以保存,生活得以延续,文化得以传承,且不断加入新的要素,与时俱进,这便是"传承"。

无论改变还是继承,聚落的主人始终是聚落命运的主宰。从根本上来说,聚落的整体性来自人与物质环境之间的内在联系,只有彼此建立了联系且相互契合,人和聚落才能得以共同、自发地生长。每个时期的聚

图 2-1 加泰土丘遗址复原图、庞贝古城遗址现状、马丘比丘遗址现状

落都具有时代特色,而我国乡村的现代特色更多地表现为迷失在与城市看齐、各种无差异的发展潮流中,在村民主观意志和政府管理思维相互对抗的夹缝中勉强生存,至今仍然生活在乡村的人们早已不满意自己的生存现状,纷纷按照自己的想法改善生活,乡土特色逐渐被现代化所取代,村庄在现今遭遇到最大的窘境和压迫,用恰当的规划、建筑手法为乡村寻找合适的生存之道,让聚落在合理范围内生长出个性是这个时期的发展目标之一,但是,规划师和村民作为"保护"和"发展"的代言人观念常常相左:规划师极力宣扬保护传统,村民则不顾一切地寻求改变。外来的专业人员与真正生活在乡村的村民在乡村理解、价值认知、改善需求、未来憧憬等方面都持不同观点,如果根据规划师的"规划"建设乡村,很可能不是村民想要的村庄,其后果是,村庄的自发改造仍然不会停止。因此,作为专业人员,在研究村庄发展与保护之前,首先应该了解聚落主人——村民的意愿。

聚落民意调研主要分为两个方面:改善需求调研和日常行为调研。改善需求主要明确未来村民最迫切希望获得的、最直观的提升项目和改善程度,对规划落点有所指;日常行为则帮助理解基层村民的生活构成元素,有助于规划"接地气"。

在福建武夷山九曲溪上游村落体系规划中,笔者通过对星村镇所辖七个村庄②的村民生活条件改善意见调查,基本了解了村民近 10 年的家庭生活设施条件及目前最迫切的改善需求(图 2-2)。从统计结果可以看出,近10 年间得到最明显改善的项目是设备管线与卫生条件,这得益于 2009 年星村镇镇区进行的新一轮镇区规划完成了水电管道铺设、环境整治;电器现代化及出行方式改变呈现出逐年改善的趋势,近年的发展速度相较之前有了大幅提升,且向智能电器转变(图 2-3)。目前,村民希望提升的项目集中在拓展住房面积、提升室内环境舒适度、购买高级家用电器、增加公共活动场地四个方面。从调查结果比照来看,村庄总体规划与基础设施建设为后续发展提供了良好的基础,村民改建、加建房屋已经成为当今最明显的趋势,这是关系村民切身利益的最迫切需求,因此,房屋改扩建成为更多

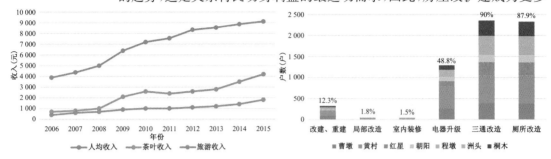

图 2-2a　七个村庄村民近 10 年生活条件对比

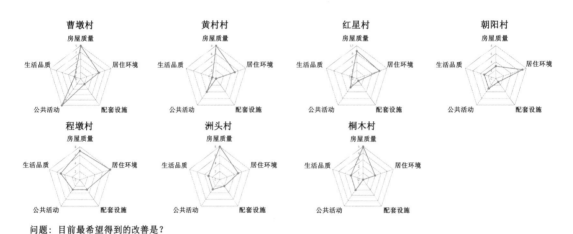

问题: 目前最希望得到的改善是?

图 2-2b　村民改善意愿统计分析

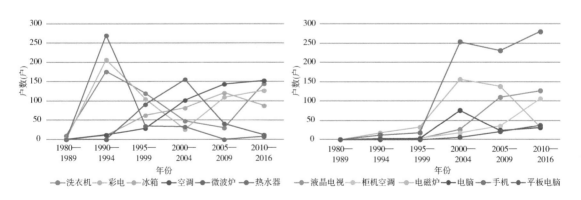

图 2-3　村民近 30 年家用电器购置情况统计

村民优先考虑的改善项目,未来具备经济能力的村民都将进行新一轮改扩建。星村镇所辖七个村庄中已经完成改建的户数已达到17%,正在进行的占6%,已经开始筹备的占7%(表2-1)。

表2-1　星村镇所辖七个村庄的改扩建统计(统计时间:2012年8月)

村名	户数(户)	人口(人)	已完成改建户数(户)	在建户数(户)	5年内改建户数(户)
曹墩村	412	1 615	93	39	42
黄村村	722	2 868	158	65	59
红星村	365	1 451	53	17	12
程墩村	253	939	24	6	14
朝阳村	234	1 012	31	14	13
洲头村	263	935	25	9	11
桐木村	404	1 578	67	12	23
合计	2 653	10 398	451(17%)	162(6%)	174(7%)

笔者在参与的江苏省乡村人居环境调查[③]中得到了近似的结论,在泰州野沐村、尤庄村等六个村庄中,村民们最关注的项目是改善住房、完善基础设施和整治环境(图2-4)。不同之处在于:村庄缺少核心支柱产业,即缺少持久的发展原动力与竞争力,这对于增加村民收入是不利的,进而导致村民改善生活的计划滞后或不得不降低标准,采用更廉价的建造材料和更粗糙的建造技术翻建住房,那么再次翻建的周期便被缩短;村民的生产与生活空间并不像星村镇村民那么紧密联系甚至产居合一,而是稍有分离,因而翻建房屋的主要目的并不只是为了扩大面积,而是改善居住环境的舒适度,这对于村庄整体环境的平衡是较为有利的。

意大利南部三大区[④]的调研结果也基本一致,居民们的意见主要集中在增加收入和内部交通改善方面。虽然增加收入与国家的整体经济状况有关,但人们对赖以生存的农业失去了信心,纷纷寻找其他出路,与马泰拉(Matera)、阿尔贝罗贝洛(Alberobello)[⑤]等顺利转型为旅游热门景点的村镇不同,在整个地区无法发展旅游业或其他适合产业的情况下,农民独立发展的机会也非常少,农民在经济蓬勃期快速致富,进而置地、置业、扩大生产规模,而今土地、房屋均停滞周转,空置、出租、转手的商铺比比皆是,农民对未来感到失望与迷茫;部分农民转向旅游业,将房屋改造为家庭旅馆,却受挫于南部旅游业整体低迷的现实,因此,形成了恶性循环,乡村发展遭遇瓶颈期。

但是,由于国情不同,意大利农民喜欢居住在乡村,更依赖乡村。第一,乡村与城市生活相差无几,基础设施条件、私家车、水源和食品等都与大城市同步;第二,农业生产条件总体较好,劳动密集型生产模式的效率很高,农民拥有更多时间享受田园生活;第三,乡村生活成本低,生活压力小,

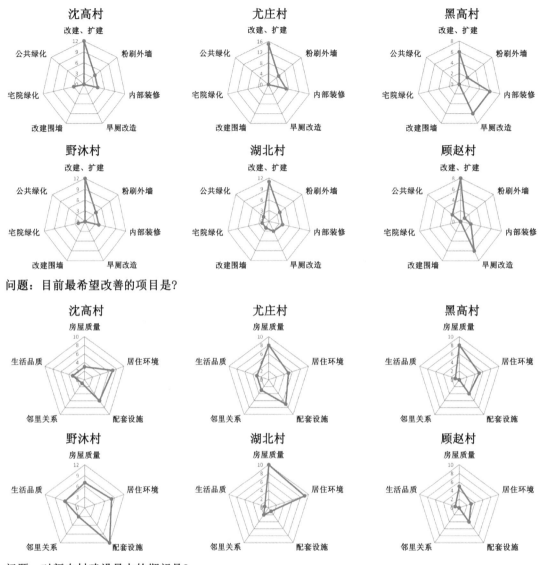

问题：目前最希望改善的项目是？

问题：对新农村建设最大的期望是？

图 2-4　泰州六个村庄人居环境调查分析

农民的心态平和，收入能够满足日常生活开支即可，不奢求过多结余；第四，国民对于历史文物保护和传统风貌延续具有高度的主人公意识和自觉性，给予强烈支持。以上四点使得意大利历史村镇保护与我国相比，在操作层面的难度明显降低。

从聚落村民调研的结论可以看出，村民意愿与实际操作之间确实存在一定差距。从村民的角度考虑，增加收入是首要目标，目的是改善生活，但增加收入的主要途径是发展经济，村落在原本经济基础不好的情况下发展工业、旅游业，都难以妥善处理经济和环境、经济和文化、经济和生活的关系，陷入了顾此失彼的窘境。村民对于村庄发展未来的理解和把握是相对

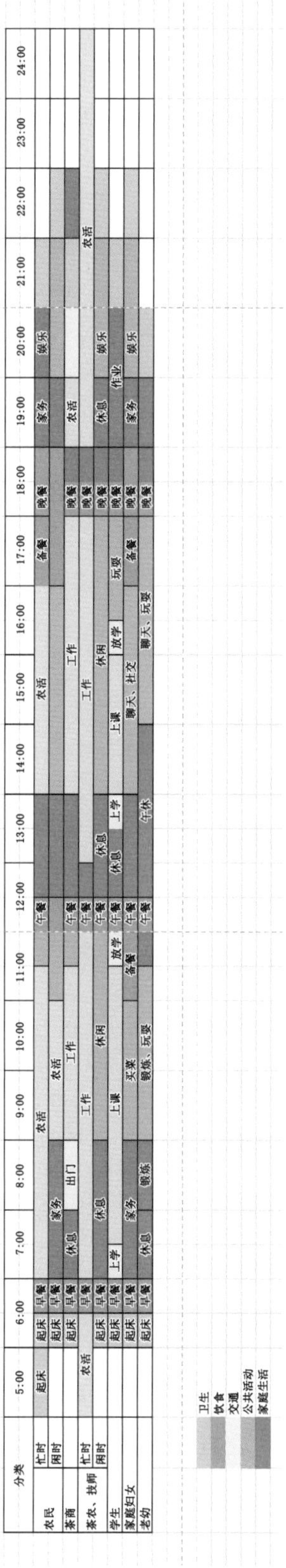

图 2-5 村民日常作息时间表

分类		5:00	6:00	7:00	8:00	9:00	10:00	11:00	12:00	13:00	14:00	15:00	16:00	17:00	18:00	19:00	20:00	21:00	22:00	23:00	24:00
农民	忙时	起床	早餐			农活			午餐			农活		备餐	晚餐	家务	娱乐				
	闲时		起床/早餐	休息	家务		农活		午餐			工作			晚餐	农活					
素农、技前		农活	起床/早餐		出门		农活		午餐			工作			晚餐	农活	娱乐		农活		
学生			起床/早餐	上学	休息	上课		放学	午餐	休息	上学	上课	放学	备餐	晚餐	休息	作业	娱乐			
家庭妇女			起床/早餐	休息	家务	买菜	休闲	备餐	午餐	午休		临时、社交	聊天、社交	备餐	晚餐	家务	娱乐				
老幼			起床/早餐	休息	锻炼	锻炼	玩耍	备餐	午餐		午休		聊天、社交	玩耍	晚餐						

图例：卫生　饮食　交通　公共活动　家庭生活

粗浅的，眼前利益优于长远目标，当代利益重于后代目标，因此，需要政府和专业人员进行整体的判断和把控，使村庄发展得到持续推进同时兼顾村民利益。

乡村调查的另一项内容是对村民展开生活行为调查，包括了生活作息调查和日常交往调查。

(1) 生活作息调查。在星村镇，笔者将受访的 1 200 位村民的作息时间按不同职业类型整理如图 2-5 所示，并与城市居民进行了对比。由于调查对象的职业特殊性，茶商、茶农与农民的生活作息存在一定差别，且根据不同的耕种时节(淡旺季)有较大变动，因而将其作为三类不同职业、分时段进行总结，并与城市居民也进行了比较。通过对比，不难发现：

① 村民与城市居民的活动时间总和相差无几：16—17 h(图 2-6)。这说明人的生活作息与其所处环境相关度不高，而与年龄、所从事的职业更为密切相关。

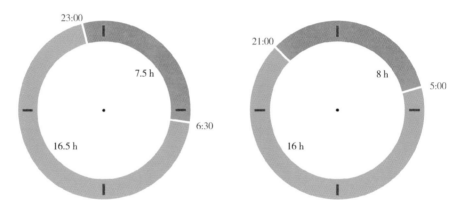

图 2-6　乡村村民与城市居民的作息时间分配

② 围绕家庭内部进行的各项活动时间合计为 6.5—10 h 不等，比城市居民更多。由此说明，家庭生活始终是人日常活动的主要空间，提高家庭生活品质的需求对于村民是十分重要且必要的。

③ 在剩余的 6—9.5 h 中，农民更多地花费在村庄范围内的社交活动上，占 20%—45%，远远高于城市居民。从村民的室内外活动时间分配，结合下文交往调查中的活动规律，很明显可以看出公共空间的数量、分布和品质与村民的生活联系紧密。

(2) 日常交往调查。在泰州乡村人居环境调查的六个村庄中，笔者对村民的室外活动时间、地点及路径进行了统计(表 2-2)。村民大多以宅院为中心，500 m 为半径划定活动范围，尤其老年人活动范围则更小，通常在邻里之间聚集活动；家庭妇女大多结伴外出办事或聚集聊天；儿童则在上学和放学途中停留玩耍(图 2-7)。

表 2-2　泰州六个村庄村民公共行为与空间

时间段	6:00—8:00	8:00—11:00	11:00—14:00	14:00—17:00	17:00—19:00	19:00—21:00
主要行为类型	经过性	聚集性	午饭、午休	聚集性	经过性	晚饭、聚会
举例	务农途中、上学途中、上班途中	聊天、棋牌、锻炼	午饭、午休	游戏、锻炼、聚会	务农回家、放学归途、下班归途	晚饭、聚会
地点	巷弄	宅前空地	自宅	宅前空地	巷弄	自宅
空间载体	田埂、街巷内	健身设施处、杂货店	—	运动场地、活动室	杂货店小卖部、宣传栏处	—

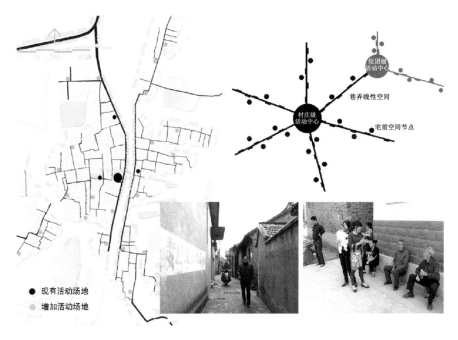

图 2-7　基于村民行为与空间分析的改善意向

2.1.2　传统乡村聚落的现状与矛盾

当前,在我国快速城市化的进程中,众多传统乡村聚落被迫卷入了快速城镇化的洪流。面对传统文化传承和日常生活现代化的双重压力与挑战,由于缺乏自身的准确认知与定位,"千村一面"已成为当前乡村聚落发展的趋向。传统乡村聚落的保护迫切需要在传承与发展之间寻求"平衡点",结合区域条件对传统乡村聚落进行多重价值的探讨,协调保护与发展的矛盾,保持中国乡村的特质。

以泰州市的顾赵村为例进行技术解剖,顾赵村的发展轨迹代表了我国大多数村庄的现状。

顾赵村位于泰州北部,隶属于兴化市李中镇,初期顾赵村沿河道交汇口聚集,沿河道及陆地道路延展,随着跨越河道的桥梁建设,兴化市通往李中镇的公路的修建,村庄的建设向两个方向扩展:向东跨越河流,沿河道南北延展扩张;北侧沿公路东西向延展,呈带状分布。村庄布局紧凑,民宅沿河道两侧呈线性分布,宜人的街巷尺度和大片的滨水开放空间是顾赵村的主要特色空间。2008年的新一轮规划按照"集中居住"的思路,拆除破旧民宅,提高村庄的紧凑度,将村庄西侧的农田置换为建设用地,建设拆迁安置小区,从而实现村民集中居住。村庄重心的迁移改变了原来的村庄空间格局,顾赵村沿河而居的模式和曲折的水网形态随规划的实施而式微(图2-8)。

总体来说,我国的乡村发展目前主要存在以下几个方面的问题:

① 乡村建设与经济发展的矛盾。粗放的农业发展模式效率低下,土地及资源被过度使用,生态环境保护一直未引起重视,水土流失和环境污染严重,同时气候变化影响加剧,自然灾害频发,村庄赖以生存、发展的环境与基础发生了重大改变。乡村青壮年劳动力外流和人口老龄化,使村庄丧失了内在动力与能量、生气和活力,日趋衰退与萧条。

② 乡村自身演进与建设规划的矛盾。乡村建设缺少对整体性的关注,忽视服务设施的更新、乡村公共活动空间的营建,将乡村建设简单理解为改善住房条件。乡村的整体结构、使用性能和村容村貌很难得到全面的提升;重视物质建设的"立竿见影"效果而忽略文化等层面的同步提高,"类城市"建设抛弃了大量富有地域特色的建筑技艺和民间文化资源,忽略了地方文化的传承。

③ 乡村保护与现代生活的矛盾。传统民居内部条件差,现代设施、设备配置不全,有条件的村民纷纷效仿城市中的住房形式,翻建多层"洋楼"。就地取材、极具地方特色的既有建筑、传统建筑受到冷遇或抛弃,其中,不少历史建筑也因不符合现代使用要求而遭受遗弃或毁灭性的

图 2-8　顾赵村航拍图、现状图与规划图

破坏。

④ 村庄保护与政策管理的矛盾。严格控制建设用地的管理使乡村建设中人多地少的矛盾更加凸显,自下而上的村民自建因难以提高建设用地效率而受到限制或禁止。在发展和演化过程中,乡村建设缺少专业指导,"类城市"的集中居民点成为流行的规划手法,村庄格局与形态变得破碎凌乱,失去了应有的整体感与协调性。

传统聚落是一个生命活体,"冷冻式"保护或"放任自由"的建设方式难以解决以上问题,但是,引入标准化、无差异的改造策略和行为抹杀了聚落的"表情"与"个性",核心价值也将随之而流失殆尽。对于仍然承担着居住、生活功能的传统乡村聚落来说,如何提升人居环境、满足当代生活的要求是迫切需要破解的技术难题。

2.2 意大利历史村镇保护实践与经验

在意大利的村镇样本中,同样存在寻找到不少历史久远且不断受到现代化冲击的村庄,但新建区与旧区通常会非常明显地分隔开来,按照各自的节奏发展互不干扰,保持各自的空间肌理互不混淆,片区之间保持和谐的共生关系。在了解意大利村镇保护实践的发展过程后便能理解,"合理性灵活"是历史城镇保护方法中的一种成熟的保护与发展模式。

2.2.1 意大利近现代城镇保护发展

意大利近现代的文化遗产、历史城镇保护在欧洲的保护领域占有重要地位,并不断深化认识、改善策略,保护工作也愈发趋于理性与全面。2016年,姚轶峰等人将意大利历史城镇保护演变划分为三个阶段:第二次世界大战前,第二次世界大战后30年,1980年以后。笔者通过对意大利乡村的实地考察和文献阅读,认为第二次世界大战前与第二次世界大战结束后的20世纪50年代意大利历史城镇保护工作在思路和风格上一脉相承,并没有出现明显的转变和扩展。

在意大利,历史城镇和历史中心的保护思路总是与当时的社会环境、经济状况、文化思潮紧密相连,虽有反复,却始终对遗产保持有清醒的价值认知和积极的保护态度。从纯粹的风格保护到复合的实用考量,观念的转变在意大利的保护实践中也经历了三个阶段:城镇化初期保护思想的萌芽,快速城镇化时期历史中心的保护与政策构思,以及后工业化、全球化时代保护思想的转变,即第二次世界大战前至第二次世界大战后的20世纪50年代,20世纪60年代初期至80年代,20世纪90年代至今。

(1)第二次世界大战前至20世纪50年代:整体性保护策略。意大利城镇化始于19世纪中期,最早主要针对罗马、佛罗伦萨、米兰等大城市,通过改善住宅卫生条件、居住密度、基础设施等解决一系列"城市病",但解决方式是拆除旧街区、只保留纪念物的激进的更新手法。古斯塔沃·乔万诺尼(Gustavo Giovannoni)提出了不同的观点,他在《旧城与新建设》中对历史城镇的价值做出了明确的阐述,"既有城镇"既不是历史城镇也不是现代城镇,而是新旧交织和谐共存的物质空间,是"活的""集体纪念物",应包括周边环境、历史建筑、居住街区、历史中心,应该将保护范围从纪念物拓展到整个街区甚至城镇,保护应不分割新旧,采取整体保护策略与措施。

在第二次世界大战后初期,经济衰败、社会结构质变、城乡区域平衡被打破,欧洲国家纷纷反思战后重建如何在历史环境中与旧城建立关联。首先是利用历史城镇的旧建筑进行改造或重建大量住房;纪念碑式的隔离保存方式显然已不能适应社会需求,而是必须结合生态环境、城镇景观加以整体考虑,作为保持结构完整性的一部分。乔凡尼·阿斯腾戈(Giovanni Astengo)在1955—1958年阿西西总体保护规划中首次对历史地段制定了保护和复原规划——根据文脉对建筑分类,以"合理性、灵活"对城镇遗产采用"风格化"重建方式(图2-9)。这是第一次将保护范围扩大到整个市区而非单独的纪念性遗迹,把整个城市作为一个整体融入更加广泛的经济和城市发展计划中。

(2) 20世纪60年代:文脉延续与新旧并行。意大利开始了全面战后复苏,为了快速恢复国力,大量城镇陷入无序开发的恶性循环,改变了历史城镇的传统景观特征,于是,文化精英们开始了一系列批判运动,促成了意大利国家历史艺术中心协会(ANCSA)的建立以及《古比奥宪章1960》的签订。同时,交通体系的变化开始影响历史城镇的核心区,规划师开始倡导"广义文脉"概念,即城市中心的发展趋势不能仅由某一个角色来决定,而应该基于区域文脉的选择。历史片区与新区建设的关系需要谨慎地考量,既不能采取冷冻式、防腐式的脱离保存,也不能盲目地深入干预,把握干预"度"和合理运用设计语言——"合理性灵活"成为关键

图2-9　阿西西风格重建

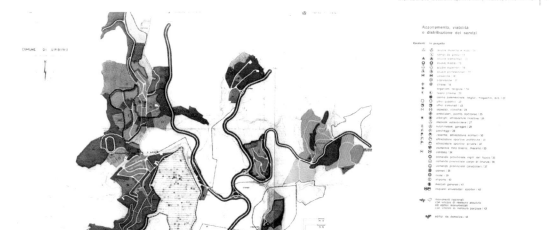

11. Masterplan B.

图 2-10   乌尔比诺保护规划中的区域设施布局规划

问题。吉安卡洛·德·卡洛(Giancarlo de Carlo)在 1958—1964 年乌尔
比诺保护规划中,把新旧对话视为一种连续的设计行为,将历史与未来
连接。他采用了两区并行的方式:老城核心区保存,并进行合理改造;新
城区位于景观和老城结构共同定义的范围内,以保证原有空间视觉轴线与
自然景观环境同时受到重视,且结构之间存在连续性,进一步强化结构和
形态(图 2-10)。

为了保护历史城镇的传统风貌不被现代化建设所破坏,政府划定出专
门的"历史中心"(Centro Storico),制定了一系列保护法令。城镇无论大
小,都以保护历史中心作为现代化发展的前提,编制历史中心专项规划,增
加"保护性改善规划",明确整治方式。

(3) 20 世纪 70 年代:类型学分析推动新旧缝合。《古比奥宪章 1960》
对于历史中心的过度保护使得经济层面的现实问题更为棘手,居住改善和
历史住宅再利用重新回到了大众视野。博洛尼亚在 1937 年至 1969 年的
四轮规划中对城市中的物质遗产、公共住房分别进行了有效的干预,将老
城的空间肌理视为建筑类型的集合,挑选出需要重现的建筑类型,再对现
存建筑进行类型整合和结构升级,与新建部分"缝合"在一起,成为一种新
的建筑语言(图 2-11)。

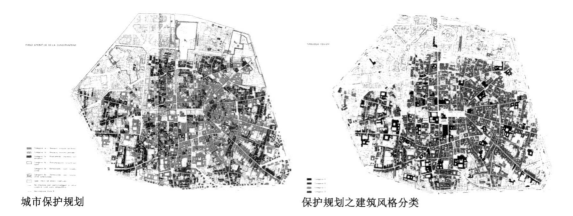

城市保护规划　　　　　　　　　　　保护规划之建筑风格分类

图 2-11　博洛尼亚 1969 年总体规划保存地段划定与建筑风格分类

　　路易吉·切维拉提(Piero Luigi Cervellati)运用城市设计对肌理的类型和形态进行研究,在进行建筑普查时,没有采用传统的功能—空间分析方法,而是将建筑的历时性演变落实到具体的建筑形式、开发利用模式上,在此基础上做出适应各类形态特征的保护项目。1966 年博洛尼亚城市规划法案通过了对城市遗产进行类型学调研的提议,很快便成为整个欧洲参考的范例。1973 年制定的技术法规仍然是以类型学研究成果为主要内容,之后的复兴计划尝试在不改变地块尺度的前提下改变土地性质和用地属性以及建筑功能,在服务、旅游资源不充分的城市中进行复兴,同样是以类型学分析为基础。他对历史建筑的调查和干预的方法完成了一种类型学的分析方法,用来鉴别一般的聚集区的组成部分和类型,然后将这些信息重新组合,调整聚集区以适应住房目的。《1969年博洛尼亚城市总体控制性规划修编》提出了"整体性保护":将物质遗产全面保护与维护居民群体、社会结构及复兴社会生活和经济活力共同纳入保护策略中,即"物质遗产—社会的整体性保护";从整个城市的角度,通过复兴历史中心尤其是住宅改善与再利用来扭转对外扩张,促进整个城市的平衡和整体发展。

　　(4) 20 世纪 80 年代:景观共构的整体保护。"历史遗产的保护普遍是建立在历史和建筑风格共构基础上的",这种重新觉醒激发了人们反对那些可能会损害具有历史意义的城市空间的行为。"历史的"概念被提出,对于城镇遗产的解读加入了历史语境和人的使用维度,放置在不断发展的历史城市背景中,强调由于城市变迁和建筑使用需求而出现的各种转换和补充,确保"合理性灵活"。以费拉拉城墙保护与整合项目为例,从 1975 年开始,当地政府就已意识到城镇遗产的局限性导致众多具有历史遗产特质的景观被忽视,1985 年开始的费拉拉城墙计划将城墙和历史中心结合,将城墙和两侧的城市环境整合为 9 km 的环城带状公园,并把堡垒、四座城门、主要城墙段包含在内,结合市内道路统一规划(图 2-12)。

图2-12 费拉拉城市地图

（5）20世纪90年代至今：后工业、全球化时代的全面转型发展。后工业时代的城镇建成环境出现了普遍性衰败，促使人们对保护方法"适应性"进行反思，欧洲这一时期的普遍规划手段是重新将历史中心作为主要发展对象，以"文化"为线索的整体性发展。在热那亚内城更新案例中，滨水区和老城中心形成了一个有效的更新过程。政府对整个滨水地区进行了彻底改造，结合对老港口的重塑以实现对历史中心区滨海区域的再利用，以"合理性灵活"将水岸完全向城市开放，将港口转移到其他地点，将仓库功能置换为办公室、剧院、水族馆、海洋博物馆，建设一个地下枢纽站，带动了人口的回归和新的城市更新进程，由此，历史中心区成为一个富有吸引力的居住和工作场所以及娱乐休闲活动聚集区（图2-13）。

图 2-13　热那亚历史中心区

注:虚线为"2001年可操作性规划"范围;实线为世界遗产范围。

2.2.2　意大利城镇保护实践对于我国乡村建设的启示

通过对意大利历史城镇保护发展历程的梳理可以看出,保护与发展始终是与时代需求相顺应、与建成环境相协调、与社会问题相呼应,在实践中不断修正和完善理论、方法及策略的过程,其中对我国乡村建设具有建设性意义的内容主要有以下几点:

(1)保护已经成为发展的一种手段,而不仅仅是一种目的。保护历史城镇在意大利是一种自觉行为,是发展的前提和根源,作为发展的第一步骤而存在。保护不仅是保护有特定价值的可见物质遗产,而且更重要的是整体建成环境。建成环境是作为一种积极因素而不是累赘,转型发展不是推倒重来,而是对既有的延续和回应。这不仅是一种价值认知,而且是指导各个时期保护实践的核心内容。在这一原则坚持不变的条件下,才有可能对现实与时代的特征问题进行"适应性"调整。

(2)"整体性"作为城镇与乡村建设的首要原则。从20世纪70年代概念提出到现在,"整体性"的内涵不断扩充,从第二次世界大战前的"新与旧"讨论,到周边环境的整体考虑,广义文脉的解读,"物质-历史-生活"的保护,后工业时代的全面振兴,"整体性保护"在历史遗产和文化传统保护实践过程中得到了长足的发展,纳入保护范围的对象也从纪念物单体扩大到街区、地段、历史中心区、城市景观,从传统的以物质空间为核心的规划理念扩展到跨越精神层面、综合时间维度、协同产业共构的操作方法,保护方法从现状分析扩展到时间梳理、文脉解读、风格提取重组,保护成果从建筑修缮改造拓展到区域空间功能调整,保护周期从阶段性抢救延续到全生命周期管控,保护形式从应对危机过渡为长效管理。"整体性"正在不断扩充内涵和维度,势必成为更综合、更系统的保护理论和实践方法。

(3)"新旧关系"是城镇与乡村保护与更新的重要课题。在具体实践中,"新旧关系"一直是城镇化、现代化过程中需要妥善处理的一对"矛盾",也是体现保护理念的重要对象。在意大利的保护规划中,区域层面采用新旧分开并行——历史区与新建区明确区分开,历史区以保护为主,新建区以延续发展为主;中微观层面采用新旧缝合——地块内的旧建筑与新建筑以类型为标准重现或置换,"合理性灵活"只要标示出新旧的界限即可。各种类型的保护、修复都必须尊重历史现状,不盲目地拆旧建新,而是在调研、分析、论证的基础上,采取最合适的手段,尽可能多地保留原始、可读的内容,绝不为了保护而保护,拒绝"假古董"。

(4)"普特兼顾"是城镇建设的基本策略。我国的城镇与乡村一直在应对时代变化的过程中寻求兼顾普适与特质的发展模式,其实,无论整体与局部、新与旧、历史与现存,都是对"适应性"的不同维度的解读,"合理性灵活"能够在城镇与乡村建设中处理好多对关系与矛盾。

现阶段,我国新型城镇化建设对广大农村地区的发展提出了诸多富有时代性的新课题,当同时面对"前瞻"与"回顾"需求时,很多乡村不具备足够的自信与准确的判断,只重视"前瞻"——经济发展而无力"回顾"——保护历史资源,导致乡村传统文化与民俗遗产的消亡,逐渐失去了乡村立足的根基。如何解决好城镇与乡村的发展,可以借鉴意大利历史城镇保护的经验,运用"合理性灵活"的理念,将多重目标置于同一平台上,将城镇与乡村的发展作为总体目标,将经济产业转型、环境整治美化、居住条件提升、村民生活充实、特色风貌保存等各项发展指标视为实现这一总体目标的分项子目标,在各种需求之间比较、权衡,选择最适合的保护与发展策略,促进城镇与乡村的良性循环、可持续发展。

2.3 性能提升方法介入的必要性

2.3.1 性能提升的理论基础

虽然众多保护条文在保护原则中明确地写道:历史遗迹是一个漫长的分层作用的结果,不应该只放置于博物馆中,更应该以活态有机体来适应现代生活的要求;保护应该同时关注"形式"——形态、材料、拓扑关系——以及"功能",并应对社会变革所带来的变化。但从国际视野来看,历史村镇、历史地段的传统保护政策存在很大的局限性：不能适应现代社会与经济形势，不能解决当代出现的一些新问题。"经典"的保护政策只是从"历史性"的角度制定了规范，却没有顾及在地性与全球现代化进程的关系，因此，近年来历史场所、历史地段、历史村镇的整体性受到威胁的案例越来越多。

基于这一背景，2005年联合国教科文组织（UNESCO）大会通过了新的章程《维也纳保护具有历史意义的城市景观备忘录》，旨在重新定义历史城镇保护的新标准。章程中明确指出，保护要基于现存历史形态、建筑存量及文脉，综合考虑当代建筑、可持续发展和景观完整性之间的关系，功能用途、社会结构、政治环境和经济发展的持续变化也是传统的一部分，要着眼于整体，采取前瞻性行动，并与其他参与者及利益相关者展开对话。

（1）历史城镇的保护与发展之间的关系。发展必须与保护原则兼容，而不是保护的"下属"元素，相反必须作为支持保护的工具。

（2）历史城镇中的当代建筑保持历史连续性的要求⑥。历史必须是可以解读的，必须防止伪历史设计。这些针对历史城镇保护提出的新标准同样适用于乡村建设与保护。

另一部分的必要补充来自我国现行的保护规范和规划技术路线。

目前，我国对于包含历史建筑、文物保护单位、物质文化遗产的传统聚落更为关注，相关的国家法律法规与技术规范对于这一类聚落的保护、改善与利用及规划编制等方面都提出了相应要求。尽管保护规范的制定者并非没有意识到传统聚落街巷格局和风貌保护与基于当代生活方式而制定的交通、市政、防灾等技术标准间的矛盾，并为此在相关条文中指出可根据被保护对象的具体情况加以变通而不必严格遵守现有相关规范；同时，在交通、市政与防灾等规范或技术标准中，也考虑到了村落保护的特殊性，并有一些原则性的变通条款，但规范条文多数是原则性文字，较为笼统。以专门针对保护规划编制而制定的《历史文化名城保护规划规范》（GB 50357—2005）为例，规范对道路交通、市政工程与防灾设施三个方面在保护规划中应达成的目标做了原则性的规定，例如道路密度，规范说明中指出"保护有特色、有价值的街巷，客观上必然导致道路系统的高密度、窄路幅，甚至可能突破标准值，在特定条件下出现的这种情况是允许的"。对道路断面和宽度则规定"道路及路口的拓宽改造，其断面形式及拓宽尺度应充分考虑历史街道的原有空间特征"。在市政设施和防灾，尤其是消防规范的表述则更为笼统。这带来了两个方面的困境：一方面无法对突破现有技术标准的规划措施是否有效进行评价，当实际的规划编制尝试考虑保护对象的具体情况而采用突破现行技术标准的做法时，若不依赖已有的技术规范与标准，就无法对规划技术措施在实施中是否将确实有效进行判断；另一方面缺少能被普遍接受而推广应用的相应的规划编制方法，这事实上进一步增加了对不符合现行技术标准的规划进行判断的难度。地方性保护条例或保护规划编制技术性指导文件如《江苏省历史文化街区保护规划编制导则(试行)》(2008年),对相关问题逐条给出了可使用的技术措施的建议,例如在防灾工程中规定消防设施布置,即"消防规划应以上位消防管网、消火栓系统为主,明确消防水源和水压要求。消防车辆不能到达的地段,应明确消火栓系统、手抬式或推车式消防泵、消防水池、沙池、沙桶、居民社区消防员等区内自救体系",等等,这些技术措施对于具体的保护规划编制有较强的指导性和操作性。但是无论交通、市政还是消防,规划的系统性、整体性建构与组织在现有的规划编制技术指导文件中仍是缺失的。因而,以满足整体性能标准为核心,而不追求标准化应用的性能化规范与设计概念在解决现行传统聚落保护规划编制中所面临的矛盾与问题时,有着非常重要的借鉴与应用价值。

从技术路线来看,我国现行的历史文化名城、街区及村镇的保护规划工作(图2-14)通常可分为四个阶段:前期调查,目标确定,保护策略,规划措施。前期调查通过梳理、解读文字与口述的历史叙述,明确保护对象的历史沿革,并对其特色与价值进行准确表述;通过对聚落物质环境和社会生活状况的调查,明确在保护和发展中存在的问题。在前期调查的基础上确定聚落的保护对象与发展目标,确定聚落物质环境中必须加以保护的对象,包括街巷、水系、建筑以及其他要素;并根据聚落的社会经济状况,为被保护对象在现代生活中赋予恰当的角色,使之在物质环境得到保存的前提下,仍然获得继续发展的动力与活力。针对保护对象确定保护分级、分类保护措施,并依据发展定位制定改善提升的策略。在这一阶段,保护与发展的总体目标被分解为各个规划子系统的目标,通常包含历史文化遗存的保护、用地人口空间规划、道路交通规划、市政工程规划、防灾与环境保护规划等。最后通过具体的规划措施来实现保护与发展的双重目标。目前,传统聚落保护规划也大多采取以问题为导向(Problem-Oriented)的"处方式保护"规划思路。针对目前出现的多项具体问题,首先提出单向的策略和可能用以解决问题的具体规划内容,通过一一实现目标完成规划成果,从而解决所有问题,满足新条件下的使用性能效果。

这种规划思路是目前普遍采用的方法,但是仅考察系统在运行中出现的各种孤立问题的表象,用切割问题的方式逐个解决,实现保护的目标具有一定的局限性,各项规划内容之间可能存在干扰甚至矛盾,尤其对于各

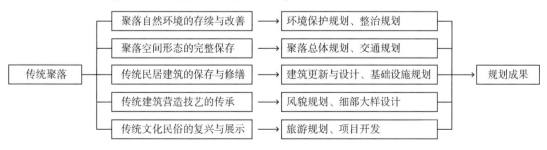

图2-14　现行保护规划的基本工作内容

类保护规划中"保护大于发展"的需求和"保护难于发展"的现实,规划因此而难以实现。

另一方面,现行保护规划规范及规划编制中所存在的问题,即通用性目标在面向多样化对象时出现的不适应,以及保护需求与各类规范要求之间存在的矛盾,尤其是规划定位完成后,针对保护与改善提升目标分别制定规划策略、措施和落实具体的空间物质性要素设计时,要求与现实之间存在很大差距导致无法顺利衔接。

总体而言,在保护、改善、发展等多目标需求之间取得平衡,始终是传统聚落保护规划编制中的突出问题。我国既有规范从社会层面提出了明确的目标,但具体操作层面仍然依据现代生活的需求制定各类规范标准,特别是交通、市政和防灾等领域的技术规范与标准。这造成了通用性目标在面向多样化的保护对象时缺少可操作性,同时,传统聚落中对物质环境及非物质文化的保护与基于现代生活制定的各类规范之间也存在冲突。事实上,现有各种技术规范标准已经意识到了规范与保护之间的匹配不充分,补充了"必要时可以灵活处置"的条文,却没有提供可实施操作的方法指导;也有一些研究已经提出了类似于"性能化设计"的设计思路,在分析需求的前提下,运用多种技术手段进行规划与设计的方法,但没有系统地阐述设计原理或构建工作框架,在具体实践过程中,仍然用切割问题的方式导出规划,而不是用整体性方法分析方案并指导规划。

综上所述,无论是从保护与发展互相支持的兼容关系还需进一步深化的角度,还是针对我国传统聚落保护现行规范与技术的不足,都需要对传统聚落保护规划进行价值的定位和技术的补充,而"性能化设计"思路显示出了潜力。引入"性能化设计"的思路,针对保护对象的具体情况,确定保护与发展的目标,拟定交通、市政等方面的性能需求,并以性能需求为核心,灵活运用各种已有的技术,综合编制总体规划与相关的专项规划,提出规划措施,能有效解决通用性规范的不适应问题,以及传统格局风貌保护要求与现代生活条件提升需求之间的矛盾问题。"性能化设计"在传统聚落保护规划编制中的引入与运用将成为可能。

2.3.2 性能化设计思路的引入

性能化设计(Performance-Based Design),即以性能为基础的规范与设计[7],最初主要应用于建筑消防领域。国际上大约从 20 世纪 80 年代逐渐开展此类研究,最早在美国、加拿大开始制定性能化防火规范(Performance-Based Fire Codes and Standards)[1][8]。它所针对或弥补的是指令性或处方式(Prescriptive-Based)的规范与设计,即详细规定参数和指标,以及从规范中直接选定具体参数与指标进行的设计的不足[9]。

性能化设计最早是一种新型防火系统设计的思路,运用火灾安全工程学的原理与方法,根据建筑的不同空间、功能条件以及其他相关条件,自由选择为达到消防安全目的而采取的各种防火措施,有机地组合构成该建筑的总体防火安全设计,并通过定量预测和评估,得出最优化的防火方案。性能化设计的思路是通过其他灵活的途径进行性能补偿,使整个系统满足实际使用中的安全要求。

英国于1985年第一个完成了建筑规范,包括防火规范的性能化修改。澳大利亚于1989年成立了建筑规范审查工作组,起草《国家建筑防火安全系统规范》,并于1996年颁布了性能化《澳大利亚建筑—1996》(BCA96),自1997年陆续被各州政府采用。新西兰于1992年发布了《性能化新西兰建筑规范》,新规范中保留了处方式的要求,并作为可接受的设计方法;1993—1998年开展了"消防安全性能评估方法研究",制定了性能化建筑消防安全框架,其中功能要求包括防止火灾的发生、安全疏散措施、防止倒塌、消防基础设施和通道要求以及防止火灾相互蔓延五个部分。美国已完成了性能目标和基本完成性能级别分级的确定,并于2001年发布了《国际建筑性能规范》和《国际防火性能规范》。加拿大于2001年发布性能化建筑规范和防火规范,其要求将以不同层次的目标形式表述。之后,北欧发达国家以及南非、埃及、巴西等发展中国家先后积极开展了消防安全工程学和性能化安全设计方法理论及技术的研究。

这一设计概念的提出是针对由特殊建筑结构、特殊空间形式、特殊功能意图设计导致的规范空白、"失效"现象,是一种建立在诸多理性条件上的科学设计方法,是对于复杂对象进行研究分析和问题解决的对策,具有普适性的意义和价值。它实际上表达了一种更为灵活、动态的设计思路:不拘泥于针对逐个具体问题提出彼此割裂的解决方案,而是采取对薄弱、缺失、无法满足现行设计规范要求的某些关键环节和方面,在整个系统中寻求路径,进行补充强化。随着我国现代化进程的不断深入,现行的"规格化"规范逐渐暴露出不适应,因而性能化设计思路越来越显示出优势。

通过在消防规范和设计领域实践的逐步展开,性能化设计的特点与优点得到反复研究与论证,在建筑防震设计、建筑结构设计等领域得到广泛应用,并扩展到建筑设计领域。雨果·汉斯(Hugo Hens)在《性能化建筑设计1:从地下结构建造到中空墙体》(*Performance Based Building Design 1: From Below Grade Construction to Cavity Walls*)[2]中,对性能化设计进行了阐述和分层分类。他认为,"性能"一词涵盖了所有与建筑相关的物理属性和质量,包括在设计阶段可预测、在建设阶段可控。"可预测"要求有计算工具和物理模型能够评估一个设计,"可控"则要求有某种标准可以在建造时使用。典型的"性能"分级结构为:建成环境作为最高层次(0层),其次是建筑(1层)、建筑集成(2层),最后是楼层和材料(3层),四层之间的关系是自上而下的。性能阵列的基础是功能的需求,包括可操作性、安全性、舒适性、持久性、节能性、可持续性,以及建筑使用方面出现的需求(图2-15)。对于建筑设计而言,这是一种基于科学与理性的设计方法,有了严格的性能指标后,建筑的物理环境和建造质量就可以被预期。

方面		性能
功能性		使用安全性
		使用适应性
结构充足性		全球稳定性
		对抗垂直荷载的强度与刚性
		对抗水平荷载的强度与刚性
		活力响应
建筑物理	热、空气、湿度	冬季热舒适性
		夏季热舒适性
		耐湿性（霉菌、尘螨等）
		室内空气质量
		能效
	声	声学舒适性
		室内音响
		整体隔音（更具体的：侧翼传声）
	光	视觉舒适性
		日光
		人工照明能效
	防火安全*	消防遏制
		主动灭火措施
		逃生路线
耐久性		功能使用寿命
		经济使用寿命
		技术使用寿命
维护		可操作性
成本		总、净价值，生命周期成本
可持续性		总生命周期评估与评价

图 2-15　建筑性能阵列

此时,性能化的最主要优势在于预期和传递建筑质量的客观性,性能需求提供了很准确的技术参考,基于性能指标的设计与基于建筑师的知识、经验、创造性的设计相比更具理性:判断某个设计能够继续深入而其他设计因为不能满足性能要求而被抛弃。设计从总体发展到部分,数据和参数从模糊到精准,性能分析也随之越来越深化。草图设计阶段,只需要处理建筑与环境的关系,上层的性能需求得到重视。设计每深入一个阶段,下一层的性能需求就被纳入考虑,更多的参数和数据产生,结构、物理环境、安全性、持久性、维护性、成本和可持续性等方面都必须纳入系统进行考虑与调整,最终设计变成了分析、计算、对比、纠正、决策的"程序"。提出的解决方案必须满足本层次的需求,并且反馈到上一层甚至顶层,经过多次反馈与多参数的调整,性能需求目标最终转化成解决方案。

设计似乎由建筑自身生成,建筑师只是在数据之间寻找平衡,选择最优。整个过程看似限制了建筑的个性,克制了设计者的自我形式表达欲,但实际上为建筑的形式、空间、建造提供了更有说服力的支持,建筑师在合理范围内发挥想象力,"在限制中发掘表达的自由,来表达自我能动性(乃至其背后群体)与物质限制的深度合作"[3]。这一点恰恰是"性能化"概念值得推广的核心内容,也是将狭义"基于性能的设计"引申为广义"性能适应"的综合表述。

性能化设计思路从最早的消防设计领域逐步应用到特殊结构设计,再扩展到人流疏散的安全标准制定和路线设计,目前已经基本覆盖了针对建筑的特殊性能而出现的需要进行补充设计的领域,并形成了较为合理、全面的设计策略。但是,性能化设计并不是对常规设计的无限纵容,并不意味着允许随意突破规范、容忍超规范现象的出现,而是当设计的多个价值需求不能同时得到满足时,需保证优先满足某些价值更高的需求而对剩余需求补充强化。

一个完整的"性能化"体系架构应当包含性能化规范、在规范约束下的性能化设计方法或技术指南,以及可以对设计方案加以验证的一套评估方法。性能化规范必须制定明确的目标、最低限度的功能要求、最低限度或一定范围内的具体性能指标。性能化设计则在规范指导下根据特定对象确定性能要求,然后根据性能要求采取各种可能的技术和措施相互配合,得到"合理性灵活"的设计方案。最后,依据一套评估方法对方案进行验证和优化,以确保满足性能化规范的要求并达成最初设定的性能目标,从而弥补了指令式规范和设计在面向多样化的个案时缺乏适应性的问题。

将性能化设计思路引入传统聚落保护,正是利用其"合理性灵活"这一优势,对于法规和标准没有涉及或无法进一步具体限定的内容进行灵活的弥补式强化与提升。将多重目标置于同一平台上,实质上是将传统聚落的发展作为发展的总体目标,将各项发展规划视为实现这一总目标的子目标。在各种需求之间比较权衡,选择最适合某个或某类传统聚落的保护方法(图 2-16、图 2-17)。

性能化提升以整体性能为导向(Performance-Oriented),在传统聚落保护规划的工作过程中,性能化设计理念和技术将在确定规划定位、确定保护更新项目、具体规划设计内容三个环节介入,使规划编制者与决策者能够准确地把握传统乡村聚落的未来发展方向,并在确定保护与发展目标之后,获得综合判断和平衡各类规划措施的手段,其实,三次介入的目标不同,重点不同,深度也不同。聚落保护规划的常用四步骤在性能化理念与技术介入以后被分解,分别融入体系建构当中,有利于在纷繁的信息中准确抓住冲突的内容,快速找到背后的影响因素,同时帮助规划编制者以性能目标为核心,完成各个子系统的规划与设计,并加以整合优化。首先明确研究对象从性能角度评价出现了哪些整体性问题,问题所反映的本质是什么,各问题之间是否存在相关性及相关度如何,解决策略之间是否存在差异与冲突,在甄别和比选后挑选最优解(并非唯一解,以利益最大、效率最高为原则)作为规划成果。

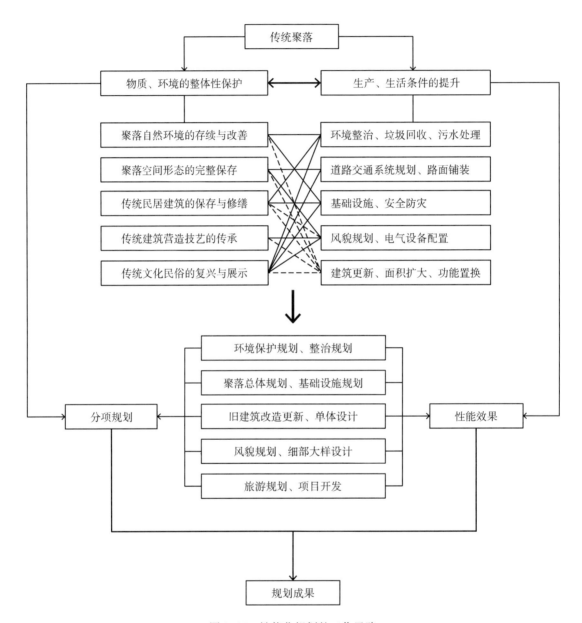

图 2-16　性能化规划的工作思路

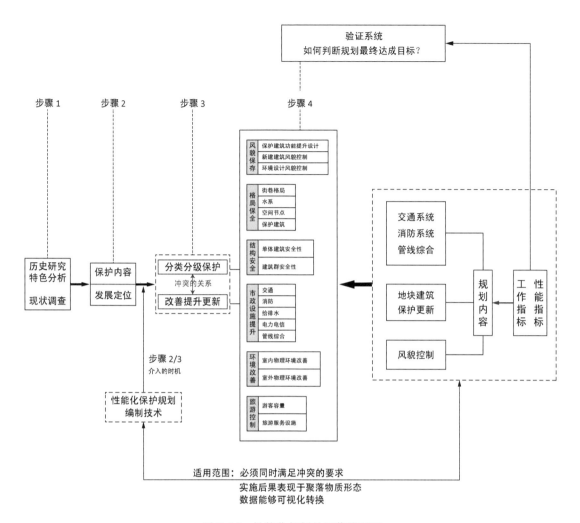

图 2-17 性能化规划的工作流程图

第 2 章注释

① 加泰土丘遗址是安纳托利亚南部巨大的新石器时代和红铜时代的人类定居点遗址,存在于公元前 7500—公元前 5700 年,是已知人类最古老的定居点之一;庞贝古城遗址是意大利南部建于公元前 6 世纪的城镇;马丘比丘遗址是秘鲁前哥伦布时期古印加帝国统治者建于 1440 年的古城遗迹。

② 对星村镇辖区内的七个行政村展开了入户访谈,分别为曹墩村、黄村村、朝阳村、红星村、程墩村、洲头村和桐木村。

③ 该项目由江苏省住房和城乡建设厅主持,于 2011—2013 年开展,作者为泰州组成员,参与调研的村庄为野沐村、顾赵村、黑高村、沈高村、尤庄村、湖北村等。

④ 南部三大区由南向北分别为卡拉布里亚(Calabria)、巴西利卡塔(Basilicata)和普利

亚(Puglia)。

⑤ 马泰拉位于巴西利卡塔大区东北角,约 387.4 km²,人口约为 60 508 人,1993 年被联合国教科文组织列为世界文化遗产。阿尔贝罗贝洛位于普利亚大区,约 40 km²,人口约为 11 000 人。城内的特鲁洛(Trullo)建筑于 1996 年被联合国教科文组织列为世界文化遗产。两镇均为山区村镇转型为旅游热点的典型案例。资料来源于萨西网(Sassiweb)。

⑥《维也纳保护具有历史意义的城市景观备忘录》第十四条、第二十六条。

⑦ "基于性能"是指基于一组明确的目的和目标的规则,结合被定义的衡量方法去判断目的和目标是否已实现。可以对产品、材料或装配进行基于性能的评估;一种结构、车辆或空间;一个过程、程序或活动;个人或团体;其他有意义的任意目标和目的。基于性能的防火规范和标准是指与火灾风险、失火或其他防火措施有关的目标("Performance-based" means rules based on an explicit set of goals and objectives, combined with a defined method of measuring whether the goals and objectives have been met. You can have performance-based evaluation of a product, material, or assembly; a structure, vehicle, or space; a process, program, or activity; an individual or group; or any other subject for which goals and objectives are meaningful. Performance-based fire codes and standards are those for which the goals and objectives relate to fire risk, fire loss, or some other measure of fire safety)。

⑧ "基于性能的防火规范和标准是基于社会控制设计决策以便获得可接受的安全性的同时,为实现该安全性提供更大的灵活性的一种手段。"《ASTM 在基于性能的防火规范和标准中的作用》第 5 页("Performance-based fire codes and standards are the means by which a society controls design decisions so as to achieve acceptable safety while also providing greater flexibility on how that safety is achieved." ASTM's Role in Performance-Based Fire Codes and Standards, pp5)。

⑨ 一般说来在建筑防火中,指令性或处方式规范与设计的最大问题是过于具体的规定不适应建筑形式的多样性与丰富性。而性能化防火规范只设定防火功能或性能的最低目标;性能化防火设计在规范的指导下,根据个案的具体情况来确定性能目标和设计目的,自由选择为消防安全目的而应采取的防火措施,并组合成总体的防火安全设计方案,然后对方案进行预测和评估。

第 2 章参考文献

[1] HALL J R. ASTM's role in performance-based fire codes and standards[M]. Pennsylvania:ASTM Special Technical Publication,1999.

[2] HENS H. Performance based building design 1:from below grade construction to cavity walls[M]. Berlin: Ernst & Sohn,2012:7.

[3] 华黎,朱竞翔. 有关场所与产品:华黎与朱竞翔的对谈[J]. 时代建筑,2013(4):48-51.

第 2 章图表来源

图 2-1 源自:维基百科.

图 2-2、图 2-3 源自:笔者整理自调研数据.

图 2-4 源自:2012 年江苏乡村人居环境调查泰州工作组.

图 2-5、图 2-6 源自:笔者绘制.

图 2-7 源自:2012 年江苏乡村人居环境调查泰州工作组.

图 2-8 源自:江苏乡村人居环境调研泰州工作组.

图 2-9 源自:网络;笔者拍摄.

图 2-10 源自:博伯塔·法奎(Boberta Falqui)《项目分析——吉卡洛·德·卡洛如何理解乌尔比诺》(*Analisi progettuale-Giancarlo de Carlo pensa Urbino*).

图 2-11 源自:BRAVO L. Area conservation as socialist standard-bearer:a plan for the historical center of Bologna in 1969[R]. [S. l.]:Docomomo E-Proceedings 2, 2009:49.

图 2-12 源自:伊丽莎白·古利诺(Elisabetta Gulino)网站.

图 2-13 源自:G. 贝特兰多·博凡蒂尼. 城市案例意大利热那亚:历史中心区不仅仅为了游客[J]. 谢舒逸,译. 国际城市规划,2016(2):61-65.

图 2-14 源自:笔者绘制.

图 2-15 源自:笔者译自 HEN H. Performance based building design 1:from below grade construction to cavity walls[M]. Berlin:Ernst & Sohn,2012:7.

图 2-16 源自:笔者绘制.

图 2-17 源自:课题组成员诸葛净绘制.

表 2-1 源自:笔者整理自调研数据(统计时间:2012 年 8 月).

表 2-2 源自:2012 年江苏乡村人居环境调查泰州工作组.

3 完整性视角下的传统乡村聚落形态分析

3.1 传统乡村聚落的传统性与完整性

从物质构架到精神建构,传统乡村聚落是一个呈金字塔式结构的复杂系统(图 3-1):底层是承托村落的广袤土地和山水环境,作为村落存在和生长的基底,它们既是最稳定的系统,也是最具影响力的系统,环境的任何调整,哪怕是长期潜移默化的微小调整都会对整个乡村聚落造成不小的改变;第二层次是人在环境中的一切物质性建造,包括对环境的改造和利用、适应环境所建设的房屋、为日常生产与生活做出的所有创造性建设,例如开垦农田、修筑河堤、铺设灌溉、种植林木等,这些人工痕迹扮演着多重角色,它们既逐渐融入成为底层环境的一部分,也是与人更为紧密相依的物质系统,基本围绕着人的日常作息布置场景与展开序列,相比于自然环境更触手可及,但它们终究属于人造物,与底层之间存在差异,当聚落消失时,这些人造物质也会消失,但自然环境不会消失;第三层次人的社会是基于两种物质环境交叠的、包含社交属性的混合层次,这是人在物质建设后的形而上的精神需求,也是使传统村落形成小社会的主要原因,除了劳作和家庭生活外,人们在交往中依然会不断地改变村落的物质形态,例如村口的标志性古树、村内大家族的宗祠等,人的交往所形成的网络在这一层次得到了充分的体现,是源于生活、高于生活的世俗;顶层则是更高层次的文明状态,是从人们长久的日常琐碎生活中提炼出的、代表该传统村落特色的、已经固化在人与村落共同成长过程中的并转化为内置属性的那些文化元素,包括世代传承的风俗、礼仪、传说故事、文学作品等,这些高度凝练的意识形态不会随物质环境的改变而轻易变化,是最抽象的精神层面引导。通过以上四层的叠合,传统乡村聚落完成了从一般到特殊、从空间到时间、从外延到内涵的"建设",成为有机整体,既承载着人的生存发展,也在不断地内生发展。

3.1.1 传统乡村聚落的传统性解析

提及"传统聚落的升级改造",最容易让人联想到的是物质性改造:优

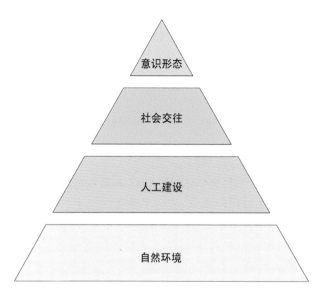

图 3-1　传统乡村聚落的四层次

化房屋使用功能、改善房屋形式面貌、整治屋内外生活环境、加强建设基础设施,进而逐步改变人的生活习惯、转变人的意识观念。国内甚至世界范围内正在进行的现代化改造基本如此,大同小异。若是基于国际通识的价值取向与行为准则,聚落的更新改造本无可厚非,是必要且必然的;但是,由于新旧意识形态之间的某些不连续甚至断裂,导致传统聚落的部分外在与内在价值被忽视,或被认为不再具有价值而需要被取代,而恰恰是这些将被取代的价值是传统聚落之所以成为传统的原因。因此,在如此语境下聚落的空间结构被缓慢改变、房屋风貌被迅速改变、周边环境被迅速现代化,虽然房子更"好用"了,却丢失了"乡土"的感觉。返乡年轻人回到家乡却不认识自己的家;留守儿童与老人守着旧屋,却成为村里的"钉子户"……这并非某个具体建造者的判断错误,而是整个价值标准的倾斜与偏差。虽然"传统"并不能完全等同于"乡土",但血缘与地缘仍然定义了传统聚落的基本特性。在很大程度上,"传统"表达的是聚落的在地性、时间性、社会性和传承性。

有质疑的观点认为并不是每个聚落都拥有具有保护价值的空间和风貌,现代化才能切实改善农民的生活,与可去可留的价值相比,现代化改造显然更为紧迫;"乡土"的定义也应与时俱进,一味保留"乡",最终只会剩下"土",传统性定义的边界在哪里? 另外,聚落的发展涉及经济、政治等其他议题,仅从建筑师、规划师的专业角度决定聚落需要保存的内容是否过于片面? 笔者认为,聚落的价值评估没有绝对标准,传统性也不是一个绝对概念,而是与自身不同时期的形式风格相比较,那些历经长时间演变仍然被延续下来的、根植于当地文化思想体系的、包含于深层的相对稳定的控制性物质要素,就是这个聚落的传统性代表和最核心价值。

从这个角度看,任何一个聚落都具有传统性,都具有值得保存的价值,只是程度不同。与"千村一面"的现状相比,那些不同的面孔更显得弥足珍贵。但是,目前国内对于聚落保护的做法比较极端,要么全保,要么全毁:评定为具有极高价值的村落,采取严格保护,一砖一瓦的变动都需要申报;剩余大部分普通村落要么完全空置,附近另寻空地建设新农村居民点,要么就地拆除,按照规划重建新农村。从现阶段的保护理念及未来的发展趋势来看,重要的是探讨"当某个传统聚落改造到什么程度时,就不再是它原来的样子,不再具有专属于它的传统性"。如果能够把握这个程度值,改造的控制范围、宽容度便也得以建立。

从建筑师的角度来看,聚落的核心价值通常是指空间形态、结构、风貌等。这些既抽象又被物化的要素,表达了聚落的诸多特色,是使其传统性、独特性得以呈现的显性要素。但保护聚落并不是"冷冻"保护这些元素而置使用需求于不顾,而是把保护与发展并置于同等重要的位置,针对特定的村落实际情况探讨价值保护与需求提升到底孰先孰后,这不仅仅取决于建筑师的价值取向,同样应表达村民的发展需求和科学、合理的保护策略。

笔者并不是尝试建立传统乡村聚落的价值评估体系,而是肯定"传统乡村聚落确实在空间形态、传统风貌等方面存在价值"这一判断的合理性与正确性,在此前提下寻找合适的规划方法。因此,在性能化规划之前对传统聚落进行空间分析,是将其具有的核心价值置于优先地位,明确这些价值之间的关联和合适的保护方式,从现行的规划方法及内容中提取适合传统聚落的部分,依照"合理性灵活"的理念对聚落保护规划方法进行深化与补充。

1)"在地性"传统

从大量的现状聚落图形来看,对聚落形态影响最大的因素仍然是环境。人的生理特征和行为习惯决定了不同聚落在人为干预后的空间尺度并不存在太大差异,团状聚集是大多数聚落的基本图形,气候条件、地域地形作为先决条件,在聚落的规模边界、结构组织、扩张走向等方面都划定了明确的范围。在长期发展中,聚落与自然地理环境逐渐融合为不可分割的整体,再不断加入历史传统、建筑风格、材料工艺等,扩充与丰富"在地"的内涵,聚落大尺度的背景条件属于强控制,也是聚落得以具有稳定、连贯、规律性特质(Identity)的基础。除了这些已被普泛总结和普遍接受的"地域"背景之外,还包括当下正在发生的活态人文风貌、社会习俗、生活状态、人际组织、行为模式、生态构成等"地方"属性,以及更具限定性的地形地貌、空间肌理、环境遗存、专属活动等"地点"特质,之后的所有行为都必须遵守这些规则、呼应这些属性、延续这些特质。

罗时玮在对"地方性"和"地域性"进行辨析时,指出"在地实践"更适用于表达一种通过动词化的行动不断被建构出来的动态持存[1]。若将"在"和"地"拆成单字解析:"地"是包含"地域、地方和地点"三层范畴融汇成一个语义的所指集合;"在"既是一种存在状态,更是将这种状态发表并彰显的过程与行为;"在地"合在一起,表示的不再是标示位置这么狭义的理解,更多的是出现的理由——"呈在于地"、指示出设计的线索——"因地而在"、标榜了追求的理想——"与地同在"。由是,"在地"也就变成了对地域、地方、地点"三地合一"的"一地之在"的多样性觉醒、揭示、放大以及强化[2]。

聚落的"在地性"传统最初便是通过与宏观自然环境的顺应关系得以呈现,尤其是乡村聚落,起源于此、更受制于此;当聚落获得一定的自主性后,会吸收来自环境的回应进一步建造,每个聚落都按照各自的方式,根据地缘、人缘、机缘,对近似的问题给出针对性的应答,这成为证明其"在地"存在的方式;最终当聚落具有理性发展和自觉进化时,"在地"本身就成为聚落的目的、方式和意义,真正与地生长在一起。"在地即是合理,在地即是意义。"从这个角度说,用"在地性"统领传统聚落具有的传统特征并不为过。

2)"时间性"传统

从"活态"的角度不难理解聚落具有时间性,无论聚落如何改变,时间维度不变。若聚落存在多个发展阶段,从物质角度定义并划分聚落的时间脉络,时间性便可得到解释。乔万诺尼曾提出"城市再生"(Palimpsest)概念,认为城市没有完全意义上的老或新,都只是不断发展过程中的暂时性阶段,城市形态的历史就是一个各种信息不断重写与覆盖的过程,通过对重写本上不同层次信息的解读,可以理解城市形态的演变过程。他对意大利众多历史中心研究后得出"一座城市既不是全新也不是全旧"的结论,用"平面几何永恒性"的观点说明城市的形式可作为永无停息的发展过程,在临时、转变和过渡的过程中,形式自身保存下来并不断地表达内部的恒基[3]。1966年,斯迈尔里斯(Smailes)提出城市物质形态演变是一种双重过程,包括向外扩展和内部重组,对应"增生"和"替代"方式形成新的形态结构,替代过程往往是兼具物质性和功能性的。

乔万诺尼关于城市演变时间性的分析同样适合于对乡村聚落演变历程的解读,聚落在发展过程中抛弃了不经久、不具备适应性的习惯和观念,保留并发展了与时代相适应、不断自我更新的价值,这也是在不断的尝试中寻找最适合的"在地"形式表达。抛弃和保留都不是一蹴而就的,因此,传统聚落始终处于"微调"状态。从各种文字记载中能够得知,重要历史事件对聚落的影响是快速、短暂而强烈的,日积月累的变化却是缓慢而温和的。一方面,传统聚落的发展速度之缓慢、不可察觉,加之传统聚落的历史资料缺失,导致定义聚落发展的时间节点十分困难,划分阶段更难;另一方面,传统聚落得益于其特殊性,虽受到国家、城市的历史影响,但并不完全吻合,只在宏观时代背景和脉络上具有一致性,可能存在滞后、省略的现象,更容易受地域历史影响,更像是书写自己的历史。因此,时间性分析的主要目的在于寻找聚落在不断蜕变过程中始终保留的要素,挑拣出作为发展底线的和"标志性"的对象,以及以此为基础有序发展的"底线与框架"。历时与共时特征始终贯穿于聚落发展的过程中,历时特征侧重体现动态发展,共时特征则表达并置效果。

3)"社会性"传统

传统乡村聚落的社会性包含了文化、精神、意识形态等非物质要素,由人赋予并转化为内核的、深层次表达聚落特征的第三维属性。东方文化中的社会性因素主要有宗教信仰、社会阶层、民俗礼仪、社会交往、家庭结构、亲属关系、生活方式等等。阿摩斯·拉普卜特在《宅形与文化》中认为,社会文化因子几乎是住屋和聚落形态的决定性因子,气候、材料、构筑和技术只是修正性因子[4]。虽然这一观点在今天被大多数学者认为不够准确,但不可否认社会性是传统聚落的本质属性之一。

聚落与亚文化:每个特定地域的小聚落社会都表现出自己的独特性,地理、气候、经济、民俗等综合作用使其具有区别于其他地域的小的文化系统;同时,人口的迁移流动造成了聚落之间的交流和融合,久而久之形成复杂的亚文化,众多亚文化再构成亚文化群。遍布广袤土地上的乡村聚落便是亚文化的主要承载者。

聚落与风水:风水学说作为华夏文明的一种潜在文化背景,对聚落选址与布局产生了普遍、深远的影响,也是"宗法社会的意识形态"[5]。李约瑟在《中国科学技术史·第二卷 科学思想史》中说道:"城乡中无论集中或散布在田野中的住宅都有宇宙图案感以及作为方向、节令和星宿的象征意义。"[6]从地景到住屋,无不表达出人对宇宙的理解,并通过赋予聚落一定的人文意义,实现与自然环境结为有机整体的目标。天地日月、四季星象、珍禽异兽等都在聚落布局中有所体现,影响整体形态;风水观念还指引街巷走向、水流方向、公共建筑坐向等级、住屋形式配置,甚至室内布局都渗透着文化观念和象征意义。"风水"几乎成为哲学思想潜移默化地影响整个聚落系统的图景。在此影响下,人类仪式性行为也渗透在日常生活中。以筑屋为例,从选择宅基地、勘定方位、奠基开工到落成入住,不同的阶段均有不同的仪式,房屋营造已不仅仅是单纯的建造活动,更是一种"神圣化"的过程,除了实体空间的限定,更是建立心理空间,将人与环境、个体与世界建立连接和对话,即场所精神。当人设法赋予住居以具体特征时,才获得了存在的立足点[7]。

聚落与血缘:聚落中最重要的社会构成有血缘关系、地缘关系及混合关系三种。血缘是以血统联系的家族、宗族社会,血缘社会即由血缘关系建立、联系的聚落社会;而地缘是由于战乱等原因引发外乡迁移至某地点定居下来。血缘关系更原始、封闭、稳定、继承,对祖先、宗族礼法有强烈、浓厚、持久的尊重与崇拜;地缘关系则较为开放、复杂,虽不同血脉,但文化交融丰富,聚落在各种力量的共同作用下发展,但仍然以血缘关系为根基。

聚落的原型与变异:从大量的传统乡村聚落中抽象出具有普遍意义的形式和空间形态称之为原型,代表着人们最初经验的积淀,是一种理想的原型或神话基型的环境,共有的文化系统是原型产生的背景,通常包含着"祖先时代"的历史意义。抽象要素由于受到物质环境和文化观念作用而形成,根深蒂固地存在于村民的潜意识中,且被神圣化表现出极大的稳定性。然而,空间原型只有几种,传统乡村聚落却数以千万计,表明在尊重原型的前提下,每一栋房屋都由房主需求的个体差异与适应性呈现出一定的随机性和相当的偶发性,与原型的交织导致聚落的整体意象具有自主多样性。我国现阶段新农村建设的一大误区就在于把个性差异抽象化,装进千篇一律的方盒子里,这种过于追求自上而下的统一控制,用功能空间占据场地的简陋的格式化方案,既抹杀了对场地的历史记忆,又不能对土地进行新的创造性诠释,导致传统聚落特色的严重缺失。

聚落的多价场所:聚落包含着物质与精神的双重内涵,外部场所亦具有多重功能。作为公共空间,承担着日常社交功能,是人生礼仪、宗教活动、历史事件的发生地和情感寄托所在;更是聚落的日常生活场景,日常状态通常是琐碎、微细、杂多,甚至互不隶属的。不同情境下的场所价值是不同的,与其说应该赋予其不同功能,不如理解为应该使外部空间成为具有包容"全要素"的能力和弹性:容异、容变、容庸、容微[2]。

4)"传承性"传统

如果前三项传统性特征是构成传统乡村聚落的三大本质属性,那么传承性传统就是将本质置于动态平台进行考量。与本质属性不同的是,传承性是传统乡村聚落与非传统乡村聚落的明显区别所在,现代村落建设对于物质层面的科学技术、建筑材料等的过分"宠爱"而忽视对聚落群体的心理关怀,造成了一定程度的文化缺失。因此,在当代社会中、规划编制过程中更应该融入精神层面和文化文脉的考量。"传承性"很多时候不是依靠设计干预完成的,而是凭借文化或者内生基因的独立存在和自主发展而获得,因此,与理性结构、强烈表现相反,更呈现出无为、松弛的自由状态。祖先崇拜的思想观念是村民共有的深层心理机制,具有保守性和稳定性;建造技术、建筑材料为具体物质层面,体现了时代性和易变性;而住屋坐向制度和形式风格则是中间层面的心物结合。它们体现出文化的"心理—现实"结合,各层面之间及内部诸因子都构成力场,使文化得以生存和传承。在传统聚落社会中,住屋的建造方式看似出自专业工匠,实际上是按照聚落社会的既定原则和风俗,运用代代相传的传统建造技艺和手法进行建造。其间并不要求缜密的设计和高超的技艺,更重要的是完全尊重、遵循风水堪舆、民俗禁忌。聚落通常是潜意识支配下的随机性空间构成,充满了生命力,民俗传统不自觉地将需求和价值、梦想、情感物质化在聚落中,使"理想模型"成为现实图景。

3.1.2 传统乡村聚落的形态完整性

关于"完整性"这一概念,中文的近义高频词汇包括完整、完形、整体性、整体等,英文单词有 total, entirely, wholeness, holism, integrity 等,都表达完整、整体的含义。城市设计领域经常使用的是 integrity,侧重于表达"整合、融合"层面的含义;在哲学范畴中,holism 表达整体,指人们对于自然界和人类社会的一种观点和认知方式,是一种普遍意义上的方法论,重点强调"整体"与"部分"之间的关系——"整体大于部分之和""一个系统(物理的、生物的、化学的、社会的、经济的、心智的、语言的)的属性不是由其组成部分决定的,但该系统作为一个整体却决定着其组成部分的特性与运作方式"。东方世界的古代哲学也是建立在整体思想的基础上的,我国古代的"天、地、人合一,宇宙万物和谐统一"和基于此的相土、形胜、风水学说,都是将人类置于宇宙系统的永恒秩序中,认为人的一切行为都应遵循这一法则。当代一般系统论延续了自古希腊以来的整体论基本思想,进一步强调以整体、综合、有机的眼光看待复杂系统,重新审视当代科学,建立世界观。

另外,关于"有机体"形态完整的讨论也对城市形态理论产生了影响。亚里士多德在《论动物身体局部》一书中指出"不应该在有机体生长的某个阶段中寻找起源,而是等到有机体达到完整、最终状态,才能考虑它们的特征,才能看到它们的演化"[8]。这一阐述加入了时间要素和发展眼光,比整体和部分的辩证关系论断更为动态,对完整性的理解增加了新的层面。城市建设领域的有机思想①是对该"生物有机体"阐述的继承和发展,认为城市是自发性的生长过程并逐渐走向完善。

以上两种理论体系分别从静态的组合拼贴和动态的演进发展阐述了完整性,从某一时空片段、发展阶段来看,完整性存在于宏观系统及各个子系统中;纵观全生命周期,完整性又存在于每个要素的各个阶段且不断变化调整直至达到平衡。在经历了世界观、价值观、方法论的多次调整转变之后,有机理论将系统论的基本思想纳入,对完整性的阐述包含下列几层含义:作为一个复杂系统,与环境之间的协调关系,整体与局部之间的密切联系,形式与功能的内外统一,自组织、自发性的更新成长,以上缺一不可地成为一个完整的有机体。

显然,传统乡村聚落具有有机体的属性,传统性的四个层面分别对应与环境(在地性)、与发展(时间性)、与文明(社会性)、与自身(传承性)的有机性;从另一个角度说,自下而上的蔓延生长多于自上而下的人为控制,使得传统乡村聚落保持了自然的形态、乡土的气息、淳朴的民风、缓慢的演进,目前,唯一尚不足的是形式与功能的统一。在《住房城乡建设部 文化部 国家文物局 财政部关于切实加强中国传统村落保护的指导意见》中对"保持传统村落的完整性"的阐述为:"注重村落空间的完整性,保持建筑、村落以及周边环境的整体空间形态和内在关系,避免'插花'混建和新旧村不协调。注重村落历史的完整性,保护各个时期的历史记忆,防止盲目塑造特定时期的风貌。注重村落价值的完整性,挖掘和保护传统村落的历史、文化、艺术、科学、经济、社会等价值,防止片面追求经济价值。"这一阐述从空间完整性、历史完整性、价值完整性三个方面提出了保护目标,保护对象包括周边环境、村落、建筑三个层次。

完整性不仅强调数量的完全,而且强调要有质量的完好和关系的完善;

不仅是物质遗存的完整保存,而且有空间结构的系统建构;不仅是将历史资源完好保存,而且要结合现实生活进行创新培养;不仅要求观念上将完整性作为重要原则,而且要在保护实践中加强对完整性的理解、贯彻和强调。

形态完整性可以概括为要素完备、结构完整、功能完善、关系完好四个方面。结构完整是指支撑空间各层次的结构要素完备且连贯,各结构要素自成体系且与其他要素衔接契合;功能完善是指各结构要素能够完成其所具有的特定指向性功能,且与其他要素共同支撑整体空间的功能需求。前两项为基础属性,也是建立系统的前提,只有要素和结构具备一定的完整性后,才能够讨论功能和组织。结构完整更多基于要素自身的内在属性,功能完整诉求要素所提供的功能,关系完好诉求要素间的组织方式更为合理;结构完整性是基础,当空间结构被改变,完整性被打破时,功能完整性可能也不复存在,关系完好则更不确定。传统乡村聚落的指标对象基本围绕山水农田和聚落空间构成要素,依照完整性的标准,笔者将性能提升的检验指标归纳为要素完备、结构完整、功能完善、关系完好。

3.1.3 传统性与形态完整性的关联分析

通过对传统性和完整性的释义,可以建立两者之间的联系,传统性与完整性之间存在着相互解释的关系(图 3-2)。有些特性直接对应,比如"在地性"与"与外界环境协调、整体与局部紧密","传承性"与"自发性更新成长"的内涵及之间的呼应关系一目了然;有些则是互相检验或可能相互削弱的关系,比如"形式与功能统一"需要在各发展阶段内进行验证才能说明其与"时间性"存在呼应,传承过程中可能存在形式与功能不统一的阶段。传统乡村聚落所具有的传统性具体阐述为聚落与自然环境的契合、聚落随时间演变而具有的特征、聚落特有的社会系统、聚落在发展过程中传承下来的特征,形态完整性对完整性的具体化归纳为要素完备、结构完整、功能完善和关系完好,是对传统乡村聚落的形态评价标准。据此,可以建立指标体系,用以表征具有传统性的乡村聚落在形态完整性方面需要具备的要素以及各要素必须满足的要求。

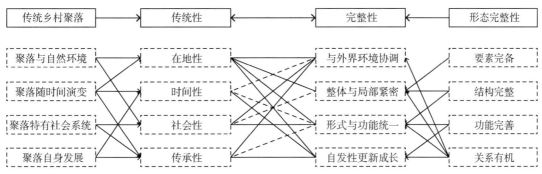

图 3-2 传统性与形态完整性之间的联系

注:实线为正相关;虚线为待定。

3.2 传统乡村聚落形态分析

3.2.1 形态传统性分析

乡村聚落的传统性具有与生俱来、在长期发展中不断扬弃的基本属性,其最重要的是"在地性"。乡村聚落的选址受到各种因素的影响,可分为自然与非自然因素(社会经济因素)两大类(图 3-3),两类因素相互作用、共同影响,决定了聚落落地后呈现的物质形态。同时,乡村聚落是一个活态有机体,选址、扩展也是动态演变过程,不同时期的主导因素、各因素权重不同。在生产力水平极低时,人地关系中的自然因素起到决定性作用;随着生产力水平的逐步提高,人改造自然的能力增强,经济、社会因素取代自然影响,成为左右聚落建设的力量;当聚落进入稳定发展期后,经济、社会、自然达到相对平衡状态,维持聚落演进。

对传统乡村聚落的保护与发展进行讨论,需要明确保护的落点、发展的起点。由于传统乡村聚落的自身规模、要素系统复杂度、问题尺度都远远小于城市,笔者根据传统聚落所特有的空间特征,按层次划分,分析各层次演变过程中所涉及的传统性内容。

(1) 环境(Environment)条件。聚落依附着各种地形,采取不同方式与自然环境相适应。宏观地理环境(地域特征、地形地貌)和气候对聚落及

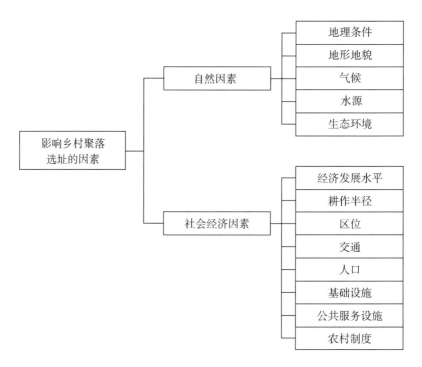

图 3-3 乡村聚落选址的影响因素

周边整体环境的影响是基础性的;水文、植被等都是在此基础上形成的二级影响因素。对于某个聚落而言,一方面,自然环境的影响力随着范围的缩小而增大,区域层面的地理气候条件只影响聚落的选址和建造材料,而聚落层面的地形地貌则决定了空间序列和建筑细节。另一方面,聚落也随时间拉长而逐渐摆脱对自然的绝对依附和遵循,从纯粹自然发展为社会自然[9]。在这一过程中必然有自然规则与人为控制的交叠与博弈,包含聚落的扩张规模、与邻近城镇的关系、与自然要素的互动、人工建设形态等。慢速发展中的聚落拥有充分的时间吸收、调整外界作用力,这是一个动态平衡的过程。聚落空间分析的重点是研究自然与人工部分各自呈现的形态、两者的匹配度、匹配与不匹配之间的差异,以及未来应趋向于何种规则或形态。

宏观——匹配度分析:在分析聚落与周边整体环境的关系时,通过提取聚落发展的空间形式对照自然结构,判断两者之间是否存在呼应关系。明确自然地形、聚落发展轴线与方向、明显的发展阶段或建设分期后,比对两者之间的关系。

中观——拓扑分析:在宏观匹配度已经建立的基础上,中观结构更强调加入使用功能的叠合。首先对街巷划分不同层次,然后评估其结构合理性。从村落出入口位置、公共交通站点位置、停车场位置、接驳便利度以及街巷的数量、密度、完整性、均匀性等方面进行判断。

微观——多样性分析:聚落与人的体验对话互动是微观层面的主要关注点。乡村是熟人社会②,"习惯组织生活"多于"秩序引导生活",因此,从中观延续而来的功能性评估仍然作为重要的衡量标准,而更准确地阐释是考虑聚落在满足人的日常生活使用的同时,如何表达可被人调整、可被人感知的传统特征,不同人群如何串联各自一天生活当中的各个停留点,以及各种停留的交叉区域与结构要素是何种关系。微观层面还包含关于民居形式的讨论:屋面形式、坡度坡向、室内外平面形式、建筑材料,虽尺度过小不完全属于聚落层面的分析对象,但有助于理解聚落由整体到局部连贯的文化表达。

(2)历史脉络(Chronology)。人类最初选择定居点时究竟以什么为原则,又经历过哪些理性与非理性的选择,最终在某一位置"落"下来,这一问题已经很难回答。但是,经历恒久仍然存在的聚落与其他衰败或已经消失的聚落相比,但凡能够延续发展至今的聚落大多占尽"天时、地利、人和"等有利条件,规避了诸多破坏性因素,甚至躲过了毁灭性事件,与环境相处融洽,在不断的进化、循环更新中仍然努力保持特色。通过对历史文献、市县志档案、历史地图等资料的收集整理,可以了解聚落发生过哪些重要转变、时代背景以及决策者对聚落的影响等,各时期地图、航拍图、国外图书馆藏图系列,如哈佛燕京图书馆中文藏书(Harvard-Yenching Library Chinese Collection)③、哈里森·福尔曼的摄影集(Harrison Forman Collection)④等,也可提供部分地图资料。

宏观的历时变化与自然环境密切相关。在聚落的雏形期，自然环境的改变对聚落的影响是毁灭性的，例如恶劣气候、自然灾害等导致聚落频频迁址；当人找到相对适合的固定区域繁衍生息后，通过不断的试错逐渐学会了与环境和平相处，甚至懂得了预防和补救，发展步入稳定期；成熟期的聚落能够与自然和谐相处，宏观变化的影响几乎降为零。虽然宏观的影响力逐步降低，但对聚落选址或结构改变极为重要。

中观层面的演变需要厘清各要素的发展顺序和影响力。如果能够掌握传统聚落中重要的秩序改变和结构调整，就可以把握聚落的形态变化脉络。农民宅院和街巷是如何互相制约的？标志物是同时出现还是逐个出现？街巷与地块是同步出现还是先后出现？在聚落逐步扩大时，那么新增街巷是如何选定的，地块是如何生长、切分的？这些分析的目的在于把握聚落建设的节奏与基本规律，为今后的发展提供适合这个聚落的引导。

具体到微观层面的地块营建，不能不谈及民居的历时变迁与自建。与统一规划建设相比，自建的优势在于能够满足各自不同的需求，且保证了聚落具有相当的个性与弹性；但是，由于自建行为具有自发性和随意性，不仅在建造时间、建造成本，连建造风格、建造面积、建造材料都难以把握和控制，这在一定程度上导致了今日的凌乱局面。尽管自建的结果五花八门，但"在地性"决定了某个聚落总是存在最匹配的建筑形式，包括平面形式、三维尺度、建造材料等，如果在最适合形式的基础上对部分要素进行菜单式选择搭配，自建的结果便可以被预期、被把控。

（3）社会人文（Humanity）。如果自然环境是孕育聚落的土壤，那么人文环境则是培养聚落壮大、指引聚落发展的动力。在教育环境、影响人物、经济产业、市场资本的发展历程中，可以了解聚落在文化、经济的推动下具备哪些优势和发展潜力，如何通过物质空间形态反映精神意象。这并不直接反映于聚落的形态上，更多的是潜移默化的作用。

首先需要将聚落置于宏大的地域范围、时代背景和文化环境中探讨人文因素出现的节点和原因；其次分析人文映射到聚落物质层面的内容与形式，寻找它们之间的关联，剖析这些映射是如何透过日常的、不同层次的细节实现精神对物质生活的提领作用；最后在现代化的过程中，这些人文要素难免遭受类似的境遇，必须选择适应性强的要素作为传承的主体，通过恰当的语言表达当代社会对传统文化的解读和表达。

总之，在传统乡村聚落的演进过程中，无论是从在地性、时间性还是社会性方面考量，自然环境始终作为聚落存在的基础性和前提性条件，脱离了地域环境，聚落不复存在。传统聚落与周边自然要素的匹配度很高，基本顺应地形而建，与自然边界、自然等高线平行发展，或纵深垂直于等高线，即使是建于极端地形上的聚落，皆最大限度地适应并利用了环境，这是聚落与自然相互选择的结果。聚落从外部交融结构过渡到内部组织结构，仍然以自然的规则为准则；聚落的各出入口及路网密度均在尊重自然的基础上结合使用需求,且不断增加或调整,是性能化理念的朴素表现,说明聚落居民在改造自然、建构生活系统时,将自己与环境的关系视为重要的考量内容。在个人空间及日常行为中,不同人群的生活轨迹虽有差异,却都围绕着自宅和公共中心,因此,住宅到达聚落公共中心的路径显得尤为重要,无论是可达性、便捷度还是愉悦度都反映了聚落空间的性能与品质。

3.2.2 形态完整性分析

形态完整性从功能、形式、价值等几个方面入手,落实到物质层面便是乡村聚落构成,分析内容应包含空间属性的构成要素。

(1)基底(Base)要素。在传统乡村聚落的格局要素中,靠近聚落的山体、水系、农田等自然要素占有十分重要的地位,它们的自身形态、与聚落的相对位置及关系模式对聚落的外部边界、整体形态、扩张走势起限定作用。如果将聚落视作一个面状的复杂空间系统,那么其与基底要素的拼贴、叠合、交错是必须首先完成的完整性建构,属于前端建构。

(2)结构(Structure)要素。结构梳理与要素特征归纳能够快速准确地把握聚落的空间形态。按照"街道—地块—广场—院落"的顺序描述聚落空间:街道作为骨架,地块作为填充,广场作为空隙,院落作为单元。基础性结构可以被表达为:街道的形状、方向、主要道路数量及分布;一般地块的面积、数量及容积率;广场的数量、面积及分布;院落单元的面积、形状及组合模式。中观尺度的形态描述不仅关注整体性与层级性,也涉及均质性与韵律感。院落的组合形式便是用以表达韵律感的直接主体,大量无差异的民居作为聚落的"细胞",各户采用不同方式组合为院落,一组组院落构成地块,沿街巷铺展,在道路交叉点或重要节点留出空间形成广场,在与山水农田的交界处合理弱化,一个聚落的物质空间形成过程便得以完成。但是,民居的差异性是与均质性并存且同等重要的属性,"同类而不同样",因此,在相对整体的层面对单元组合给出调控阈值,会使聚落保持相对的协调和多样。

(3)重要标志物(Marks)。早期聚落中的重要建筑通常与自然标志物、宗教信仰、宗族集会、重要人物相关;现代增加了公共服务、商业性建筑等,重要建筑不再局限于标志物,而更加贴近日常生活。在规模较大的聚落中,它们甚至充当片区划分、管理的角色。重要建筑作为中心或末端点状要素,单独分析标志物(建筑物)的意义并不大,结合结构要素进行形式与功能的链接才是目的所在。

综合传统性与形态完整性的分析,对于传统乡村聚落的空间形态分析主要包含以下内容:地理环境—时间脉络—人文因子—建设边界—结构单元—重要节点。

3.3 中意村镇样本分析与比较

我国历史文化名村评选有严格的条件与标准⑤,自2003年起,历时17年⑥,共筛选了七批历史文化名村487个,本书选取了前两批中最具代表性的15个名村作为样本进行分析。意大利样本选取借鉴"城镇发现丛书",从192个城镇案例中挑选规模和尺度与我国乡村聚落相近,具有一定可比性的样本15个。

样本评价包含两个部分:一部分是对传统性的解释和对传统延续的评价,即基本条件,如在地性、历史性和传承性;另一部分为类型统计,为多样性条件,如对空间形态和保护类型的分析与统计。

3.3.1 我国传统村落案例分析

我国现有历史文化名村共计487个(图3-4),首批12个,第二批24个,笔者选择了前两批中的15个。基本信息统计主要包括地理环境、最早记载年代、人文因素、规模、形状边界、空间结构、街巷系统、核心特色与传统民居等(图3-5,表3-1)。

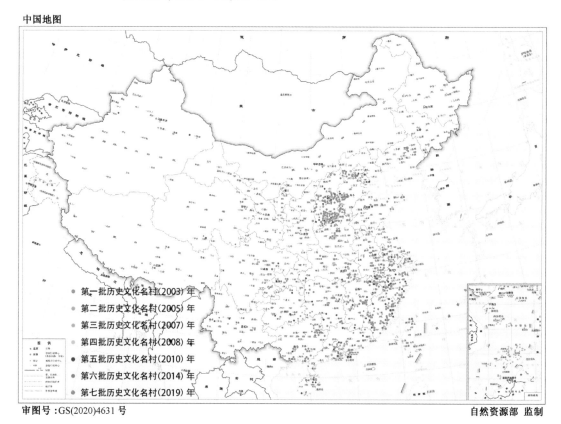

中国地图

审图号:GS(2020)4631号　　　　　　　　　　　　　　自然资源部 监制

图3-4　我国历史文化名村落点图

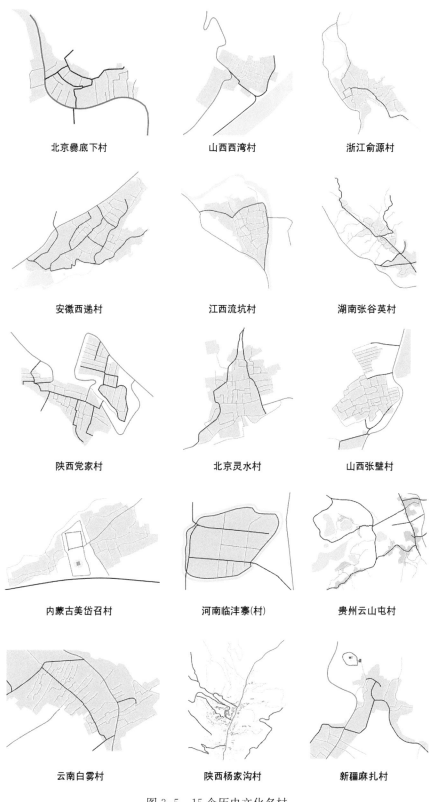

图 3-5　15个历史文化名村

表3-1 15个历史文化名村基本信息统计表

村落名称	所在省	地理环境	最早记载年代	人文因素	规模 面积	人口	形状边界	空间结构	地块单元/街巷系统	核心特色传统民居
斋堂镇爨底下村	北京市门头沟区	京西,山地缓坡,峡谷,泉,河	明永乐年间(1403—1424年)	严格风水	村域为5.33 km²,土地为280亩(1亩≈666.7 m²),村落占地1 hm²	29户,93人	扇形跌落式	以广亮院为中轴呈元宝形展开,分上下两层,窄巷连接全村建筑	30 m×20 m	山地四合院,有74个完整四合院,房屋689间
碛口镇西湾村	山西省临县	晋西,坡地,湫水河谷,吕梁山	明末	典型的晋西吕梁风格的四合院,具有黄土文化特色	3万m²有余,长250 m,宽120 m	近100户	团状跌落式	平行于等高线有2主街,垂直等高线有5条巷串联所有院落,街巷都为T字形相交。有5条南北走向的竖巷分隔	60 m×40 m	吕梁风格四合院
俞源乡俞源村	浙江省武义县	自西南向东北缓降,西南部为北东向低山区,北东部岗阜与溪谷相间	南宋	始建于南宋末的古洞主庙,建于元代"利涉桥",明代出现293位举人、秀才	5 hm²,建筑群占地约34 000 m²	700余户,2 000余人	按"天体星象、黄道十二宫、二十八星宿"布局,严格按照风水理论布局	全村以一条山溪为水源,呈阴阳图中的S形曲蜿蜒流过,布置7口水塘作补充。7口塘按北斗七星布置,公共建筑位于周围。俞氏宗祠位于斗口,洞主庙位于斗尾	—	全村多姓俞,是全国规模最大的俞姓聚地之一。现存明清古建筑395座,1 072间;较完整的明清古民居建筑群共计53处,占地约3.4万m²。俞氏宗祠为浙江最大的宗祠之一;裕后堂古地2 560 m²,是全村最大的古屋
西递镇西递村	安徽省婺源县	四面环山,两条溪流从村北,村东经过	北宋皇祐年间(1049—1054年),村头牌坊建于明万历六年(1578年)	以宗族血缘关系为纽带,胡姓聚族而居的古村落,体现了皖南古村落人居环境营造的杰出才能和成就	村落面积为12.96 hm²,东西长700 m,南北宽300 m	300余户,1 000余人	船形团状	以一条纵向的街道和两条街溪的街道为主要骨架,构成东向为主,向南北延伸的村落街巷系统	175 m×250 m	124座保护好的明清民居和祠堂3座,以及保存完好历万历六年(1578年)建的青石牌坊,清康熙三十年(1691年)建的大夫第
牛田镇流坑村	江西省乐安县	四面环山,乌江,人工挖掘龙湖	五代南唐升元年间(937—942年)	以规模宏大的传统建筑、风格独特的古村落布局而闻名	3.61 km²,耕地为3 572亩,山地为53 400亩	800余户,4 000余人	山环水抱,团状	七横(东西向)一竖(南北向)的街道连接密如蛛网的巷道,宽巷两端建有门望楼,用于关启防御	—	现存明清传统建筑及遗址260处,其中明代建筑19处,书院等文化建筑14处,牌坊5座,村间48处,庙宇8处;古井、风雨亭、码头、古桥、古墓遗址等32处;古民居均为砖木结构,高一层半,格局多为二进一天井

村落名称	所在省	地理环境	最早记载年代	人文因素	规模		形状边界	空间结构	地块单元/街巷系统	核心特色传统民居
					面积	人口				
张谷英镇张谷英村	湖南省岳阳县	层山环绕,渭溪河边盆地	明代洪武年间(1368—1398年),古建筑群始建于明嘉靖四十一年(1562年)	山陕古民居的典型杰出代表	总建筑面积超过5万 m²	658户,2200人	半月形,参风水,呈"溪自南门渭,门前朝水中开"格局	62条巷道通达每个厅堂,一条青石板路贯通达各门户,连接每一条巷口,巷道纵横交错,三桥横跨河两岸	—	保留1700多座明建建筑,规格不等而又相连的每座门庭都由过厅、会面堂、组宗堂、后厅等"四进"及其厢房、耳房等构成的三个天井组成,村内共206个天井工整严谨
西庄镇党家村	陕西省韩城市城市	位于东西走向的泌水河谷北侧	元至顺二年(1331年)	堡+寨,是韩城民居的典型代表,是韩村寨的活化石	占地16.5 hm²	320户,1400余人	胡芦状,在村东北高地建寨,村寨相通,连成一体	村中20多条巷道纵横贯通,主次分明	—	现存123座四合院和11座祠堂、25个哨楼及庙宇、戏台、文星阁、看家楼、泌阳堡、节孝碑等,房屋建造符合阴阳八卦、五行,砖三雕俱全。宅院一般占地260 m²,平面形式多呈正长方形形式称"一颗印"
斋堂镇灵水村	北京市门头沟区	华北,群山,河,泉	形成于辽金时代,灵泉寺建于汉代	北方明清时期乡村建筑的典范,原貌保存较好	占地6.4万 m²	200余户,700人	龟形,组团状,参风水	多条一级道路:东西向三条主街与南北向的若干组团,组团内发展支路和小路	—	辽金元、明、清时期的古民居20余座、明代民居100余间
龙凤镇张壁村	山西省介休市	黄土塬面,绵山、汾河古堡,二面环沟,一面平川,南高北低。堡北向左、右各有一条深沟。堡南有三条向外通道。一条向西为峁湾沟	唐代	集中了夏商古文化遗址、隋唐地道、金代戏台、元代戏台,明清民居等许多文物古迹,特别是隋唐古道、刘武周庙、琉璃碑,是保存完好的古代军事设防村落,军事、宗教、民俗历史融为一体	古堡端周长为1300 m,面积为12万 m²	4373户,16758人	方形古堡,随据势建造,充分利用依山退避	村落为明堡暗道式,现存堡墙完整,与沟堡浑然一体,防御性极强,是一处理想的军事据点。古堡充分利用地理优势在地下分布地道,全长超过4000 m,立体式分三层,四通八达,与数十处民宅连通,机关密布,有南北二门,中门为南北300 m长街道。街同有3条小巷,街西有4东西三巷,街西成"丁"字形结构	所有路口都是丁字形。主次街道分明,街格局严整,南北主街"龙街"长约300 m,与东三巷、西四巷构成"丁"字形结构	街道两侧有典雅庄重铺和古朴民居;五大神庙建筑群,古堡暗道、宫殿庙宇一应俱全

续表 3-1

村落名称	所在省	地理环境	最早记录年代	人文因素	规模 面积	规模 人口	形状边界	空间结构	地块单元/街巷系统	核心特色传统民居
美岱召镇美岱召村	内蒙古土默特右旗	北部为山地,南部为土默川平原	明庆隆年间,土默特蒙古部首领阿拉坦汗(俺达)于1575年建立	喇嘛教传人的一个重要的弘法中心,兼具城堡、寺庙和邸宅功能	总占地面积为6.25万m²,城堡为4万m²	—	不规则正方形,城墙周长为681 m,南北长195 m,东西宽185 m	土筑石包镶的城墙抵挡外来袭击,四角建角楼,南墙中部开设一城门,召内殿宇楼阁富丽堂皇,雄伟壮观	—	典型的城寺结合庙宇,古刹美岱召仿中原汉式,融合蒙藏风格,建"城寺共居"的喇嘛庙。现存大雄宝殿、琉璃殿、达赖庙、三娘子灵堂等古建筑250多间,殿内保存有明清古建筑1 650多m²有余,其中有许多清代反映当时蒙古贵族礼佛的壁画
郏县堂街镇临沣寨(村)	河南省平顶山市	北汝河、寨墙、护寨河,两面临河的连地内	清同治元年(1862年)	因红石而得名,是全国罕见的保存完好的古寨	重修后围村占地7万m²	160户,600余人	船形古寨,墙周长为1 100 m,护寨河周长为1 500 m	寨墙原是建于明朝末年的土墙,清同治元年(1862年)重修寨墙,将土墙改为红石。将云山的红石外石,寨墙里一西南走势,高6.6 m,布设5座哨楼,800个垛口	—	朱姓人口占90%,寨内有较为完整的清代四合院20多座,清代民居近400间
七眼桥镇云山屯村	贵州省安顺市西秀区	泉水	明洪武十四年(1381年)	目前保存最完整的一个屯堡村寨,源于军屯,是一种独特的汉文化。在细节处理上融合江南风韵和贵州特有的石建筑特点	城墙高7—8 m,厚1.5—2 m,屯墙全长1 000 m左右。上有炮眼和垛口,各制高点还有众多的哨棚	—	只有前后屯两座城门,屯前用巨石垒砌	屯堡一条街长约600 m,宽约5 m,分为三段;前半段街景与风景人文以明朝的为主;中间是清朝的;最后一段民国及以后的。街道串联了各户的三合院、四合院,碉楼等,形成了攻防相符的通道	—	—

村落名称	所在省	地理环境	最早记载年代	人文因素	规模		形状边界	空间结构	地块单元/街巷系统	核心特色传统民居
					面积	人口				
娜姑镇白雾村	云南省会泽县	乌蒙山峡谷	西汉时期,城堡城墙建于清咸丰十年(1860年)	"中国万里京运第一村"	寿佛寺占地1 590 m²,陈氏民居占地1 172 m²	—	长方形城堡,周长为12 405 m	东西走向的一字形街,铜运古街穿街而过。城堡呈长方形,面积为95 875 m²,占地138.8亩。内土夯实,外墙用石块垒砌,依城墙置卡栅,四面设8座炮台。在东得胜桥设卡。南面、西、北两面筑城墙置城洞拱形城门。白雾街长200 m有余	—	会馆、祠堂、庙宇等10余座,商号150余家。明清时期古建筑有24座。寿佛寺、三元宫、张圣宫、万寿宫、文庙、财神庙、太阳宫、祠堂、常平仓、养济院、大戏台、天主教堂等古建筑坐北向南排列。古老民居、马店、驿站、店铺组成集镇市容
杨家沟镇杨家沟村	陕西省米脂县	黄土高原区丘陵沟壑区,东高中间低,以峁梁沟、西川梁为主,构壑沟起垄横梁纵,支离卯起伏,支破碎的地貌景观	清同治年间(1862—1874年)	陕北地区最大的地主集团——杨家沟马氏地主集团的庄园;"十二月会议"旧址	7.2万 km²	1 090 人	地貌支离破碎	—	—	晚清四合院窑洞建筑,中西结合的建筑风格,石结构拱券门楼珠口林立,十一孔窑沿平面凹凸交错
吐峪沟乡麻扎村	新疆鄯善县	维吾尔族峡谷,吐峪沟大峡谷沿南峡谷	新石器时期	新疆东部伊斯兰文化背景下的村落格局形态,是研究伊斯兰文化和干旱少雨的沙漠绿洲文化的形成、发展重要的实物资料	—		—	小巷或屋顶连接各家各户	—	大量维吾尔族的传统民居,黄黏土结构,有的是窑洞,有的是二层楼房结构,即窑洞。上层平房,屋顶留方形天窗;有的窑洞依山坡掘挖而成,有的窑洞用黄黏土块建成。生土的清真寺与杂乱的居室并立宗教建筑及出土文物具有较高的艺术价值

从资料统计内容可得出以下结论：

（1）地理环境：我国幅员辽阔，地形地貌多样复杂，村落所处的地理环境不能简单地以东南西北划分，还要结合其所在地域判断起主要影响作用的地形特征。平原、山区、丘陵、河流均有村落分布，湖海附近很少，主要为了满足聚族而居的生活和防御要求。在所有名村中，位于平原的占 39%，山地占 48%，丘陵占 13%，几乎所有的村落都依山就势、就地取材，地处平原的村落大多依水而建，结合当地的河道溪流、水体分布、水生植物自然状况，形态舒展各异；而多山地区的村落则见缝插针地散布在山间平地或丘陵缓坡，形态内聚低调。在人类尚无能力改造自然的阶段，顺应自然是最本能的做法，也是最正确的选择；村落逐步发展壮大以后，村庄扩建依然顺应区域内的宏观地理特征，采用当地材料，至今仍保留着建设初期顺应自然的基本原则。

（2）时间脉络：受到自然环境的天堑对人征服自然的反作用，各区域最早出现人的活动痕迹的时间不同，村落的出现也存在不同的时间节点。前两批的传统村落分布非常广泛，难以找到时间规律，结合后续几批村落的情况可以看出，同区域的聚居出现时间相对接近，平原、水体附近的村落出现较早，而山区、丘陵地带相对晚些。结合气候条件、农业种植条件、政局战乱等因素比较，北方村落的出现晚于南方，例如北京、河北、山西等地的村落大多记载于明代，安徽、浙江的村落则主要出现于南北宋、元代时期，福建土楼、广东村落大多起源于宋朝，明清时期逐渐成熟。总体而言，呈现出南早北晚的状态。

（3）人文影响：当村落发展至一定规模后，人口增长、经济发展、文化繁荣，出于不同目的的建设和改造应运而生。有些村落因地理优势和军事地位而成为兵家必争之地，或因过于繁荣而招致觊觎，在 15 个村落中，6 个修筑了城墙用于防卫，5 个建造了城堡，可见连年战乱对村落的威慑力和破坏力不容小觑。在形成社会性以后，传统思想中对"风水"理念的吸收和对宗族的敬畏逐渐融入村落的布局和建设当中。

（4）边界形状：村落的形状扩展也经历了从尊重自然到利用自然的过程。直至今日，位于山区、丘陵地区的村落仍然基本遵循自然地理特征，未出现大规模侵占自然的建设行为（图 3-6）；平原的村落则扩张较为明显，原有的边界在现代发展过程中逐渐被淹没，且外延扩张通常与内部置换同时进行，因此，村落的边界和内部结构都出现了不同程度的凌乱交织（图 3-7）。

四川丹巴梭坡乡莫洛村　　　　　　云南大理云龙县诺邓村

图 3-6　山区、丘陵地区村落

广东顺德区北滘镇碧江村　　　　　　　　　　广东深圳大鹏镇鹏城村

图 3-7　被不同程度的城市扩张所包围的平原地区传统村落

（5）结构：尽管村落形状不同，但空间构成要素是相似的：街道、地块、广场和建筑物。经资料统计，空间结构类型以"单条或多条主街＋小地块组合"为主，少数为网格结构、单核结构或无结构（图 3-8）。聚落结构类型与地理位置、规模相关，也与村落的成熟度有关。单核结构多见于平原地区、规模较小的村落，无结构的村落大多位于极端地形或建筑自身强结构；大部分中型规模的村落以"街道＋地块"为分形结构单元，只是街巷数量和地块尺度不同而已；网格结构是由"主街＋大地块"进化而来，更适合平坦地势的大型村落。

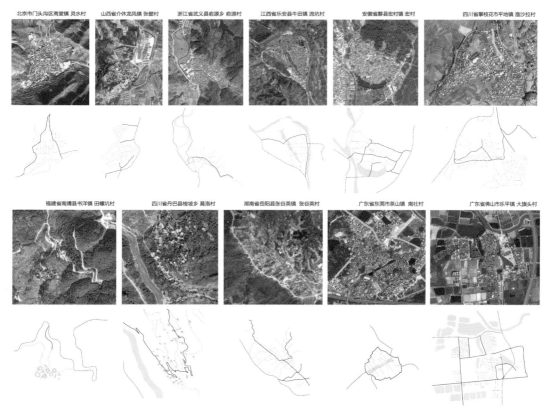

图 3-8　多个传统村落的空间结构

（6）民居：我国的历史文化名村将传统村落与民居之间相互映衬的关系表达得淋漓尽致，聚落与民居类型具有高度的一致性。例如，北方地区以四合院为代表，北京斋堂镇爨底下村、山西碛口镇西湾村都是以四合院为核心特色的传统村落；陕西堡寨众多，西庄镇党家村便是修建堡寨的韩城民居典型（图3-9）；安徽以徽派建筑著名，黟县西递村、宏村都是最典型的徽派自然村落。民居的组织方式对聚落整体空间格局的影响也是显而易见的，四合院的平面结构呈矩形或方形，因此北方村落多为主街＋大地块围合或网格结构；西部山区的聚落防卫诉求较高，故堡寨村落整体也呈现内向形态；江浙一带水网密布，人们逐水而居，民居开敞通透，村落形态也自由蜿蜒；福建土楼为客家独有的建筑形式，兼具聚居生活、防御、仪式于一体，土楼建筑本身为圆形或方形，土楼群没有明显的结构，而是因地制宜。

北京斋堂镇爨底下村

山西碛口镇西湾村

陕西韩城市西庄镇党家村

图3-9　各地域村落与民居的呼应关系

福建永定振成楼   福建永定集庆楼

图 3-10　福建永定土楼中的祖堂

安徽绩溪县大坑口村胡氏宗祠   安徽黟县宏村汪氏宗祠

图 3-11　安徽传统村落中的祠堂

（7）标志节点：村落中最重要的公共建筑是祠堂、宗祠等社会中心，且处于显著地位。尤其在南方，村落中的祖堂、宗祠等代表整个家族谱系的建筑一定位于中心位置。如福建土楼，圈层式住宅的内环中心是供奉家族祖先的牌位亭（图 3-10）；在安徽传统村落中，宗祠总是出现在显眼位置以用于召开会议或组织重要活动，祠堂前通常有集散广场、中心广场或小广场，结合微地形起伏变化营造空间序列的仪式感，是重要的集会场所（图 3-11）。

3.3.2　意大利历史城镇案例分析

根据意大利国家历史艺术中心协会（ANCSA）的估算，意大利的历史聚落约有 20 000 个，既有历史中心，也有独立的城镇和村落，每个定居点都有属于自身的特定历史。少于 15 000 人口的城镇占全国城市总量的 91.8%，构成了意大利特有的聚居方式，并包含大量的有形和无形遗产，传统、文化、历史价值极高。

由于意大利国内的农业生产管理方式、农民与土地的链接方式、生产力与生产关系与我国有很大差异，绝大多数村落的区域、规模、经济条件都已经完成了城镇化过程，即使偏僻的村落也依附就近的小城镇发展，2010 年城镇化水平为 68.4%[②]，近 40 年只增长了 4%。目前，在意大利很难找到与我国"乡村聚落"概念属性完全一致的村落单元，而小型历史城镇或中型以上城市的历史中心®（Centro Storico）更符合案例分析的条件，它们大多发源于中世纪甚至更早时期，从传统性的四个维度判断，它们是具有传统性特征的。大部分聚落通过扩张土地、集聚人口、发展产业，从聚落、村落、镇、城镇、城市到大城市，演进为大小组合的聚居网络体系，而城市和镇村的历史中心仍然是最早的发源"核"，也是传统空间形态、轴线、文脉保存最好的片区。

　　笔者以 *Città da Scoprire：Guida ai Centri Minori*（"城镇发现丛书"）[10]中的 192 个历史城镇为基础展开研究，并选择其中 15 个城镇作为重点分析对象，基本信息统计主要包括地理条件、起源、历史进程、形状、结构类型、公共建筑等（图 3-12、图 3-13，表 3-2）。

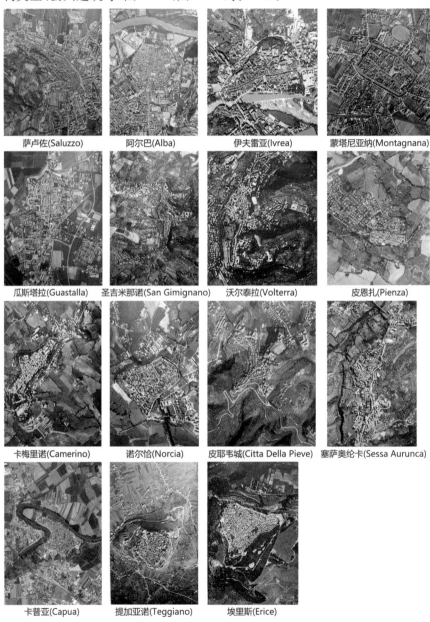

萨卢佐(Saluzzo)　　阿尔巴(Alba)　　伊夫雷亚(Ivrea)　　蒙塔尼亚纳(Montagnana)

瓜斯塔拉(Guastalla)　　圣吉米那诺(San Gimignano)　　沃尔泰拉(Volterra)　　皮恩扎(Pienza)

卡梅里诺(Camerino)　　诺尔恰(Norcia)　　皮耶韦城(Citta Della Pieve)　　塞萨奥伦卡(Sessa Aurunca)

卡普亚(Capua)　　提加亚诺(Teggiano)　　埃里斯(Erice)

图 3-12　意大利 15 个历史城镇

审图号：GS(2020)4390号

图 3-13　意大利代表性历史村镇分布图

表 3-2　意大利 15 个历史城镇基本信息统计

村镇名称	所在大区	地理环境	起源	历史进程	形状	结构类型	公共建筑
萨卢佐 (Saluzzo)	皮埃蒙特 (Piemonte)	内陆平原	有古罗马时代文物,但有假说认为人类痕迹远早于古罗马时期,凯尔特—利古里亚人,伦巴第人先后定居,公元前2世纪由古罗马人命名	12世纪,1379年分别有城墙	团状	多条主街+大地块闭合	地块内+外围—不均匀分布,有城堡,有城墙有残存
阿尔巴 (Alba)	皮埃蒙特 (Piemonte)	内陆平原	新石器时期出现定居点,公元前5世纪被高卢人入侵	公元前89年,古罗马时期建有城墙	团状城堡,龟背形	多条主街+大地块闭合	沿主街+外围—均匀分布,有城堡无残存,有城墙无残存
伊夫雷亚 (Ivrea)	皮埃蒙特 (Piemonte)	内陆,多拉巴尔泰河 (Dora Baltea) 河边	公元前5世纪由萨拉西人 (Salassi) 建立,公元前1世纪为罗马殖民地,有圆形竞技场靠近现历史中心,6—7世纪为公国	16—18世纪建城墙	团状鱼骨形	多条主街+大地块闭合	外围+沿主街—不均匀分布,有城堡
蒙塔尼亚纳 (Montagnana)	威内托 (Veneto)	平原城镇+农田,护城河	古罗马时期频繁遭受洪水,经历长期战争,1405—1797年为威尼斯共和国的一部分	13世纪建有城墙	矩形城堡	主街+小地块组合,十字街+方整田	核心区+外围—均匀分布,有完整城墙
瓜斯塔拉 (Guastalla)	艾米利亚—罗马涅 (Emilia-Romagna)	平原城镇+农田	源于伊特鲁里亚时期,中世纪早期的864年被首次提及建城稳固伦巴第城,以对抗拜占庭人	—	星形城堡	多条主街+大地块闭合	外围+地块内—均匀分布,无城堡,无城墙
圣吉米那诺 (San Gimignano)	托斯卡纳 (Toscana)	内陆山间谷地	在公元前3世纪的伊特鲁里亚时期建城,929年第一次被记载	998年建设核心区,1207年,1261年,1358年共建城墙三道	不规则顺应地形	主街+小地块组合,不规则鱼骨形,独立院落排列	沿主街+外围—均匀分布,无城堡,有城墙三道,有残存
沃尔泰拉 (Volterra)	托斯卡纳 (Toscana)	内陆山间谷地,切奇纳 (Cecina) 谷,时代 (Era) 谷	新石器时期出现聚落,是重要的伊特鲁里亚中心,公元前8世纪出现定居点,公元前4世纪发展至鼎盛	雅典卫城时期有考古发掘,公元前4世纪有城墙,12世纪、16世纪扩展	不规则顺应地形	多条主街+大地块闭合,田字形方整地块+广场	沿主街+单独—不均匀分布,有城堡,有城墙三道,有残存

村镇名称	所在大区	地理环境	起源	历史进程	形状	结构类型	公共建筑
皮恩扎 (Pienza)	托斯卡纳 (Toscana)	丘陵缓坡顶部	828年建造科尔斯纳诺 (Corsignano) 古城堡·1405年教皇介入建设·1462年以前不著名	15—16世纪建有城墙	矩形	多条主街+大地块围合·十字形地块	中心区+外围——不均匀分布·无城堡·有残存
卡梅里诺 (Camerino)	马尔凯 (Marche)	山脊高地	史前有人的痕迹·挖掘出石器陶片·公元前309年当地人 (Camerti) 与罗马人签订条约	1200年开始建城墙·1370年、1400年、1500年分别有残存	长条形	主街+小地块组合·主街+方整地块	沿主街+端部——不均匀分布·无城堡·有城墙并重建三次·有残存
诺尔恰 (Norcia)	翁布里亚 (Umbria)	平原城镇+农田	新石器时期附近山谷有人的痕迹·公元前8世纪有连续的人活动的轨迹·城市基础于公元前5世纪由萨宾人 (Sabine) 基础完成·公元前3世纪罗马人攻占·公元前268年获得公民权·后成为教区重要城市	中世纪早期有城墙·是主教弗里诺圣费利西亚诺 (Foligno San Feliciano) 皈依基督教处	团状钟形	多条主街+大地块围合·方整地块	外围+中心——不均匀分布·有城堡·有城墙重建·有残存
皮耶韦城 (Città della Pieve)	翁布里亚 (Umbria)	山丘台地	伊特鲁里亚时期近有人的痕迹·古罗马时期属于古罗马城市·1世纪被基督教接收·11世纪、14—17世纪建兵营·17世纪皇将其升级为城市并对其更名	中世纪城墙消失·后城镇扩张	不规则顺应地形	主街+小地块组合·十字街道+大地块	外围+主街——均匀分布·有城堡·有城墙有残存
塞萨奥伦卡 (Sessa Aurunca)	坎帕尼亚 (Campania)	丘陵	史前有人的痕迹·公元前8世纪有1 hm² 的巨大城墙是古罗马城核心区·但面积很小·公元前337年迁于西地西尼人 (Sidicini) 的压力将旧城建新城·公元前400年被罗马人攻占·公元前270年发生其钱币战争·公元前90年成为自治市	古罗马时期建有城墙·中世纪再建城墙·15—17世纪城镇扩张	团状长条鱼骨	主街+小地块组合·主街+方整地块	沿主街+端部——均匀分布·有城堡·有城墙有残存

村镇名称	所在大区	地理环境	起源	历史进程	形状	结构类型	公共建筑
卡普亚 (Capua)	卡帕尼亚 (Campania)	平原,沃尔图诺河 (Volturno) 河边谷地	伊特鲁里亚时期的公元前 9 世纪前 25 年有目前发现的最早的人类活动遗迹,28 个世纪先后被奥斯卡人、伊特鲁里亚人、古罗马人统治。公元 9 世纪被撒拉人毁坏,居民转移至新卡普阿。公元前 6 世纪始建后发展为重要的工商业城市。公元前 4 世纪后期属于罗马帝国,在第二次布匿战争中为汉尼拔与罗马军队必争之地。公元前 73 年斯巴达克起义曾又在此爆发	中世纪建城墙,文艺复兴时期建城堡;841 年贝内文托公国斗争,10 世纪新卡普阿公国宣布独立并控制周边地区,10 世纪末达到鼎盛,乔瓦尼十三世教皇(Pope Giovanni XIII)曾帮助王子流亡罗马	团状,顺应河流	多条主街+大地块围合,田字形方整地块	地块内——均匀分布,有城堡,有城墙无残存
提加亚诺 (Teggiano)	卡帕尼亚 (Campania)	平原城镇+农田	公元前 4 世纪由卢卡尼人(Lucani)建立,410 年被阿拉里克人摧毁,5 世纪被重命名,圣塞韦里诺(Sanseverino)家族掌权后逐步发展至鼎盛,1485 年任城堡城墙内发现男爵,1552 年家族被驱逐	—	团状龟背形	单中心放射,十字形方整地块	外围+地块内——均匀分布,有城堡
埃里斯 (Erice)	西西里岛 (Sicilia)	丘陵缓坡	由古希腊英雄建立,腓尼基人管理。公元前 244 年被古罗马人攻占	公元前 4 世纪建城墙,13~15 世纪,17 世纪再建城墙	团状三角形	主街+小地块组合,方整地块	地块内——均匀分布,有城堡,有城墙有残存

意大利城镇样本的分析主要从三个方面入手：

1）外部影响——宏观

地理环境：聚落的最早出现大多与地形优势相关——靠近水源且背靠山坡作为天然屏障,远离宽阔的河道水系和沟壑。在"城镇发现丛书"所列举的 192 个城镇案例中,北部 48 个城镇当中,74％起源于山谷或平原,17％起源于丘陵或山区,9％起源于海岸线附近;中部 68 个城镇分别为 32％、59％和 9％;南部 76 个城镇分别为 25％、41％和 34％。这与意大利的地形特征相关。历史事件也成为"帮助"城镇迁址的主要因素,平原聚落中凡是遭遇过战争或入侵的,63％不约而同地迁移至山坡或山顶以躲避战乱或加强应敌能力,85％的山区聚落迁址较少,多为原位重建或迁移拓展,靠近海滨的聚落有 20％选择更内陆的位置。位于高位的城镇进一步巩固其军事战略地位,或者成为重要的主教城市;早期作为码头运送物资或贸易往来的城镇,在近现代发展时期仍有 80％延续原有功能,并更趋向海滨或建设内港。

时间脉络：受到人的活动范围局限和迁移速度影响,各区域最早出现人的活动痕迹的时间不同,同区域内的人类聚居出现的时间相对接近,且人类痕迹遗存、考古证据和文明类型基本同源。北部的聚落出现较早,大多在新石器时代至古罗马时期之间,以当地土著部落、伊特鲁里亚人、伦巴第人、威尼斯人、凯尔特人为主要聚居者;中部城镇大约从史前旧石器至古罗马时代为主要出现时间段,伊特鲁里亚人、萨宾人、皮切尼人、罗马人先后在这一区域定居;南部则更晚一些,除了少数史前至青铜时代有人居住的小型聚落外,其他大多出现在公元前 1 世纪左右,野蛮人、腓尼基人、诺曼人、阿拉伯人为主要的入侵者和统治者。意大利的文化发展连贯性导致了村镇的时间要素共时呈现:几乎每个村镇都是由多个阶段所占据的发展片区拼贴而成,无论是替换的建筑单元还是扩张的新建片区,在规划和建筑修护技术上都对空间肌理和建筑风格严格控制,保证与既有要素的连续,除了当代建设在建筑体量和组合上出现了较大变化易于辨认外,从平面图上很难清晰识别各时间段的"接口"位置,更像是一气呵成的完整村镇。例如伊夫雷亚(Ivrea),古罗马时期的空间轴线与边界在中世纪融入了重要建筑的界面和扩张的接口,考古发掘的剧场遗址成了中心区新建建筑的地基;蒙塔尼亚纳(Montagnana)的城墙修建于公元前 300 年,但城中现存建筑分别建于 13 世纪和 14 世纪(图 3-14)。

人文影响：当镇发展至一定规模后,人们开始进行建设和改造。86％的城镇筑起城墙和城堡,有的甚至建造多道城墙(占 32％),可见战争在当时仍然是主要的外在影响因素之一。相对于外在的物质性屏障,内在的精神性强化成为更加紧迫的需求,因此,基督教出现以后,如洪流般席卷了整个意大利:中世纪以来,教会完成了对所有居民的精神教化(洗礼),并借大批教堂、修道院的建造完成了对城镇物质空间形态的塑造和改变。

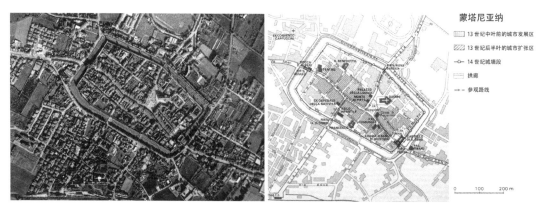

图 3-14　蒙塔尼亚纳镇的历史城墙

2）空间形态——中观

形状与边界：城镇的形状发展体现了从尊重自然到利用自然的演化过程。首先，自然地形赋予城镇多样的形态：位于丘陵、山顶、河谷、海滨的城镇通常具有清晰的边界和易于辨识的骨架结构，与自然环境的顺应、渗透、咬合关系使其具有更为舒展的自由形态，即条状、星形、梭形、锤形、三角形甚至不规则形态；位于平原的城镇则大多为团状、椭圆形、龟背形。直至今日，85％的城镇（或历史中心）仍遵循自然地理特征，并未出现大规模侵占自然的建设行为。历史城镇的扩张则主要有两种类型，即新旧衔接和新旧脱离，通常依据城镇外部地形的可操作性进行选择。若用地局促，则旧片区保持原状，另选附近合适的地段建设新区，如圣阿加塔德戈地（Sant' Agata de' Goti）、埃尔萨谷口村（Colle di Val d'Elsa）（图 3-15），这一类城镇的空间形态更为完整，内向聚合的需求远远高于与外界沟通的必要，呈现向内发展的特征；位于宽阔平原地带或靠近海边的城镇，新建区可能延续、扩展旧的边界，如沃尔泰拉（Volterra）（图 3-16）、阿尔塔穆拉（Altamura）（图 3-17），与城镇旧区逐渐形成连续的整体。

图 3-15　圣阿加塔德戈地的新旧区脱离和埃尔萨谷口村的新旧延续过渡

图 3-16　沃尔泰拉镇的新旧区延续

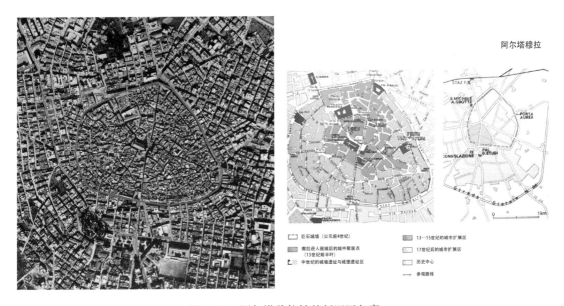

图 3-17　阿尔塔穆拉镇的新旧区包裹

　　空间结构：尽管形状不同，构成空间的形态要素仍然是街道、地块、广场和建筑物。"街道＋地块"的用地划分是城镇空间的基础。意大利目前遗存最多的中世纪城镇，其空间布局有相对固定的模板：以城墙为边界，内部空间沿街道伸展，在街道中段或尽端设置广场，围绕广场建设市政厅和教堂等公共建筑。无论村镇的形状边界如何，内部空间结构万变不离其宗，在现代发展中，城镇旧区作为一个相对完整的空间单元更容易融入大尺度的新结构，或作为结构单元与新镇有序衔接（图 3-18）。

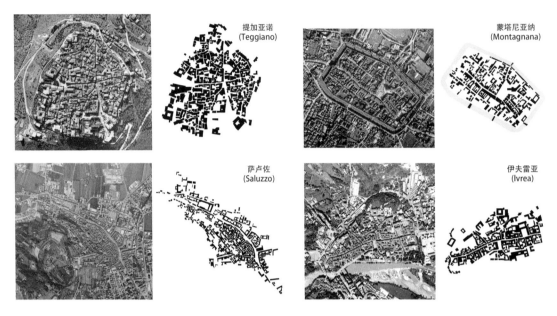

提加亚诺
(Teggiano)

蒙塔尼亚纳
(Montagnana)

萨卢佐
(Saluzzo)

伊夫雷亚
(Ivrea)

图 3-18 意大利多个城镇的空间结构

单元:地块作为最小单元成为建构空间形态的主要因素之一,地块单元与地形保持一定的对应性:地形较局促的城镇,建设难以铺展,以不规则形、长条形、狭长带状居多,大多为线性格局,即1—2条主街贯穿,地块厚度为一个院落单元或一层皮,建筑分布均质,之间由鱼骨状步行道沟通(图 3-19);地形平坦的城镇以团状、多边形为主,主街呈十字形、田字形甚至网格,地块为3—4个院落再围合(图 3-20)。

塞萨奥伦卡(Sessa Aurunca)

图 3-19 用地有限的村镇的线性结构

阿尔巴(Alba)

图 3-20　平原村镇的团状结构

3）重要标志——微观

公共建筑:城镇中最重要的公共建筑是宗教类建筑——教堂与修道院,无论数量、位置还是体量都处于显著地位,几乎所有城镇的教堂均在 5 座以上且都有主教堂(Duomo)。结合城镇总体形态格局,教堂布局主要有三类:第一类位于外围或尽端部;第二类位于各个大地块内或沿主要道路分布;第三类是集中位于城镇中心地段。三种布局类型都是为了凸显教堂的地位。对外,教堂通常位于城镇的代表性方位,以强化神圣感与仪式感,同时作为天际线的竖向要素和视觉焦点。位于丘陵高地的城镇,主教堂的位置必须保证从河谷低处的多个角度可见,并沿主要道路一直可见(图 3-21),甚至将教堂单独建在高地或山顶(图 3-22)。对内,教堂作为空间环境的绝对制高点,高度、体量与普通民居建筑形成鲜明对比,在日常生活中起到精神统领的作用,教堂前的广场通常结合微地形起伏变化营造空间序列与仪式感。

构筑物:城墙无疑是最重要的构筑物。在 15 个村镇当中,14 个有城堡,13 个有城墙,其中 10 个有多道城墙。有的是伴随城镇的扩展而不断新建外郭,有的是拆除原址重建,或为某座教堂、修道院单独修建,主要功能都是防御。

民居:城镇中数量最多的是均质、无差异的民居建筑,这些建筑构成了城镇的底面基质,凸显了公共建筑和构筑物的重要地位。数量庞大的住宅建筑修复改造成为现今意大利最主要、最基础的建筑改造再利用实践工作,以"合理性灵活"设计理念和技术清楚地表达了"整体性"与"适应性"的内涵。

图 3-21　皮恩扎镇全景

图 3-22　圣里奥（San Leo）主教堂山

从以上分析不难看出，宏观时间线作为先决条件深深地影响了城镇起源和后来的发展，无论从空间形态还是物质结构来看，时间背景、地理环境都决定了村镇的"胚胎"原型作为日后发展的基础，其中又以微地理环境为最重要、最明确的影响因素；微观建筑层面虽然是构成城镇聚落的细胞，但并不是决定城镇形态的重要因素，而是以中观层面的结构单元最为基础。

3.3.3 中意村镇比较

通过对中意村镇的外部环境、内部结构、发展特色等方面的比较可以看到,两国传统村镇的相同点在于以下几个方面:

(1)在地性传统保持较好。我国的传统村落基本遵循地理规则,与自然环境的结合度较高,并在现代发展过程中尽量延续这种规则,地域特色仍是最明显的外部空间特色。无论是水网丰富的南方,还是山峦沟壑众多的北方,甚至是位于极端地形的少数民族聚落,总能找到与自然环境和谐共存之道,最大限度地利用环境、最低限度地破坏环境。在尊重自然这一方面,两国的做法是一致的,意大利村镇的规模均比我国的传统村落大,保持与环境的高度呼应难度更大,但整体上同样具有较高的地域特色。

(2)活态特征较明确。传统村落能够在现代化、城镇化中保持慢速、平静、淡然的状态,在很大程度上取决于使用者的生产与生活状态,故活态是首要原则。静态保存的物质很快会失活、拆除、被替代,是包裹的表皮,而动态使用的空间则能表现出对于外界刺激的接收与反馈,保持活跃和生机,是村落的内核。传统村镇都是处于高度活态的有机体,在不断调整进化的过程中修复、保存自身的传统属性。

(3)社会性人文特征鲜明。除了自然环境、耕种条件的不同,在语言文化、地域习俗、历史事件、重要人物影响下发展而来的传统村落具有更多面向,更加丰富饱满,人文资源反过来促进村落社会性的内生发展,强化人文气质,最终使每个传统村镇都具有唯一性。

两国传统村镇最明显的区别在于:我国传统乡村聚落中的建筑特色更为突出,而意大利村镇的结构整体性特征更为明晰。我国的历史文化名村,尤其前三批历史文化名村,几乎各自呈现了一种具有地域特色的民居风格,是在地性表达与延续的典范。建筑价值在传统乡村聚落整体价值中的比重较高,因而村落的多样性更为丰富,而意大利历史村镇更多地表达了整体层面的在地性和历史连续性,建筑只作为填充细胞,平面形式、体量风貌、建筑材料等都较为统一。

3.4 基于完整性的传统乡村聚落形态建构

3.4.1 物质要素构成:结构+标志物

从30个中意村镇样本的平面图不难看出,传统村落和集镇的空间形态主要由街巷(街道)、建筑群体、公共空间、重要单体建筑或标志物等构成,村镇的外部边界、内部结构都是通过这几类要素的不同组合方式得以限定和划分,继而形成聚落空间,它们是传统村镇的共性形态要素。从国内案例可以看到,无论传统村落的规模大小、位置高低、建筑本身形式如何,真正表达村落在地特征的不仅是单体建筑,而且是要依靠建筑群体的排列组合方式完成对环境的回应、对生活的组织。所以,传统聚落的"结构＋标志物"成为乡村聚落形象和在地性表达的关键要素。

克里斯蒂安·诺伯特-舒尔茨(Christian Norberg-Schulz)认为,为了确定方向,人们首先完成中心或地点(亲近)、方向或路(连接)、区域或领域(封闭)系统的建立。中心可以认为是原始生存空间的基本前提,每个显现含义的地方就是中心,世界创造始于中心。聚落总是围绕中心发展,道路代表了生存的前提,人们借由边界得以获得领域感和归属感,通过中心和边界的强调获得宇宙性定位。每个聚落都有特定的中心和边界,浸透着特有的地域文化,表象化在其环境中得到聚落成员的认同,增强领域识别性[11]。

前文提到的古典市镇规划分析起源于德国文化地理学家施吕特尔(O. Schlüter)的形态建成基因(Morphogenesis Gene)研究,后被康臣(M. R. G. Conzen)进一步发展。通过分析欧洲大量中世纪城镇,康臣将城镇形态的空间元素划分为三个层次,即街道及构成的交通网络、地块(Plots)及集合的街区、建筑及平面布局,并创立了规划单元、形态区域、形态框架、形态周期等概念,形成了"康臣学派"。在他创立的研究方法中,独立的基本地块为研究单位,街道系统、分区模式和建筑物类型[12]是城镇分析的关键点。库伦(Cullen)的城镇景观(Townscape)概念中包含连续视觉景象、场所和内容等元素,后被沃斯哥特(Worskett)发展运用于历史保护区域的城市设计中;罗伯·克里尔(Rob Krier)1975 年在《城市空间的理论与实践》(Stadtraum in Theorie und Praxis)中对欧洲城市空间进行分析,认为城市空间"是城市内各建筑物之间所有的几何空间形式"。考斯多夫(Kostof)认为虽然各个城市形态特征不同,但共性的构成元素是边界、分区、公共空间和街道[13]。凯文·林奇(Kevin Lynch)在城市环境意象研究中发现人对于大尺度复杂系统的认知,具有构成要素的类型划分,可概括为路径、边界、区域、节点和地标。菲利普·斯蒂德曼(Philip Steadman)和威廉·米歇尔(William Mitchell)用"矩形解剖"来自动生成某种满足空间形态需要的建筑平面,后发展为用空间句法来定义和描述建筑或聚落的空间结构。

国内城市形态学研究对于城市形态的构成要素分类大多是建立在广义概念基础上的:1990 年武进将其概括为道路网、街区、节点、城市用地、城市发展轴和不可见的非物质要素;1997 年苏毓德认为城市由物质形态(空间布置、道路系统、土地使用)和非物质形态(生活、文化、价值观)两部分构成;1997 年李加林认为城市形态包括道路、街区、节点、城市用地、发展轴等物质要素和社会组织机构、居民生活方式、行为心理等非物质要素。

中外古代城市构建空间体系也大致采用以上几种要素。在《周礼·考工记》中,"匠人营国,方九里,旁三门。国中九经九纬,经涂九轨。左祖右社,前朝后市,市朝一夫……经涂九轨,环涂七轨,野涂五轨。环涂以为诸侯经涂,野涂以为都经涂"就是通过记述街道、地块的布局和形制、重要建筑物来描述城市格局的。提姆加德(Timgad)古城由街道、地块以及剧场、教堂、浴场等大型公共建筑构成正方形[(11×12)个地块]城市核心区;米列都古城规划(Ancient Militus,公元前450年)同样用地块、道路、公共建筑支撑起整个城市的空间结构。西方传统城市形态从古希腊、古罗马时期的城市方格网形态逐步发展而来,源于民间农业生产、土地贸易所运用的土地测量法被罗马人推行到整个欧洲殖民地,为城市格局奠定了基础,固定了城市空间的基本格局——城市边界通常为规则方形或矩形,两条垂直相交的街道穿城构成主次轴线,形成网格道路系统,并划分为四个街区,主街道交叉口为广场区,布置主要的公共建筑,如大型神庙、公共浴场等,在城市外围修建圆形剧场,城墙成为保卫聚落的防御工事[14](图3-23)。

根据村镇实例,借鉴上述几种城镇与城市空间构成的观点和语汇,笔者将传统乡村聚落的物质空间构成要素概括为"结构+标志物"——地块、广场、街巷和标志物(建筑物)。地块作为实体、广场作为虚体、街巷作为链接载体,标志物(建筑物)建立标识性。在不同语境下,前三种角色可能转换或不同组合,但不脱离其作为空间基本要素的本质。地块与广场是面状空间,巷弄是线性空间,标志物是节点。在四要素中,地块、广场、街巷对空间起到结构性限定作用,标志物作为唯一的点状要素,更多地表达空间的时间性和文化、象征意义。从图底关系分析来看,"虚"=广场+街巷(+宅院),"实"=地块+建筑物。

需要特别辨析的是"地块"和"广场"要素的概念。虽然都是面状空间,

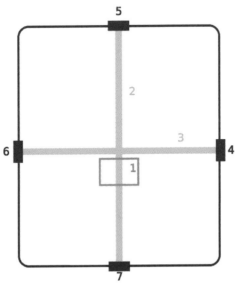

图3-23　古罗马时期营寨(Castra)典型的十字平面

注:1表示将军住所;2和3为十字交叉的南北—东西干道;4—7为各方向的城门。

两者所表达的空间形式却完全不同："地块"特指由建筑围合而成的实体，"广场"则多为开放的虚体。地块是构成城市空间的基本单元，表达的空间形式是内向的，更强调地块内部的整体感与行为活动，与公共空间存在边界，即建筑立面，接触媒介为建筑；而广场的空间形式是外向的，是公共活动的主要载体，是公共空间本体。在图底关系中，地块为实，广场为虚；在三维感知中，地块有四个界面，而广场是一个"容器"。另外，标志物（建筑物）的概念也需要扩展。标志物作为自由度最高的空间要素，需要结合功能作为补充，共同诠释其空间属性。在形式上，标志物可能是独立的（如石碑、古树、水井等），也可能是纪念性建筑（如祠堂、碑亭等）；在功能属性上，标志物存在服务于公众但不完全向公众开放（如纪念堂、老宅等）、完全公共（如宗祠、庙宇、禅寺等）两类。在聚落空间中，除标志物外，公共建筑、服务型建筑也是不同于普通民宅的特殊建筑单体，应越过"地块"层次而直接与其他要素产生联系。简单来说，每个空间要素除了基本属性外，都存在与"同类要素""要素之间"的联系，共同影响空间形态（表 3-3）。

表 3-3　以体系构成划分的四要素分析内容

分类	地块	广场	街巷	标志物（建筑物）
地块	面积、形状、内庭院	—	与地块是否层级对应性	无直接联系
	组合方式、形态进化			
广场	连接方式、方向、退让	面积、形状、层次	相对位置、串联或对景（街道功能之一）、步行区	是否有广场支撑、标志物的位置
		同层次相邻距离、相对位置		
巷弄	与哪级道路相连、退让距离、出入口数量与位置	与哪级道路相连、层级对开敞度的影响、出入口	长度、宽度、层级、功能	—
			各级密度、交通量	
标志物（建筑物）	只可能与立面广场联系，是否影响地块的方向性	是否成对出现	—	面积、属性、层次
				标志物系统
结论	地块单元的统一性与多样性	广场形态及分布的规律性	影响街巷的最主要因素是功能还是形式	标志物的标识性是独立表达还是借助其他

利用"结构＋标志物"作为空间结构性要素的优点在于将传统乡村聚落的物质环境及空间形态抽象为一个多子系统、多层叠合的切片系统，通过描述各要素的自组织方式及要素间的协同组织方式，便可基本清晰地表达传统村落的空间结构与形态特征，而协同组织方式便存在于同其他要素的关系中。这一系统能够较好地适用于各种尺度的空间分析，无论是卢卡、皮恩扎等中型城镇，还是偏僻的小村落，通过要素提取后，空间结构都一目了然。

实际上，"结构＋标志物"的要素体系也具有时间维度。从结构与标志物的关联性入手，地块与街道是同时存在的，或者说地块是由街道切分的，

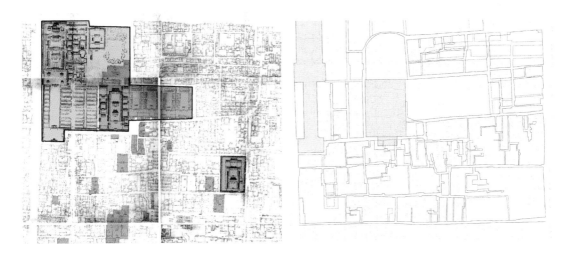

图 3-24　北京柏林寺周边地块历史地图及历史街巷复原分析

但广场和标志物却具有一定的自由性,即不对应性。根据平面关系分析可以判断,是广场、标志物游离于街道网络之外或打断由规则模数网格建立的连续单元节奏,还是街道打破原有的广场图形系统或导致标志物所在的空间等级改变(被弱化分解或被强化聚焦),借助于其他资料,可以推断每一类要素的存在时间脉络,明确减少、增加、改变的时间及先后顺序,甚至还原每一个重要时间节点出现的标志物及其影响下所形成的小尺度新格局。例如,在北京柏林寺周边地段城市设计项目中,对寺前街巷整理分析的一项重要内容就是还原历史街巷格局,对现存、移位、消失的街巷重现叠合,理解地块、建筑演变的进程,进而使整体的空间调整更具有说服力(图3-24)。

　　城市、村镇、聚落的发展是连续、渐进的,规模越小越为明显。因此,结构系统不仅需要表达时间的层叠性,更必须说明聚落在不断的叠加过程中如何能够保持空间格局的基本不变。通过系统内与系统间的时间性分析,不仅可以知道地块、广场、街道系统自身是如何随时间推移不断进化的,而且可以了解各个时期地块、广场、街道是如何协同合作使得城市空间形成一个整体,且功能运行连贯、流畅,当其中一个要素发生改变时,剩余要素如何应对、补偿,从而重新达到平衡状态。

3.4.2　尺度:宏观＋中观＋微观

　　空间具有层级性,空间在不同层面的表达与作用都具有唯一性,从宏观的整体形态到微观的终极单元(Ultimate Unit),每一层级空间都是相邻上下层次的过渡与衔接。乡村聚落比城市的规模小很多,但空间层次是完整而连贯的。英国考古学家戴维·克拉克(David L. Clarke)所提出的空间分析三层次分别为:微观层次——建筑物内部,半微观层次——遗址内部,宏观层次——遗址之间[15]。加拿大考古学家布鲁斯·特里格(Bruce G. Trigger)提出聚落形态研究的三层次:个别建筑、社区布局和聚落区域形态[16]。在建筑学领域,日本学界将聚落的层次划分为五层:家屋、居住群、居住域、集落域、集落间[17]。国内的聚落研究则在三个层次间补充了过渡层:龚恺教授提出"村落群"概念,将其作为中观村落向宏观区域研究的中间层级[18];张玉坤教授将住宅内部及构件纳入研究范围,将其作为第四层级[19]。

借鉴以上的划分方式,基于形态完整性的研究,笔者将传统聚落的空间形态分为微观、中观、宏观三个层次:宏观层面包含聚落周边的自然环境(山水、地形、农田等)、聚落的整体形态(边界、规模等);中观层面界定为聚落内部的结构性空间,以四大结构要素的组合关系、建筑群体特征为主;微观层面聚焦到院落单元,以院落形式、建筑组合为主。宏观层面分析空间的整体性,中观层面侧重空间的结构性,微观层面关注空间的多样性(灵活性)。各种类型的传统聚落都可以按照上述层次确定分析路径,将聚落逐步解析,分析顺序与内容分别如下所述:

宏观:聚落存在的背景。聚落所处的地理位置,周边自然环境及影响整体形态的主要自然要素;聚落的面积规模、边界范围、整体形态;聚落的发展脉络(不同时期的发展特征在空间形态上的表达)。

中观:聚落的结构性空间要素梳理与网络建构(现状+历史叠合)。街巷层级与密度、广场分布与覆盖率、地块尺度与相对关系、重要公共建筑分布及数量;各要素内部自系统与要素间的协同体系。

微观:聚落的建筑单元分析。地块内部划分、单体平面组合、院落平面形式、房屋形制与朝向。

虽然,2013年浦欣成在《传统乡村聚落平面形态的量化方法研究》中,用"边界—空间—建筑"分别对应聚落的宏观、中观、微观层面,从三个方面对聚落的平面形态进行量化研究,寻找聚落各尺度层面的相关结构关系,与笔者的研究思路颇为相似;2010年张杰、吴淞楠在《中国传统村落形态的量化研究》中,从选址、轴线、尺度和视域四个方面的准则探讨两类古村落空间形态的表述与控制,与笔者的学术背景基本一致,但是,从性能化规划的角度来看,三个层面的分析不是纯粹研究平面形态,而是围绕或指向空间操作。

空间形态分析步骤中的六项内容依据宏观—中观—微观的顺序展开,由总到分,从外部环境到户宅单元。宏观以边界形状为准则,中观以结构组织为准则,微观以相似性与差异性为准则。标志物(建筑物)仍然作为跨越尺度的单独要素,与其他三种要素发生关联。传统聚落以此作为分析框架,目的在于明确四要素之间的量化关系(表3-4)。

3.4.3 维度:二维+三维

目前,空间形态的分析仍然偏重其二维性,以图底关系系统为代表;三维空间利用视觉序列分析等方式将人的感受视觉化、图像化,或利用视觉效果分析建筑体量。对城市平面的图底分析虽然将空间的三维特征压缩

表 3-4　以尺度划分的四要素分析内容

分类	宏观	中观	微观	标志物（建筑物）
地块	外围边界：涉及与其他自然要素的匹配度	增长方向与方式：方向涉及匹配度，方式涉及地块形式	形式统计规律：面积、形状、边长、容积率	是否以标志物划分组团
广场	—	面积、形状、层次	相对位置、串联或对景（街道功能之一）、步行	是否有广场支撑、标志物的位置
		相邻距离、相对位置		
街道	街道与地形的顺应关系	拓扑结构：出入口、停车场、密度	有效宽度、层级、功能	标志物是否层次匹配：与街道的层次一致
标志物（建筑物）	与聚落的总体关系：位置、数量、划分	与道路、广场的联系	标志物之间的相对位置、距离	面积、属性、层次
				—
结论	地块单元的统一性与多样性	广场形态及分布的规律性	影响街道的最主要因素是功能还是形式	标志物的标识性是独立表达还是借助其他

为平面的二维黑白，但却使量化分析成为可能；虽在深度和广度上都有所拓展，但仍没有脱离"平面结构关系"。20世纪70年代，空间句法分析将空间转化为按照一定规则自行排列的元素，再进行网络分析，最终以地图和图形呈现。利用计算机语言进行空间尺度划分和空间分割，但空间并非欧式几何所描述的可测量对象，而是依据拓扑关系的抽象尺度空间，实际距离也转变为通达性和关联性，更有利于表述空间的层级与网络如何建立与运行。空间句法虽不完全是将人的立体感知平面化，但是从另一个角度将三维转化为数量以表达空间的层次。

在乡村聚落空间分布研究领域，运用地理信息系统（GIS）、增强型专题绘图仪（ETM遥感数据）、景观空间格局分析程序（Fragstats）、统计产品与服务解决方案（SPSS）等软件分析聚落与土地类型、水源距离、海拔、坡度、土地利用、耕作半径、道路、最近城镇之间关系的方法已较为成熟[20-23]，尤其山地-丘陵地区聚落的研究成果十分可观，但此类研究大多以个别地域或地区为样本，为宏观层面地域性的研究，而不涉及单个村落内部三维空间的研究。

第3章注释

① 学界一系列以城市的有机性为中心的概念或理论，都是以此为哲学基础，如"城市-有机体"概念、有机城市理论、有机疏散理论等受到"有机论"影响的理论。

② 费孝通首次提出此概念，并进行了定义与分析，指出乡村以血缘和地缘为共同基础的生活样态。

③ 详见哈佛大学图书馆网站。

④ 详见威斯康星大学密尔沃基分校网站。

⑤ 中国历史文化名村是由中华人民共和国建设部与国家文物局共同评定的,保存文物特别丰富且具有重大历史价值或纪念意义,能较完整地反映一些历史时期的传统风貌和地方民族特色的村。评选依据建设部和国家文物局 2003 年 10 月 8 日发布的《中国历史文化名镇(村)评选办法》,主要内容包括历史价值与风貌特色、原状保存程度、现状具有一定规模。历史价值与风貌特色:建筑遗产、文物古迹和传统文化比较集中,能较完整地反映某一历史时期的传统风貌、地方特色和民族风情,具有较高的历史、文化、艺术和科学价值,现存有清代以前建造或在中国革命历史中有重大影响的成片历史传统建筑群、标志物、遗址等,基本风貌保持完好。原状保存程度:村内历史传统建筑群、建筑物及其建筑细部乃至周边环境基本上原貌保存完好;或因年代久远,原建筑群、建筑物及其周边环境虽曾倒塌破坏,但已按原貌整修恢复;或原建筑群及其周边环境虽部分倒塌破坏,但“骨架”尚存,部分建筑细部亦保存完好,依据保存实物的结构、构造和样式可以整体修复原貌。现状具有一定规模:村的总现存历史传统建筑的建筑面积须在 5 000 m² 以上。已编制了科学合理的村镇总体规划;设置了有效的管理机构,配备了专业人员,有专门的保护资金。

⑥ 第一批于 2003 年 10 月公布,共 12 个;第二批于 2005 年 9 月公布,共 24 个;第三批于 2007 年 5 月公布,共 36 个;第四批于 2008 年 10 月公布,共 36 个;第五批于 2010 年 7 月公布,共 61 个;第六批于 2014 年 3 月公布,共 107 个;第七批于 2019 年 1 月公布,共 211 个。

⑦ 数据来源于 2011 年联合国《世界城市化展望》(*World Urbanization Prospects*)。

⑧ 定义为城市的历史中心是指区域中最古老的一部分,因相较于其他部分具有更明确的历史、美学、居住等保存价值而受到特殊保护(Il centro storico di un comune è quella "parte del territorio comunale di più antica formazione sottoposta a particolare tutela per assicurare la conservazione di testimonianze storiche, artistiche, ambientali")。资料来源于批评网站关于城市词条“历史中心”的解释。

第 3 章参考文献

[1] 罗时玮. 当建筑与时间做朋友:近二十年的台湾在地建筑论述[J]. 建筑学报,2013(4):1-7.

[2] 周榕. 建筑是一种陪伴:黄声远的在地与自在[J]. 世界建筑,2014(3):74-81.

[3] 蒋正良. 意大利学派城市形态学的先驱穆拉托里[J]. 国际城市规划,2015,30(4):72-78.

[4] 阿摩斯·拉普卜特. 宅形与文化[M]. 常青,徐菁,李颖春,等译. 北京:中国建筑工业出版社,2007:45.

[5] 陈志华. 村落[M]. 北京:生活·读书·新知三联书店,2008:28.

[6] 李约瑟. 中国科学技术史:第二卷 科学思想史[M]. 北京:科学出版社,1990:360.

[7] 诺伯格-舒尔茨. 含义、建筑和历史[J]. 薛求理,译. 新建筑,1986(2):41-47.

[8] FORTY A. Words and buildings[M] London:Thames & Hudson Ltd.,2000:151-153.

[9] A.施密特. 马克思的自然概念[M]. 欧力同,吴仲昉,译. 北京:商务印书馆,1988:3.

[10] Anon. Città da scoprire:guida ai centri minori. 1-Italia settentrionale，2-Centri，3-Italia meridionale e insulare[M]. Milano:Touring Club Italiano,1985.

[11] 谢吾同. 聚落研究的几个要点[J]. 华中建筑,1998,15(2):4-7.

[12] CONZEN M R G. Alinwick Northumberland:a study in town plan analysis[J]. Institute of British geographers special publication,1960(27):45.

[13] KOSTOF S. The city assebled,the element of urban form through history[M]. London:Thames & Hudson Ltd.，1992.

[14] 费移山. 整体性视角下的城市形态史研究[D]. 南京:东南大学,2015:23.

[15] CLARKE D L. Spatial archaeology[M]. New York:Academic Press,1977.

[16] TRIGGER B. G. Time and tradition[M]. Edinburgh:Edinburgh University Press,1978.

[17] 日本建筑学会. 图说集落[M]. 东京:都市文化社,1989.

[18] 龚恺. 关于传统村落群布局的思考[J]. 小城镇建设,2004(3):53-55.

[19] 张玉坤. 聚落·住宅:居住空间论[D]. 天津:天津大学,1996.

[20] 汤国安,赵牡丹. 基于GIS的乡村聚落空间分布规律研究:以陕北榆林地区为例[J]. 经济地理,2000,20(5):1-4.

[21] 冯文兰,周万村,李爱农,等. 基于GIS的岷江上游乡村聚落空间聚集特征分析:以茂县为例[J]. 长江流域资源与环境,2008,17(1):57-61.

[22] 龙花楼,刘彦随,邹健. 中国东部沿海地区乡村发展类型及其乡村性评价[J]. 地理学报,2009,64(4):426-434.

[23] 张荣天,焦华富. 镇江市乡村聚落的形态分异与类型划分[J]. 池州学院学报,2014(3):47-51.

第3章图表来源

图 3-1、图 3-2 源自:笔者绘制.

图 3-3 源自:惠怡安. 陕北黄土丘陵沟壑区农村聚落发展及其优化研究[D]. 西安:西北大学,2010.

图 3-4 源自:笔者绘制[底图源自标准地图服务网站,审图号为 GS(2020)4361 号].

图 3-5 源自:百度图片.

图 3-6 源自:百度百科.

图 3-7 源自:笔者参考相关资料改绘.

图 3-8 源自:笔者绘制.

图 3-9 源自:笔者参考各村相关资料改绘.

图 3-10、图 3-11 源自:笔者拍摄.

图 3-12 源自:Anon. Città da scoprire:guida ai centri minori. 1-Italia settentrionale[M]. Milano:Touring Club Italiano,1985.

图 3-13 源自:笔者绘制[底图源自标准地图服务网站,审图号为 GS(2020)4390 号].

图 3-14 至图 3-17 源自:Anon. Città da scoprire:guida ai centri minori. 1-Italia settentrionale[M]. Milano:Touring Club Italiano,1985.

图 3-18 至图 3-20 源自:笔者绘制.

图 3-21 至图 3-23 源自:维基百科.

图 3-24 源自:笔者绘制.

表 3-1 至表 3-4 源自:笔者整理绘制.

4 性能化提升规划编制技术研究

4.1 传统乡村聚落保护与发展的讨论

4.1.1 传统乡村发展——从静态的历史遗址到动态的乡村发展

在《历史文化名城保护规划规范》(GB 50357—2005)(中规定,"名城保护不能采取博物馆式的保护方式,不能冻结在某一时段",对历史文化名城保护提出了动态发展的要求,但是,传统的历史遗产保护观和方法论往往把微观的单体建筑保护方法和思维简单放大复制,将历史文化名城也视为静态的保护对象。思维的惯性把这种方法运用于传统乡村聚落,传统聚落大多采用静态保护和冷冻保护方式,甚至只用经济价值衡量、评判文化遗产,忽略其对于当今社会和乡村生活的适用性意义和价值,最终变成为了保护而进行保护。

无论在传统乡村还是在城市中,发展是永恒的主题。传统乡村与城市相比,发展是相对缓慢的,但时代变化、环境改变、经济发展、社会变迁等多重因素作用于传统乡村聚落这一动态有机体,其对外与山水农田的互动关系、对内自身的"空间格局-街巷系统-建筑形态"等都处于不断变化发展中。以发展的眼光看待传统乡村,应将其视为"活着的村落",是一个时刻都在变化的有机生命体,是环境和物质载体,包含了经济、文化、生活、村民等各个方面的综合发展,因为"地域文化是一潭活水,而不是一成不变的"[①],由此生长出的传统乡村聚落具有强大生命力。显然,变化不总是剧变或具有破坏性的,新陈代谢式的更新发展与乡村特性更为匹配,也是传统文化和社会发展的良性驱动力。因此,传统乡村聚落的发展必须尊重内在的文化基因、顺应村落的生成和生长规律,采取有机更新、整体发展的方式为其注入可持续的活力和动力。近十余年来,传统乡村聚落的发展也随着国家全面建设而"被提速",每年的存量、增量建设都有所增加,新增、改建建筑迅速改变着乡村聚落的面貌;同时,乡村规划照搬城市规划的理念和方法、脱离农村实际、实用性差等问题普遍存在。因此,无论从外部影响还是村民自身需求的角度来看,传统乡村聚落都必须积极应对不同时期面临的挑战,解决新形势下的矛盾,寻找既能延续自身固有传统特色又能适应新时代生活需求的建设思路和模式,结合当地实际情况开展传统乡村建设。

4.1.2　传统乡村遗存——从保护的负担到发展的资源

相比于城市的现代经济与文化生活,乡村一直被冠以"贫穷、落后"的称呼,尽管政府不间断地帮扶农村地区发展,提出"中国要强农业必须强,中国要美农村必须美,中国要富农民必须富"[②]。但长久以来,广大乡村地区仍被视为国家发展的短板,传统乡村更是短板中的落后者。为了扭转这种不平衡的发展局面,急于摆脱贫困状态的农村开始了现代化建设,传统乡村中的许多遗产因"不合时尚"而遭到了建设性破坏。实际上,无论一个村庄的历史长短、人口多少、经济荣衰,都具有独特的历史价值,不仅是抽象、宏观的文化概念,也是具体的真实存在,生动地反映了当地特有的演变历史和人民生活图景,承载着村民的精神追求。所以,对于传统的认知需要重新辩证地理性看待,传统包括物质和非物质文化,传统乡村聚落因其具有的宝贵的传统性而成为重要的物质遗产和精神财富,也是不可再生和无法替代的文化资源,这是传统乡村的魅力之所在。

虽然,传统乡村聚落中存在数量可观的文化资源,但在经济水平并不发达的阶段,保护这些资源需要的投入远远大于可见的经济收益,在农民温饱问题未得到解决时,保护传统资源只能纸上谈兵。从实际情况来看,在使用中保护是十分理想的做法,许多观念意识、生活民俗渗透在日常生活中,在传承中保存地域文化基因,有助于维护文化的多样性。然而,十余年的新农村建设对传统历史资源的冲击已经造成了资源数量的急剧减少。对于规模并不大的传统乡村聚落而言,历史遗存资源是相当重要的文化财富和精神支柱,若以单体统计,可能数量并不少,但逐年累计的新建建筑早已在数量上引起了村落风貌的质变,因此,历史资源更具有保护的必要性和紧迫性。

过去,在传统乡村聚落中谈保护,都是以维持原状为准则;现在谈发展,却是以牺牲历史资源为代价。保护与发展的关系始终没有被辩证地看待。但是,在文化软实力逐渐成为核心竞争力的今天,传统乡村聚落在完成低端(基础)经济发展后,势必将眼光转向高端文化资源和产业转型,推动乡村经济发展。近年来,乡村民俗文化游的热潮促进了乡村文化产业的发展,将文化遗存转化为发展资源,在观赏田园风光的同时加入了地域历史、传统文化的宣传和乡村生活方式的体验。这是乡村良性发展的开端,现阶段通常以创造经济效益为主要目标和导向,历史遗存保护只是"副产品",传统乡村的历史遗存虽逐步受到重视,却缺少恰当的保护与融合方法,历史遗存真正被激活、利用、传承成为文化增长点,还需要一个很长的过程。作为一项系统工程,从价值评判到技术方法以及制度支撑,都需要在相对成熟的城市案例、法规基础和工作程序等方面进行适应性运用和修改,将其移植到乡村进行"在地化"调整,这一过程是艰巨且持久的。

4.1.3　聚落的整体性——从孤立的保护到整体的创造

在观念上,人们对于传统乡村聚落的理解是将其视为一个整体,是一个与周边自然环境融为一体、以农业生产生活为主题、以淳朴民风和传统民俗为基调、以历史遗存和文物建筑为特色的综合系统;但在实际保护过程中,就环境论环境、就建筑论建筑的割裂、孤立的工作方法和单一的保护手段,造成了传统乡村聚落的发展呈现出"碎片化"状态:整齐划一的建筑肌理与自然山水环境之间的显著差异,新旧建筑之间年代断裂明显、风格风貌迥异,传统乡村聚落变为一个个孤岛,彼此缺少关联和共通。因此,过分强调历史遗存和文物建筑而忽略其他要素的同步保护已经不能适应当代的保护要求,传统乡村聚落的保护既要将建筑保护与其他保护相结合进行整体保护,也要将保护与创造相融合进行综合保护,这是整体保护的两个方面。2004 年,吴良镛提出要"综合考虑历史背景、建筑功能、艺术表现、周边环境、人文内涵、当代活力等多种要素,同时将共通点加以梳理、概括、整合、互补、融会,根据实际加以创新,在变化中求统一,在纷繁中求整体"。

传统乡村聚落的完整性体现于形态的各个方面、各个层面、各个要素:聚落外部规划通过自然与人工联动的宏观空间规划策略,建立以自然要素为基底、以聚落整体为单元、乡村景观与乡土生活交相辉映的空间特色系统;内部规划则通过实体建筑与公共空间交流的中观空间调控策略,建构以历史遗存为脉络、以街巷为串联、可感知、可体验的真实文化环境;在民居单元设计层面,通过室外与室内沟通的微观空间设计手法,打造以彰显文化内涵和精神追求为目标、以延续当地建筑风格和技术材料为支撑、新老资源联动的历史建筑群体。除了有形遗存之外,无形文化传统也需要借助物质环境进行传承,利用其与用地、功能、景观、公共活动之间的互动关系,共同形成相对完整的历史文化空间,并融入当代乡村文化生活。

4.1.4　文脉传承——从传统的割裂固化到文脉的继承发展

传统乡村聚落是中国千年文化结晶的体现,将中国文化传统中关于人与自然、人与社会的关系,"天人合一""和谐共生"等思想得以淋漓尽致的表达,这也造就了传统乡村聚落的重要文化内核。在日益全球化的今天,国人对于传统文化的当代传承有了"新的想法"——传统性的当代转译与运用成了有争议的话题。尤其是改革开放以后,各种文化流派和思潮纷纷涌入,在不断经受外来文化冲击的过程中,国人对本土文化的自豪感逐渐转为偏见,甚至嫌弃它陈旧过时、不能与现代衔接。相反,对西方文化的盲目崇拜和追求,造成了一段时期内大量的拙劣模仿涌现,除了设计师手法高明低下的差别和主观引导之外,深层原因在于对传统建筑的理解不足、修养不够、自信不够。现在,人们对于传统的态度仍然是两个极端,要么割裂传统,丢弃先人留下的遗产,一味照搬西方国家的经验;要么固化传统,虽然接受传统,却忽视其中所蕴含的适应时代特征的要素,仍然简单复制模板——"假古董"。两种思维都不利于文化的传承和发展,传统需要兼顾传承和创新,辩证地对待历史与发展。

在当代环境中探寻继承发展的途径,首先,需要认识到时代整体趋势的变化。从原始聚落到封建时期的都城营建,到现代社会中的传统村镇,建设速度、规模尺度、功能内容都发生了根本性的变化,但这些物质性表象的背后,文化和思想却是一脉相承。即便当今社会多元的思想秩序、道德规范、文化流派已不能与过往的任何时期同日而语,但万变不离其宗,它们仍然是中华传统文化根基衍生出的属于当代社会的核心价值观。其次,保护方法同样需要继承和创新发展。就历史谈历史、就保护谈保护显然已经被时代淘汰,必须综合融贯地分析保护与发展、传统与创新,并形成经验和理论。在学科领域内,各个层面的历史传统保护项目都在尝试"承创同步",对历史文化名村进行保护,建立非物质文化遗产保护实验区,在综合立体的保护与展示中传承。

4.1.5 有机更新——从一蹴而就的改造到渐进有机的更新

传统乡村聚落虽然面积和人口都不及城市,但保护更新问题同样复杂,而且往往由于经济投入大于产出,多年历史遗留问题累积,许多传统村落的保护和复兴步履维艰。在现实操作中基本存在两种误区:一种认为保护工作推进困难,触及太多的利益和矛盾,因而消极对待,置之不理,任由被侵蚀破坏;另一种倾向于采用激进方式,一次性彻底"改善"乡村面貌。不少失败案例表明,这两种思路都不适合保护规划,尤其是对于传统资源的保护,渐进有机更新才是最可行的方法。国内成功案例大多是历史名城保护、历史地段保护规划,成功的街区复兴案例不胜枚举,如福州三坊七巷、扬州东关街、镇江西津渡等等,在保留传统风貌和生活场景的同时,采取有针对性的功能置换和建筑更新。在传统乡村聚落中,无法将人的日常生活和聚落剥离开来,居民们仍然生活其间,随着传统小商业的逐渐衰落,传统聚落也出现了衰退,环境杂乱、建筑破旧、设施缺损、条件低劣。居民要求改善生活空间、拥有现代化生活权利的呼声不容忽视,但传统乡村聚落中存在着复杂的社会结构和产权制度,经过数次乡村行政管理制度的调整,私房、公房、经租房等类型,房屋产权人、使用者、租户等人群,诸多盘根错节和产权纠纷导致乡村建设问题推进缓慢。

简单粗暴的大片拆建不但迅速破坏聚落的空间肌理,而且未给聚落内其他建筑、街道、公共空间等要素调整留出空间。在笔者跟踪调研的福建武夷山市星村镇的七个村落中,每年的房屋改造数量为总量的 3%—8%,且其中完全重建约占 70%,只有少量是局部改造或加固(表 4-1)。这一速

表 4-1　武夷山九曲溪上游七个村庄近五年房屋改建数量统计

(单位:栋)

村名	人口(人)	户数(户)	2012 年	2013 年	2014 年	2015 年	2016 年	合计
曹墩	1 615	412	33	25	16	27	30	131
黄村	2 868	722	42	31	27	29	32	161
红星	1 451	365	17	15	23	22	20	97
朝阳	1 012	234	14	11	5	7	18	55
程墩	939	253	6	8	4	6	9	33
桐木	1 578	404	11	14	9	15	12	61
洲头	935	263	7	5	5	11	9	37

度对于乡村聚落来说已经十分惊人,几乎可以在短短几年内快速改变乡村的面貌。面对永远处于新陈代谢、自发调整中的乡村聚落,小规模渐进改善、小尺度有机更新,温和对待能够适应时代需要的,宽容对待稍加调整就能跟上发展节奏的,适时逐步剔除完全不适宜的,以"针灸式"导入手法插建以新替旧,建立一个连续而非断裂的过程,一种累进重读的过程。

4.1.6　社会协同——从专业技术保护到社会政策支持

　　传统乡村聚落的保护规划看起来是专业技术问题,但实际操作之所以困难,是因为涉及各种群体的价值观、立场、利益,因而更是一个社会问题。
　　我国的历史文化保护存在一个普遍性的问题,即技术先行,轻视公共政策和社会参与。到目前为止,我们的历史文化保护还是在国家保护体系的基础上由少量专家来推动,群众基础仍显不足,这势必影响推进效率和社会实效。无论是城市历史文化街区还是乡村聚落,民众的角色通常是被动的接受者,被认为是不懂得专业知识技术的人群,只需全盘接受规划成果即可;抑或是自发的改造者,因不满足于统一规划标准而自行改造,但缺少专业知识和保护意识,无形中扰乱了民间建造的秩序。意大利的成熟做法是先期由专家引导,而之后的全面实施和扩展基本依靠社会和民众力量。首先,专家从政策和技术角度制定保护规划,居住者、使用者从实际情况出发配合完成改造工程项目,"自上而下"的控制引导和"自下而上"的反馈操作两者结合,最大限度地发挥了多元协同作用。其次,保护规划实施的政策和制度的系统性建设尚未形成。技术能够解决多个独立问题,却不能给出通适性答案,因而也变为一种"偶然"行为和结果,因为非技术因素太多且太不确定,专家力量、领导水平、民众意识、价值导向都影响着保护规划的有效性和实效性。再次,近年涌现了一批关注乡村聚落发展的学者、公知、民间团体,从各自不同的视角和专业领域探讨中国传统乡村各个层面的困境和解决之道。值得关注的是,无论是来自社会基层的平凡建筑师、艺术家、记者、作家,还是高屋建瓴的乡村治理政策研究者,都不约而同地开始重提、强调村民自建问题,除了培养村民技术技能之外,更倡导思想建设、文化建设、文明建设。在初步实现了经济发展后,村民的精神层面建设显露出滞后与不足,这必将影响全面发展的速度与实效。从梁漱溟提出的"真力量要从乡村慢慢酝酿"到左靖总结的"知识分子五次下乡记录",关于农民自建的呼声从未消失,表达的中心思想都是村民是乡村建设的主人公和核心力量,输入的外部力量只有融入村民的思想行动,才能实现乡村的真正自建和可持续发展。

综上所述,中国传统乡村聚落的演进,从价值观来看,发展是永恒的主题,传统是保护的核心;从方法论来看,整体设计和文脉传承是最主要的工作前提;从操作来看,渐进更新是实施策略,社会参与是保障措施。我们必须寻求一种适合传统乡村聚落自然演进的策略和方法。

4.2 性能化的引入时机与运用原则

依照通常的规划原则与策略,一般的传统聚落保护规划将保护与发展的矛盾化解到多个规划子项和一系列专项规划中,逐层深入或逐个单独解决,但实施成果反映出的问题在于:尽管有村庄建设规划、专项环境整治规划甚至民居改造导则等多层多面的规划与技术措施,传统乡村聚落的建设仍然缺少章法,建设性破坏依然没有得到控制。这说明依照传统规划体系及方法并不能很好地解决乡村的传统保护问题,需要对"传统性"特征提出针对性的保护方法与发展对策,对需要解决的问题采取综合的对策。这一要求与性能化设计的思路是一致的,性能化设计能够较好地将宏观、普适的保护要求和具体、特异的改善需求相结合,虽然同样以分层级解决问题为主要工作模式,但不以独立问题为指向,而是以提升整体性能为目标;不仅能够补强局部特异性功能需求,而且能够通过改变局部对全局产生影响,做出响应和调整以提升整体性能为目标。将性能化设计的思路提炼转化为乡村聚落保护规划编制的理念和技术措施,是为了发挥其对"性能"一词的"整体性"理解——传统乡村聚落不是由多个不同功能的独立模块或部件简单拼装组成的机械装置,而是各部分相互关联、相互支撑的有机整体,是"牵一发而动全身"的系统;不能以静止的眼光看待功能,而需要在使用过程中考量各个部分的衔接、组合和协作,并结合属性建立整体性,利用其"合理性灵活"的主旨和特点,对于传统乡村聚落,尤其是村落中难以与当代发展很好结合的传统要素,在合理的范围内采用多种方式灵活完成性能性指标的提升,而不是拘泥于法规条例所提出的严格指标要求。

4.2.1 导入时机

前文已经梳理了我国现行的传统聚落及历史保护区的规划方法及

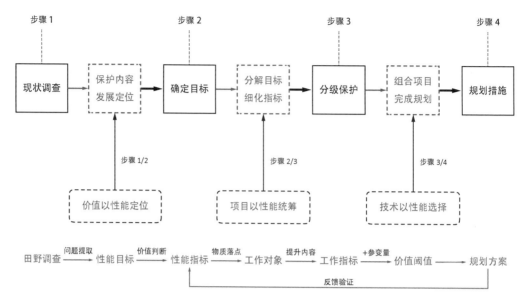

图 4-1　性能化技术与传统规划四步骤的结合

四个步骤的基本流程：现状调查—确定目标—分级保护—规划措施。但是，实践中经常出现目标与措施衔接不畅等问题，显然，步骤中需要通过更具体的技术手段，在目标转化为措施的过程中进行"总—分关系"的提炼和分解，从而实现对规划各环节的把握。因此，步骤 2 至步骤 4 都是性能化保护技术导入的恰当节点，需要性能化保护技术的支持，以整体的性能目标为核心，完成各子系统的设计并加以整合优化（图 4-1）。无论是传统乡村聚落的传统性特征，还是聚落的空间结构，笔者以宏观—中观—微观三个层级划分，性能化设计也有三个不同的导入节点及对应目标。

（1）宏观：传统乡村聚落规划首先需要从价值观上明确保护与发展这一对看似矛盾、实为互利的关系——"保护为了延续发展，发展为了推动保护"，确立这一认知和立场后，厘清现存的值得保护的资源、需要改造的要素、亟须提升的功能，并梳理它们之间正相顺应和负相冲突的关系，将各种利益分类。虽然性能化提升规划不作为独立的专项规划，但在村庄相关建设规划中可作为直接指导操作的指标性内容。保护与发展在进入规划编制程序后将沿着不同的工作路径展开：保护将对遗产资源分类分级编制保护规划，而发展则对潜力资源进行挖掘，提出策略实施保障发展规划。从工作性质和进程来看，保护与发展确实存在较大差异，一个是向下贯彻，一个是向上推进，因此，性能化设计的价值取向和立场应该在落实到各规划项目之前就应明确并有所表达，这一阶段的性能化设计思路可以视作总体定位的一部分，主要表达将冲突融合为相互支持、相互促进的关系这一主旨，为后续的步骤定调（图 4-2 步骤 2、步骤 3）。

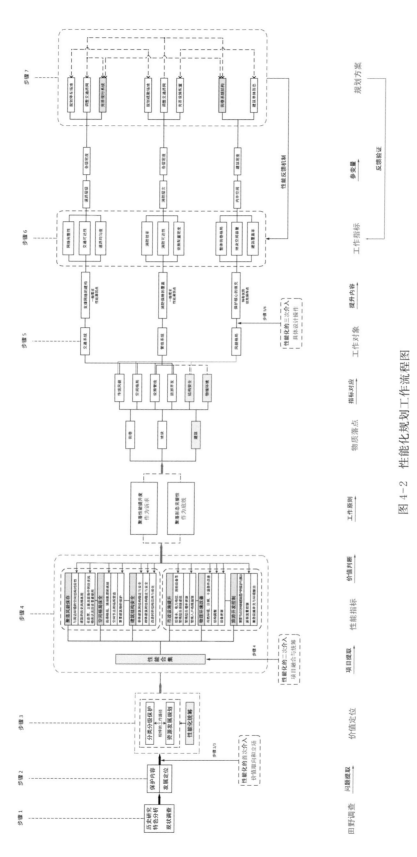

图 4-2 性能化规划工作流程图

（2）中观：总结近年来的乡村规划实践案例，传统乡村聚落的保护规划在物质形态和具体操作层面基本涉及聚落风貌保存、空间格局保全、建筑结构安全、市政设施提升、物理环境改善、旅游开发控制六个方面，前三项以保护为主，后三项与发展的相关度更高。这六个目标需细化为更为具体的性能指标：聚落风貌保存主要在于聚落与周边环境的空间结构对应性，建筑的历史风格再现，建筑在造型、立面及装饰中的历史风格表达及历史要素使用；空间格局保全主要包含街巷格局、地块肌理的延续，空间节点的场所营造，重要建筑物的保护；建筑结构安全包含单体建筑和建筑群体的结构稳定与安全，改造时的结构沿用与优化；市政设施提升主要包括给排水、电力电信、消防设备等管线综合系统建设以及增补更新和入户布线规划；物理环境改善包含冷热环境、日照、干湿度条件改善及其所对应的结构调整和设备更新；旅游开发控制主要包含重要节点空间和建筑遗产的保护与展示、游客流量控制、服务设施补充与环境整治（图4-2步骤4）。这些性能指标虽涉及对象不同、规划内容不同、操作方法不同、评价标准不同，但仔细推敲，实际上都统领于"性能"之下。首先，保护与发展两大目标之间存在关联性："聚落风貌—空间格局—建筑结构"是从总体到局部、从宏观到微观逐渐聚焦放大的过程，虽不能以同一套技术体系贯穿，但从物质形态角度来看呈现"总—分"结构，是静态的层叠；"市政设施—环境改善—旅游开发"三者之间是"基础—上层"的因果关系以及时间先后关系，是动态的切片。其次，保护与发展各自包含的性能指标之间也存在同源、互为基础的复杂联系。例如，风貌格局的保存与设施环境的整治是提升整体性能的一体两面，设施的引入虽能改善生活条件，但可能打破原有的风貌特征；室内物理环境的改善可能对结构安全造成威胁或改变原有格局，却又是旅游开发必须先期解决的问题；结构延续与设备增补之间可能需要取舍，重要建筑作为历史资源加以保护与作为旅游资源加以展示两个方向之间也存在孰先孰后的排序和设计手法的差异等。在此情况下，应首先判断其更重要的属性是优先保存点（特有优势）还是性能薄弱点（一般价值），笔者主张"以形态完整作为底线，以性能提升作为诉求"：对于必须优先保存的特有优势，以保护为首要原则，在保护得到保证的基础上进行最大化提升；对于性能薄弱的一般价值则首先完成性能提升。显然，性能合集中的六个性能目标任务不同，具体的性能指标也不同，在建立起来的交叉联动、相互牵制的协同系统中，每一项独立规划都有明确的可为与不可为指向，但当把所有规划内容放置在一起时，不能只完成交集部分或拆开各自完成，而应尽力将非交集统筹转变为性能合集，扩大可融合的内容（图4-2步骤4）。从这一点来说，性能化规划的视角比传统规划整体性更强，工作内容也得到了相应的扩展。

（3）微观：在宏观定位和中观命题确立的前提下，微观层面便能够在一系列具体规划设计中融入性能化规划技术。首先，确定物质形态落点作为工作起点，性能指标转为物质落点。将物质落点归纳为承载交通系统与市政设施的街巷、承载传统风貌与空间格局的地块、承载建筑结构与物理环境的建筑单体，以及三大落点之间交叠的相关内容（图4-2步骤5）。虽然，各部分所承载的设计内容和所占比例不同，但与空间属性特征和所提供的性能紧密相关，各成体系后再整合成为更加完整的聚落系统。在三大物质落点当中，建筑系统主要呈现的结构安全和物理环境偏重室内性能，对于聚落整体性能提升的效用不大，可单独归为一类；其余两大部分——街巷和地块，结合性能指标阐述对应到交通、设施、风貌和格局四个子系统，再进一步分解为参变量指标体系（图4-2步骤6、步骤7）。

性能化设计理念通过以上三次导入保护规划工作程序，扩展了保护规划的视野，对传统规划编制的工作流程做了更为详细的补充。从宏观的思路表达到中观的目标集合统筹，再具体到微观的物质规划操作，"性能化"也逐渐由规划理念转化为设计技术。在中观和微观层面都会面对先保护还是先发展的问题，但是，聚落形态完整是必须优先满足的前端先决条件。

4.2.2 运用原则

（1）尊重乡村。乡村是以土地为根本、以村庄为结构的活体，建筑和社会结构都是从土地上自然生发出来的，是自下而上的体系，但是，规划编制工作是将土地进行划分，是自上而下的，与乡村土地自由生长这一基本特性不一致。虽然，农民作为乡村建设发展的主体会带来很多复杂的问题，但归根到底，人是最重要的，乡村要传承的就是世世代代生长于其中的人与人之间一代代积攒下来的联系。任何形式的建设，首先得益的应该是农民，为表达规划设计师个人情怀而将农民的利益排斥在外的规划不符合村庄自身发展规律。因此，任何时候、任何形式、任何落点的乡村建设规划都应该尊重乡村，了解村庄和村民最需要什么，以他们的诉求为基础，运用专业技术开展提升、优化规划。

（2）结合实际。性能化设计是一项专业性较强的设计工作，即便将其含义进行广义扩展后置于传统乡村聚落中，仍需要以专业规划设计人员为主导，加上当地政府的组织协调和村民的积极参与，才有可能顺利推进；同时，每一个村庄都是独立的个体，彼此千差万别，个性复兴极为重要。每个村落的具体情况不同，能否采用性能化设计策略、哪些项目可以进行性能化设计、在多大程度上运用性能化设计、如何将个性与性能化设计相结合等问题都需要结合实地调研情况，以现存状态为基础，以村民切身利益和需求为目标，不能只是笼统地概括性陈述。乡村与城市不同，乡村的规模不大，各类规划成果最终都需要细化到以户为单位，或者深化到房屋设计层面，这意味着宏观规划不具备指导工匠或村民建房的实际操作性，需要深度的具体设计和施工图纸；每一户村民的改造诉求都是基于各户自身的使用情况提出的意向和构想，虽然他们的想法不够专业，技术不够成熟，但他们是对改造前后的效果最有切身感受、最有发言权的使用者。性能改造必须在科学操作的基础上征求各村民的意见,采取"通则＋个案"的方式,对于共同的改善需求采取通用的性能标准设计,提高效率,减少工作量;对于少数特殊情况采取灵活的补偿设计,力求在不过量重建、不改变房屋结构、不改变使用功能的基础上尽量改善日常使用条件和室内物理环境。

(3)合理适度。在历史文化名城和传统乡村聚落保护规划中,对于房屋的建设性保护有"改善、调整、整治、扩建、改造、重建"等不同程度的具体措施,每种措施对建筑本体、对相邻建筑、对周边环境的影响程度都不同,也有各自最适宜的应用阶段。在采取保护措施之前,必须对传统乡村聚落中的任一要素(环境、水系、街巷、广场、民居等)进行仔细的调研和整理,绝不能一刀切——全体保护或全体更新,而应该根据各要素自身的调整力度选择最合理的干预强度。传统乡村聚落最难以承受极端的干预,无论是物质性还是社会性,聚落中虽然局部存在各种小摩擦,但整体看来之所以能够保持"友好和谐"相处,正是由于各部分之间能够通过逐步磨合协调至彼此最合适的状态,以统一的步调向前发展,而这一切是无法完全用规划原理解释的"原生态结构",若人为干预过于强势、过于频繁、过于强烈,则会打破原有的微和谐状态与演进模式,适得其反,因此,在干预方式和速度上都要有所控制,任何人为赋予的改变都需要很长的反应期和调试期,只有经过一段时间的使用反馈和考察,才能判断日常性能是否得到提升和满足。

4.3 性能化规划技术的梳理与总结

4.3.1 双向互馈平台的建构

在计算机网站设计中常有前后端之分:前端通常指"网站的前台部分,包括网站的表现层和结构层",后端则是"对贮存于服务器一端"的统称;前端是呈现,后端是操作和管理。借用这一概念,传统乡村聚落的保护规划过程也可以划分为前后端:前端是表现和使用,与使用者直接接触对话,实现交互;后端是管理和控制,由专业者进行操作,使用者并不需要理解其中的原理。对应传统乡村聚落中各部分工作的特性,前端是性能提升,后端是形态控制。

大多数城市规划、城市设计的实际工作过程可以描述为"调查—分析—设计"。英国皇家建筑师学会的《建筑实践与管理手册》一书将设计过程分为四个阶段:同化吸收阶段(查找收集资料)、总体研究阶段(确定问题、寻找解决方法)、设计阶段(制订策略与方案)和交流阶段(多层面沟通与优化)[1]。之后这一工作过程被不断科学化,演化为"分析、合成、评价和决策"。序列中的四个环节相互关联,各个环节可以不断地重复使用,每个环节又是一个子序列,各阶段之间可循环和反馈,直到最终完成整个设计过程。该方法还可以在各个设计层面之间连贯使用,从区域规划、城镇规划、城市设计到建筑设计同样存在这样的复合设计过程,传统乡村聚落规划也不例外,在分别对应性能与形态的前后两端同样采取"调查—分析—设计"的技术路线。

4.3.2 前端——性能合集的建立

笔者将性能化设计引入乡村规划,尝试建构适用于传统乡村聚落保护规划的性能化设计技术体系,在传统乡村聚落的保护规划中加以应用,将"策略"与"价值"引入性能化以提升规划方法、建立规则与阈值,有针对性地对传统乡村聚落中的典型性能缺失与滞后进行强化。传统聚落性能化设计过程可分为聚落调研—性能提取—提升动因—建立"策略"—确定"价值"—确定"内容"。

(1)聚落调研,其重点为日常生活使用功能中各部分直接可见的表现。例如,聚落与上一级乡镇的道路连接、与外部联系的公共交通资源,聚落内村民的私家车保有量、已建与在建的停车场,聚落内外的给排水管道容量、垃圾站数量、污水处理方式、电力电信布线等,这些可见的现状直接表现了聚落的功能性。这些外在性能是服务于全体村民的,优劣判断需要对村民进行调查,统计每户的改进诉求作为补充。

(2)性能提取,即将所有可见的功能归类。虽然笔者将性能类型与形态结构建立了对应关系,但是,工作初始阶段以性能类型进行划分。以交通性能为例,传统乡村聚落规划中只需要划分为机动车系统和非机动车系统,再细分为步行街巷网络、机动街道和停车场地。如前文所述,传统乡村聚落的六大类性能目标——聚落风貌保存、空间格局保全、建筑结构安全、市政设施提升、物理环境改善、旅游开发控制——基本涵盖了目前正在或即将进行的性能提升项目,需要将性能归入六类中的某一类,便于后续工作中规则的建立和价值的确立。

(3)提升动因。通过村民访谈、问卷调查已经收集到相当数量的提升诉求,对于收集到的信息需要做的有以下两点:第一,对调查结果进行整理和排序;第二,从专业眼光和全局统筹遴选项目,并制作操作计划和近中远期规划,与诉求处理同时进行的是判断聚落内目前最主要的发展趋势是否会对保护造成阻碍和困扰。很多传统乡村聚落的保护困境是受到经济过快发展的"推动"而不得不"全面发展",却又没有能力完成自主调节。在笔者调研的 20 个传统村落中,15 个村拥有经济支柱产业,并且依靠该产业在短期内快速提升了整体经济状况和村民收入水平,村民的改善诉求也在近年迅速增多(表 4-2)。但各村表现出的物质空间营建行为是不同的,有的村落表现为住房面积不足,村民私建民宅;有的村落表现为产业用房不足,村民私改住房为商铺、厂房等;更多的村落房屋破旧,村民私改、翻建住宅现象严重。这些都在不同程度上改变了村落的传统风貌,传统乡村的社会氛围决定了无论什么方式的改造都很容易无差别地、快速地蔓延,进而

表 4-2　调研村落近年发展主导产业

村名	人口(人)	主导产业	村名	人口(人)	主导产业
野沐	2 400	高效农业	曹墩	1 615	茶、烟、林
尤庄	1 835	机床加工	黄村	2 868	烟、林
湖北	1 834	水产、传统粮食种植、经济林木	红星	1 451	茶
沈高	3 579	—	朝阳	1 012	—
顾赵	2 500	—	程墩	939	—
黑高	2 755	旅游	桐木	1 578	茶
管阮	1 808	水产、花卉、蔬菜	洲头	935	—
马家荡	5 267	水产养殖	下梅	2 530	茶、旅游业
郝荣	1 921	高效农业、旅游业	蒋山	2 068	旅游业
兰址	1 020	大棚蔬菜	傅家边	4 335	农业科技园

形成潮流。提升动因分析能够厘清促使村民自发改造的实际需要和思想根源。

（4）建立"策略"，就是建立规则。规则的建立可分为两步：首先，根据性能需求确定性能指标。性能需求是针对特定对象制订的，在传统乡村聚落保护规划中是指那些必须满足又容易引发矛盾的需求，需求又决定了规划应满足的性能指标。以交通规划为例，城市交通规划的主要目标往往是以机动车为主的运行效率和以交通容量为指标的通行能力；但在传统村落规划中，传统街巷格局与尺度前提下的慢行系统与网络可达才是主要考虑的对象，这使得聚落保护规划中道路交通系统的性能需求有别于常规的城市交通规划内容。其次，确定工作指标。为了满足传统聚落日常的性能，性能指标需要转化为适应具体操作的工作数据，用于计算和验证性能提升所必须达到的标准，是直接的量化指标。对于村庄保护规划，提高日常生活品质的各项使用功能固然重要，但更重要的是影响传统聚落形态格局的因素，包括街巷宽度与层级、街巷线密度与面密度、地块尺度、地块容积率、建筑高度与沿街贴线率、分散率、宅院率等等，它们构成了工作指标的约束因子。规则是在聚落调研和动因分析的综合结论基础上建立的，调研引出性能项的提取和分类，而分析更多的是帮助建立规则。两者互为参考和约束，确定提升性能项目和实现性能所需的客观条件。

（5）确定"价值"，即设定指标的阈值范围。在前端部分，阈值只是单纯根据性能"策略"来确定数值，并没有和后端的形态完整性标准进行同步约束。因此，当该阈值给出后，会在中段进行性能—形态两部分的调试和反馈筛选，最终得到合理的价值，既符合性能要求，又满足形态条件。

（6）确定"内容"，即根据前述的性能指标、工作指标与价值，运用各种技术手段进行规划，性能指标与工作指标最终通过具体的规划内容得以体现。在聚落保护规划的前端交通规划中，通常最重要的规划内容包括路网调整、停车场与公交站点布局以及交通需求控制等。

4.3.3 后端——形态结构的建构

基于对传统乡村聚落的"传统性"特征应优先保存的价值认知，形态结构的建构都围绕"保存传统性特征及形态完整性"这一主旨和目标，将在地性、时间性、社会性和传承性作为核心价值和保存属性，传统性四大表现特征都是伴随着乡村聚落发展而来，先于保护规划而存在，是不容忽视与回避的关键要素，保护规划不是从头重新编制，而是正视、认可、接受已经存在的传统乡村的环境、历史、文脉、民俗等一切优势与不足，进一步发展优势、弥补不足。形态分析过程可分为聚落分析—价值提取—物质要素与结构—要素组合—形态指标。

（1）聚落分析。聚落分析从宏观入手，探究作为发展背景和支撑动力的隐藏力量。聚落的宏观分析可从四个方面入手，包括地理环境分析、历史变迁分析、人文背景分析、发展现状分析，除了聚落的地理环境，其他三项可以围绕时代更迭、重大历史事件、文化流派、重要人物、思想精神、经济水平、产业模式、发展潜力、人口结构等展开。这一步骤也可称为传统乡村聚落的态势分析法（SWOT 分析法），是对传统乡村聚落发展至今的各种外因、内因的总结与辨析。自然环境造就了村落，也被村落所改变，无论目前的关系是否和谐，"存在即合理"，村落与环境必将长期维持互相依存的关系，反过来说，传统村落若想要在良性环境中循环渐进发展，就不能停留在不作为的状态，而应进一步将环境置于优先地位，以尊重、遵循的态度对待外部环境。SWOT 分析法帮助规划者对传统村落的历史、现在、未来做出较为准确的判断，对今后的发展方向进行调控。

（2）价值提取。提取聚落的核心价值，并以各种信息佐证。王建国院士团队在《2012 江苏乡村调查：泰州篇》中，在参考国外乡村聚落研究的基础上将乡村空间形态划分为"人、文、地、产、景"，对泰州地区乡村的五大核心价值归纳阐述为自然村的人口结构和社会关系、当地文化保存状况、当地自然风貌及其对村庄布局形态和建筑的影响、当地特色产品的生产营销及在地经济活动的集体推展、当地的自然景观节庆景观和村民自发营造的公共空间五个方面（图 4-3）。"人、文、地、产、景"与笔者提出的传统乡村聚落四大传统性特征基本一致，与乡村聚落的物质空间形态相关。虽然，传统性特征的时间价值使其具有不可复制和不可替代性，但在核心价值的提取和判断过程中，仍然需要结合时代特征对价值进行再判断，是否适合被保存，或是否适合被利用，或是否适合被性能提升。在保护与改造之间存在着价值权衡，为发展而牺牲保护的做法固然是错误的，但若为了保护

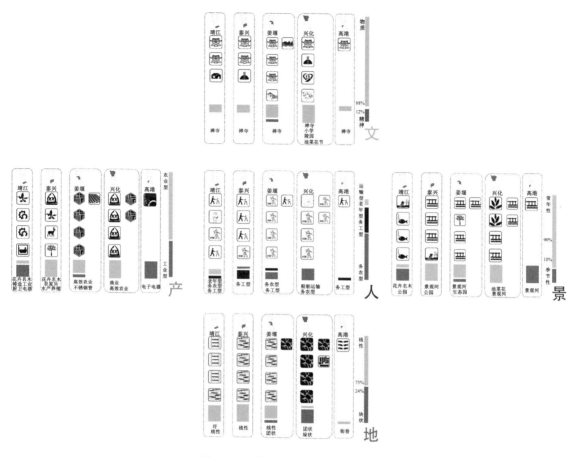

图 4-3　乡村地区五大核心价值

而阻碍其他发展的可能性也是十分盲目的。

（3）物质要素与结构。根据传统乡村聚落的核心价值确定相关的物质要素与结构。聚落空间形态的四要素是街巷、地块、广场、标志物（建筑），还包括边界轮廓、院落灰空间等非结构性但对空间形态有着明确限定和塑造作用的要素。空间形态四要素是传统聚落的基本要素，不同的是完备或复杂程度，完备与否取决于数量和质量，复杂程度取决于组织方式；要素提取原则上需要对四要素的基本性质和结构进行收集和整理，提炼"个性"要素，即最能代表该乡村聚落的独特属性，也是最需要保护的对象。

克里斯托弗·亚历山大（Christopher Alexander）在《城市并非树形》中写道："城市结构不是以简单的树形结构和单一核心等级制存在和展开的，而是必须是以半网络结构的复杂巨系统展开，生活的各个部分必须是正确的结构交叠的而不是分类聚集，充满了选择和组合。"[2]街巷系统正是串联活动和支撑半网络结构的重要载体，是整个传统乡村聚落的脉络，组织广场、地块和纪念物系统，因此，街巷是聚落形态结构的核心。由街巷划分的地块是传统聚落中的基本单元，也是街巷系统的最小表征单位。广场作为一类特殊地块，常与纪念物共同出现，呈现与地块反转的性质，具有极强的公共性。

标志(建筑)物在传统聚落中是空间的点缀和标记,虽然数量不多,却通常位于重要的街巷节点或出入口,对于村民而言是重要的集会场所和仪式建筑,对于外来者而言是帮助其对聚落整体或多个重要空间及街道建立印象的标志物。

(4)要素组合。对聚落物质要素自身结构和要素组合关系进行分析。从笔者对形态完整性的四项指标——要素完备、结构完整、功能完善、关系完好的理解,从合理性与功能性两个方面进行判断:合理性主要对应形态结构,以保持空间形态与结构的合理选择;功能性衔接前端的性能建构指标,以科学测算使用过程中为实现功能运转而在数量、效率、完成度等方面的表现。实际上这四项指标既可以作为建构形态完整性的标准,也可以作为检验性能提升的标准。在不断的视角转换与分析中,完整性是贯穿传统聚落始终的重要属性与行动指南。

(5)形态指标。对特定传统乡村聚落的形态指标进行确定。根据前面四个步骤的分析,属于传统乡村聚落所特有的空间形态结构指标能够基本明确,因此,需要落实到文字表述或阈值数据的指标项目主要包括:村落的地形地势、边界形状、占地面积、人口规模、布局结构、功能组团、预留发展用地区位与面积、村落主要出入口、机动车道数量、街巷密度与尺度、地块尺度与容积率等,以功能性为主;广场数量与面积、民居建筑高度、宅院率、建筑密度、建筑材料、立面样式,以合理性为优先。

4.3.4 中段联系

在性能化提升与形态完整性控制各自完成系统建构后,中段联系主要负责完成两个系统的对话衔接,合并为一套连贯流畅的性能规划流程,以及当两系统叠合出现冲突时选择以哪一部分的利益为优先。

从性能化设计思路的三次导入过程可看出,以性能为主体的前端指标集合与参变量,与以形态为主体的后端结构和项目之间存在交错,步骤4至步骤6中的"性能目标—性能指标—工作对象—工作指标—参变量"细化过程既是从前端向后端的推进,也是从后端向前端的反馈,单向路径容易理解,但在性能与形态两者之间转换,容易造成工作内容的混淆和两端系统的对应性偏差,因此,必须设定主次方向,并在交叠汇聚步骤完成选择。

(1)总体来说,传统乡村聚落的传统性、完整性是最具有价值的特征,既是保护工作的核心,也是全面发展的根本,因此,后端的形态建构占主导地位,是应优先考虑的一端。这不仅意味着形态分析比性能分析先行,而且表示在规划阶段必须先期完成形态建构,然后再讨论性能提升。

(2)在两端各自建构时,暂不考虑之间可能存在的冲突或错位。为了保证性能提升的科学性和效率,性能"价值"全部是依据性能本身的理论值赋值的;同样,形态"规则"也是依据已有的环境背景设定阈值的。但是,在两套价值参数叠合时,可能会出现数据"错位"——基于性能计算的数值不在形态的阈值范围内,或满足性能条件的数值过多。出现第一种情况时,既然前提是"形态优先",那就应保持形态参数不变而修改性能指标或寻找其他性能解答;若不改变形态参数仍然没有解答,则表示没有满足条件的性能提升方法,则需要人为地在提升使用性能和保全传统形态之间重新做出选择。当满足性能条件的数值过多时需进行优选:表示形态控制过于宽容,需要进一步缩小阈值范围,或者表示性能提升与该形态控制指标关联性偏低,可能需选择其他指标来检验性能提升的合理性。最终选择满足条件的 1—3 个数值作为中端成果,进入下一步骤。

(3)数据经过多轮反馈、择优调整完成后,返回两端各自贯彻数值所表达的含义。在数值与具体规划成果的转译过程中,仍会遇到很多实际问题,需要进行人为调整,之所以选择 1—3 个备选项,就是为了在实际操作阶段保持应有的技术弹性,比选最具可行性的方案。

在传统乡村聚落中,发展是永恒的主题,传统是保护的核心,必须寻求一种适合传统乡村聚落当代演进的策略与方法。将"性能化"概念及其"合理性灵活"的技术特长从宏观思路转化为规划技术并融入整个规划过程。通过三次导入,分别从"宏观价值判断—中观项目合集—微观设计"对传统规划的定位、目标、内容、项目集合、参变量指标等内容进行技术拓展和创新,完成不同层面、不同类型的性能提升,是对其更科学和更高层次的补充。宏观层面确立"保护与发展并重"作为根本和前提,从价值判断上确立了保护与发展的辩证关系,将传统的"以问题为导向"的单向工作路径转为"将问题所表达的性能集合"作为规划的目标主体;中观层面在合集内完成问题属性的正、逆双向梳理与价值融合,对存在冲突的项目进行利益的清晰表述和评价,选择优先确保的价值进行择优规划;微观层面进一步落实项目合集的指标参变量,并结合村落实际情况完成性能提升规划。

第 4 章注释
① 参见 2009 年 1 月 13 日《百家讲坛》吴良镛演讲稿"中国建筑文化的研究与创造"。
② 新闻来源于中国网新闻中心网站。

第 4 章参考文献
[1] RIBA. Architectural practice and management handbook [Z]. London: RIBA,1965.
[2] 克里斯托弗·亚历山大. 城市并非树形[J]. 严小婴,译. 建筑师,1985(24): 206-224.

第4章图表来源

图 4-1、图 4-2 源自:笔者绘制.

图 4-3 源自:2012 年江苏乡村人居环境调查泰州工作组.

表 4-1 源自:笔者整理自 2016 年入户调研.

表 4-2 源自:笔者整理自 2012 年入户调研统计.

5 性能化视角下的聚落街巷网络建构

5.1 街巷系统规划与形态格局保护的关系

对于传统乡村聚落而言,保护和发展紧密联系、互为前提:抛开保护求发展,传统文化、风貌、民俗都将消失殆尽;脱离发展谈保护,不符合广大村民的要求,最终会失去意义。因此,保护与发展并举是必要且必需的原则。在传统乡村聚落中,形态完整与性能提升看似是进行比较和选择的一组"矛盾",实际上是以形态完整为前提的性能提升。传统乡村聚落首先全力保护尚存的历史遗存、历史格局、历史肌理、历史风貌,在此基础上完成有机更新、渐进改善。基于以上理念,街巷系统的性能化提升从以下三个方面进行考量:传统性+形态完整性+性能评估。其中,传统性和形态完整性仍然作为控制性因素发挥约束作用,性能评估作为系统提升的功能性指标。

5.1.1 以历史遗存保护为复兴之本——基于传统性的街巷调整

时间性与传承性特征都需要通过对比得以体现,时间性记录历史的变与不变,传承性则分析延续下来的共时要素。街巷系统的特征主要体现在现状街巷与历史街巷的叠合度分析与再现上,包括各条街巷的位置、宽度、尺度、界面的保存与改变情况,小地块划分的延续度,对原先地块划分所依据的建筑单元或模数的遵循度,依时间先后顺序对街巷的改造行为记录等。

聚落社会性特征的表达比其他特征更为抽象:通过日常生活中人们的社交行为以及与传承性相关的仪式性活动反映每个聚落独特的交往模式、社会氛围以及民风民俗。因此,社会性没有特具指向性的物质要素,而是在促进社交和延续民俗的过程中保存社会性,街巷作为承载这些活动的空间载体,相关的工作有步行街巷系统的密度控制、完整性建设,民宅的组合方式对街巷可达性的影响分析和可达性提升,公共空间网络的路径补充。

5.1.2 以传统形态保存为核心价值——基于形态完整性的街巷调整

为了便于对应到具体的街巷系统调整,以形态要素划分比以完整性特征划分更容易入手。在传统形态系统中,四大要素的解析分别对应:街巷——层级结构的连贯性、各级街巷密度及其围合地块的平均面积,街巷面积与地块面积的比例;地块/广场——与街巷形成围合或切分关系,被围合的外围和被切分的内部分别分析地块尺寸、边长、容积率、切分单元、入户方式、街巷面积与房屋面积的比例;标志物——分布规律、与街巷的对应性、统领地位建筑与其所在位置的对应性、公共服务半径的全覆盖。

传统乡村聚落区别于城镇和城市的另一个显著特征在于建筑物极高的自相似性。虽然村落也有建设规划,但进入具体实施环节后,建设规划并不能作为主导聚落发展的主要力量,而总是扮演着宏观控制、引导操作和幕后支持的角色,相反,自发性在传统乡村聚落中体现得尤为明显,无论是经济文化发展,还是社会生活氛围;叠加上乡村"熟人社会"的礼仪秩序,建设通常无法评判对错,只能用众寡来衡量优劣——"多的就是好的"。村落的建设不是根据规划图纸,而是根据工匠手艺;风格不是根据图集,而是根据当时的"时髦"潮流和大众样式;"大家都用这种方式,都用这些材料,都请这位师傅"更容易成为理由,民间智慧通过模仿和重复不断传承下来,这是传统乡村聚落建筑的特征,也是一大优势。从历史延续的角度来说,自相似性也是促成(维护)村落具有完整性的重要因素,"大同小异、和而不同"是理解形态、风貌完整性的依据。基于此,在确定形态指标时,最合理的途径就是参考聚落整体的形态指标、周边地块的形态组织、自身原有的历史形态,综合三方面因素给定恰当的控制值。虽然不能保证村落经历几代人都没有丝毫变化,但至少在聚落演进、改造中不抛弃传统要素,不流失核心价值。

5.1.3 以渐进有机更新为保护原则——基于性能提升的街巷调整

尽管传统乡村聚落存在诸多亟待改进的项目,但一味按照现代社会的建设效率进行改造是不现实的。第一,传统乡村聚落与城市的生活方式有一定区别,人的社交圈更小,待在屋内的时间更长,同时对室外公共空间的依赖度更高,与自然环境的接触率更高,这些是"微环境"需要改善的原因,也是难于改善的原因——与日常生活的复杂交织;第二,村落中的各类传统建筑都符合当时的建造技术背景,却与现今的建设材料、施工技术、路面基础存在属性不同、衔接不畅等问题;第三,各项改造并不是完全原址操作,需要腾出更多空间摆放设备、铺设管道,而村民家中往往没有足够的空间能够同时容纳生活和施工,因此工程进度通常缓慢。

从实际的操作性和整体性来看,将街巷系统的性能提升作为整个提升工程的开端和入手是较为可行的方式,在有效调整路网、疏通流量、改善铺装的同时铺设管线,一次性完成室外公共设施系统的完善与提升,为管线设备入户预留接口。

5.2 街巷系统基础性建构——结构与需求转译

5.2.1 性能化提升的街巷网络

在第 3 章确定的要素、结构、功能、关系四项形态完整性指标中，形态要素(结构＋标志物)是性能提升的部分对象，要素功能是性能提升所涉及的内容，结构完整和关系有机是检验性能提升的前提强制性指标。根据形态要素的不同属性，街巷、民宅更具性能提升的可操作性，地块作为街巷和民宅的载体过渡要素需要纳入性能提升的对象集合，且作为重要的反馈主体。性能提升的操作内容主要包含街巷网络优化(主动提升)、设备管线综合(主动提升)、公共安全规划(主动提升)、民居单体建设(主动提升)和地块形态控制(被动响应)。前三项主要依托街巷，借助聚落空间结构展开功能附加与综合;后两项与民宅关联，其中，民居单体内部改造与聚落整体形态的关联度不大，更多地体现在因民居自发性和随机性单体建设所导致的一定数量的单体变化积累造成群体空间转变，进而对地块形态造成影响。

尽管传统乡村聚落拥有自身的发展模式和速度，但是，在现代社会中仍然显现出明显的缺陷与不足——使用功能的滞后。若把这些问题与矛盾进行划分，可简单地分为室外与室内性能，那么街巷系统是室外部分最亟待提升的性能系统，原因在于:(1) 人的出行方式和交往模式的改变，传统乡村聚落内的旧街巷系统已难以承载与日俱增的交通流量和机动车数量;(2) 区域和相邻乡镇发展的连带效应推动了村落同步提升，作为交通系统的各层面与环节，不应存在明显的效率级差，而应形成连贯的衔接并保持交通的顺畅;(3) 街巷作为室外空间的骨架，串联组织起其他性能系统，例如给排水管线、电路、网络线路、燃气管线、卫生设施、消防设备等，改善街巷系统是传统聚落性能提升的基础与前提。

从传统聚落的空间结构来看，街巷是最为基础和结构性的要素:地块由街巷划分，广场由街巷串联，标志物借助街巷确立识别性，提取街巷系统能够有效快速地阅读、了解聚落的整体形态及空间组织特征。街巷网络的构建既属于性能的范畴，也体现了聚落的交通品质，更是带动其他基础设施发展与完善的基础。同样，改善街巷系统的效果也最立竿见影、最明显，不仅是交通性能本身的扩容、提效，而且有助于其他要素更易识别、剔除、明晰，促进同步发展。

传统乡村聚落街巷系统的先天属性——出行主体数量不多，但目的多样、出行方式单一，基础设施条件低下(路面铺装、排水、路灯照明等)——导致聚落街巷系统连贯性、便利性不足，成为聚落发展与提升的瓶颈和制约:新型交通工具难以进入，可达性差。因此，传统乡村聚落交通体系建设的侧重点在于:对外，修建道路加强与邻近乡镇、城市建立联系;对内，整治村内街巷、广场及公共空间，对各种非机动交通给予足够、安全的活动空间和停留空间;规划满足当前和未来一段时期内机动车所需的行驶、停车面积,确保能够沟通、覆盖整个村落内外,满足村民日常生活和现代交通的需求。

传统乡村聚落的整体建设依附性大于独立性,交通系统也呈现这一特点:外部建设需要多方配合共同完成,制约因素较多且周期较长,处于次要地位的乡村聚落常常跟随城镇的建设节奏,目前对外交通系统尚不存在太大问题。但是,内部独立性大于依附性,基础建设由村庄独立掌握,自由度更大,与村落发展节奏的吻合度更高,可以根据需求及时做出调整,问题也主要集中在村落内部,即街巷系统的适应性和可达性:适应性代表机动车路网和机动性能,用容量和效率来表达,目标是无瓶颈点、提高速度、缩短时间;可达性代表街巷的网络性能,用覆盖率和均匀度来表达,目标是无盲点、加大密度、提升品质。在传统乡村聚落的街巷系统中,步行巷道数量最多、使用频率最高、与生活结合最紧密,承担的是公共活动的组织,尤其在面对"传统聚落现代化"的今天,村内步行空间比机动交通、公交场站更为重要,网络性能(覆盖率、完整度和可达性)是更需要优先考虑的提升项目。

传统乡村聚落建成环境对新建项目的制约力和影响力巨大,任何乡村规划都不能从零开始,不能照搬城市经验,不能套用模板,没有蓝本可循,因此,性能化设计不是重新做规划,而是在"不可能"条件下的"可能"操作。传统乡村聚落的性能化提升就是在村落现存的建成环境中,在不改变整体在地属性、空间形态、传统风貌的前提下,结合现有的设施,利用已有的资源,以最小的干预、最低的成本、最高的效率对传统乡村聚落现代发展中出现的问题进行恰当可行的指向性调整和改善。

5.2.2 传统乡村聚落的街巷结构表述

在对街巷结构进行描述前,需要重新提及村民的日常生活和交通行为习惯,因为聚落的空间结构由村民的使用习惯组织,深刻影响了聚落的人工建设行为。对街巷的描述方式很多,笔者尝试采用从人的行为习惯入手进行描述。

通过对 30 个样本聚落[①]街巷结构进行观察、提取和分析,其结果表明,90%的乡村聚落内的交通行为步行,街巷承载了日常步行活动。村民的日常户外活动基本有三类:串门、公共活动和外出。活动路线可分别简化为户—户、户—公共中心、户—村出入口三种,几乎涵盖了所有形式的室外活动。将这三种活动路线提取后不难发现,所有的路径都可以被概括为户—该户所在的组团—目的地所在的组团—目的地,这一表述包含了以下几层含义:

(1)街巷具有层级性

尽管街巷是连续的,并没有因等级而造成行为不同,人在行进过程中也并非有意识地跨越不同层级的道路,只是简单地完成"我要去某地"这一行为;但从街巷结构的角度来看,人的移动始终要通过现存街巷,逐层往上或往下,而并非两点之间的直线距离。因此,直接分析从户到户的路线并没有实际意义,而是要根据现实存在的街巷选择路径。浦欣成在《传统乡村聚落平面形态的量化方法研究》中,对乡村聚落一定范围内的户与节点之间的联系进行了计算。但这一结论仅停留在平面形态,对于把握聚落的平面特征非常有用,但对规划中的路径选择并没有太多建设性指导。

另外,每一层级的街巷需要满足的功能和流量各不相同:宏观层级主要解决聚落与外部快速交通的接驳,诉求是合理性与便利度;中观层面主要解决主干街巷的覆盖率和主支巷之间的联系,诉求是完整性与可达性;微观尺度主要解决步行空间的组织及其与其他空间类型的衔接,诉求是舒适度与多样性。三个层次之间是连贯的,共同构成整个聚落的街巷网络系统。

(2)街巷划定地块

根据街巷宽度及其所连接的空间形式与承载的不同功能,可将街巷分为三个层级:聚落对外道路、聚落内主要街巷、宅间巷弄。聚落的拓扑结构也据此划定为三个层级。由于组团街巷一般为宽度小于 2.5 m 的主要巷道,与主干道路的主要区别是机动车无法会车且消防车无法通行。这意味着在组团这一层级,交通行为方式发生了改变,对于聚落内的机动、非机动交通组织和消防通道规划是明显的分界。若选择主干道路作为联系交通的主要道路类型,聚落结构划分太过笼统、模糊,且大部分乡村聚落的主要街巷只有 2—4 条,切分的地块过大,地块内部的道路选择问题仍无法细化,不具普遍性和典型性;若选择以户作为最小单元,忽视住宅之间重要的相似性和均质性,分析不够整合,且住宅的组合方式多样,不利于交通网络的整体性构建。因此,由组团街巷围合划分的地块是较合适的尺度。

(3)街巷层级与人的路径选择并无对应关系

人的行为具有主观性和随机性,即使去往同一目的地也有多条路径可供选择。出于不同目的做出的选择都可能不同,例如,距离最短、时间最短、环境最好、途经某处到达目的地等,两点之间的选择越多,表示道路越密集,道路越丰富、便利,可能性越多,能够满足的可能需求越多,提供或促成的社会交往越多,聚落的公共性也越高。但行为模式与层级划分不直接对应,并不代表交通层级的划分需要根据人的选择而变化,也不意味着交通性能提升的结果直接左右人的路线选择,主要是提高路网密度,提供更多选择。

(4)街巷的丰富度与可达性是关键

虽然传统乡村聚落正经历着现代化过程,村民购买农用车、私人汽车数量上升,与公共交通的接触越发频繁,但聚落内部的交通问题仍然以非机动为主,聚落本身规模尺度小,所处环境大多具有自然地形,村民习惯的交通方式是步行,他们购买汽车的愿望不强烈。在大部分传统乡村聚落中,机动车仍然是用于出远门和做生意,并非日常工具。所以,"户—该户

图 5-1　曹墩村村民活动点

所在的组团—目的地所在的组团—目的地"这一抽象路径结合"聚落对外道路—聚落内主干道路—组团街巷—宅间小道"这一层级划分共同构成了结构表述。传统聚落的街巷路网承载了传统聚落中的步行行为,显然,街巷路网的丰富度和可达性、多选择性对聚落公共活动和公共行为至关重要(图5-1)。

5.2.3　街巷性能需求转译

街巷系统作为一个以服务为最终目的的系统,主要为村民提供可能的适应性和可达性,这是最主要的两大目标。适应性是指在合理的时间内用可承受的费用从一个地点到达另一地点的能力;可达性是指个人通过最简单的路径完成交通出行行为。两大目标与村落形态控制分别对应:适应性基本表达街巷的使用性能,可达性更多涉及街巷的分布格局。根据国内外城市乡镇交通规划的目标确定过程,结合村落自身的功能需求和我国乡村的实际情况,两大目标分解细化可以表述如下:

(1)提供高效、经济的交通系统,组织多层次交通,优先考虑步行、自行车等方式,兼顾机动交通;

(2)为各类人群的出行行为提供更多、更好的可选择方式;

(3)提高街巷的安全性,为村民提供更多舒适的交往空间;

(4)街巷设计将多种需求有效复合一体化,整体提升聚落交通性能。

目前,传统乡村聚落面临的交通性能核心问题是:机动车交通时代与聚落步行交通格局不协调,以汽车为代表的快速出行模式与仍处于步行尺度的慢速空间结构不匹配。在以步行速度成长起来的村落中,低速、随机、小尺度的活动都能与之相协调,到目前为止仍然是,很少有抱怨村民的日常聚集活动阻碍了村庄的运行秩序。自从私人汽车的出现和涌入,村庄的秩序开始被打乱,逐步进入混乱状态:近人尺度变成了宽阔尺度,狭窄的街巷无法满足机动车的通行和会车但却无法拓宽,各种交通工具交织混杂,停车位的需求无从解决,这些显然是以前从未遭遇的问题,超出了聚落的承受与应变能力。

面对发展趋势与现状条件不匹配的情况,需根据村民的实际需要,在不改变村落环境、总体结构、空间尺度的前提下,采用局部补强的方式尽量解决以下问题:

(1)机动车道容量不足。在调研村庄及分析样本(表5-1)中,人口为1 500—3 000人的村庄,很多只有一条进村道路和一条主机动车道,且宽度不足,平均值仅为5.5 m。

表5-1　村庄机动车道容量统计

村名	村庄面积(km²)	机动车道数(条)	车道宽度(m)	村名	村庄面积(km²)	机动车道数(条)	车道宽度(m)
曹墩村	0.174	3	6.0/3.2/2.6	爨底下村	0.010	1	9.0
黄村村	1.600	5	3.5	西湾村	0.032	2	4.0/5.0
红星村	0.142	1	3.5	俞源村	0.050	1	4.5
桐木村	0.450	2	4.0/4.5	流坑村	3.610	2	5.5
程墩村	0.165	2	5.5/4.0	灵水村	0.064	2	4.0/10.0
朝阳村	0.130	1	4.0	党家村	0.128	2	6.0

(2)停车空间不足。由于农民收入的增加,机动车数量激增,私人汽车与农用车都有不同程度的增加。快速的机动车增长是村落慢速演化空间所不能负担的。原先的村落几乎没有机动车,主街也不通汽车,只有农用拖拉机、自行车、板车、步行等;后来,少量机动车统一停放在村口的空地;再后来,村民拆房子改车库,填菜地改停车位,或者干脆停在公共广场和门前路边,原本狭窄的街巷更无法通行。

(3)步行网络与机动车道衔接不畅。村落中的步行空间经历了长久的使用和磨合,基本满足日常需要,但机动车出现时间不长,仍处于不断建设补充的阶段。以问题为导向的机动交通总是为解决某些特定问题而建设,在与传统的步行网络叠合时,经常出现不闭合、不成环等现象,对村落内整体街巷系统的运行效率造成一定影响。

(4)公共交通系统不完善。村民过分依赖私人汽车的另一个原因在于公共交通系统的不完善,村际公交都是一天两班,间隔时间为6 h,单程时间超过45 min,村际交流密度和强度均受到影响。

5.2.4　交通系统的构成要素、性能指标、规划方法

街巷系统的构成可以通过记录一个人从出发地到目的地的完整过

程得以阐述：一个人从家出发，步行到车站，乘坐公交车到达镇中心，然后步行到达目的地。这一过程包含了交通汇集、换乘、运输、交通分散等多个片断。首先行为主体是使用者，是最重要的组成部分，个体的主观动机会影响出行类型和选择倾向，因此，出行的目的性是需要重点了解的内容；其次是采用的交通方式或手段，即使是传统村落，也至少包括两种方式——步行加上另外某种方式，各方式表现出不同的性能特点，以实现不同的目的；再次是基础设施，其用于保障交通的效能，对于实现适应性和可达性至关重要，虽然村镇级别尚未达到通过调整管理和价格来完善需求的阶段，但借助于交通网络模型决定在哪里增强通行能力是完备基础设施的基本目标；最后整体效率需要各片断之间的连贯性作为保障，取决于各种出行方式的便捷程度，例如，对于村民而言，若不考虑距离因素，步行是最连贯的出行形式，公共交通则存在更多不确定性和延迟性，从而导致运行不流畅。不难看出，系统性能的优劣并非单一评价标准，能够满足不同主体的需求并不代表系统的性能优良，仅说明系统的灵活性和多选择性。

从交通组织表述来看，让行人转换其他街巷步行是增加路径选择，而让行人从步行改为自行车或机动车便是跨越了交通类型，落实到村落交通改善就是加密支路网和调整主路网。

在交通规划中，出行行为的几大特征是影响交通分类形式和规划技术问题的重要内容：出行目的、出行时间分布、出行空间分布、交通方式、交通安全和出行成本。

出行目的是行为的起点，由于出行被定义为单向运动，因此常用"基于家"作为前提来描述出行目的，尤其对于村镇来说，活动类型大致可以分为在家工作、在家的其他活动和家以外的活动。随着出行目的愈发多重化，不再是"点—点"移动，而是以出行链的形式，比如在上下班途中顺便接送孩子、买菜或处理其他事务。了解人的出行目的可以用来推断出行的所需方式及对应的交通设施需求程度。

工作出行、货运出行和其他出行的时间节点差异造成了一天之内的交通峰谷变化。虽然村镇不一定存在高峰拥堵时段，但某些特殊时间的交通需求量远超过道路和设施所能提供的容量，需要提高通行能力以适应增长的需求。

出行空间的分布：通过统计空间分布可以直接了解流量较大的区域、节点以及衰减方向、距离等，这些特点能够表明哪里容易产生交通问题，现有的网络能满足哪些层次的需求，哪里必须采取措施来提高系统的功能。规划师可以估算每个分析单元——村落层面的分析单元为地块——可能产生的交通量和可吸引的交通量，由该地块到其他所有地块的出行数量，并对应到土地使用和交通网络结构模式上，后期可进行规划调整。

基于以上分析，交通规划必须具备以下特征：

（1）对未来的预见性。通过建立用于衡量尺度、调整决策的框架，分析现行规划的局限性,同时作为现在规划的背景条件,寻找新的发展机遇,将可能在未来发生的改变纳入其中,并提供预警机制。

(2)体现不同尺度的分析。交通规划同样存在各种规模和层级的交通系统结构,另外,多种出行群体也导致了交通系统的复杂,公共交通依赖者与选择性乘坐者、通勤者与非通勤者、学生、老年人、特殊乘客以及不同位置的群体都在考量范围之内。

(3)能够扩展问题的范围。面对日益复杂的状况,交通规划必须能在简单问题的定义之上探索并评估发生的问题,以方案实施和解决方式来解释问题及次生影响,并能够主动提出需要拓展的面向,对交通系统有全面的理解和准确的计算。

(4)保持系统反馈与连续性。随着时间的推移,社会的政治、经济、环境处于持续的变化中。随着这种变化,新的问题产生导致旧的解决方案逐渐失效,而未得到解决的旧问题又重新成为矛盾焦点。因此,规划需要具有连续性,能够持续不断地监控整个系统的运行状况,这一平台不仅应用于现有的交通计划和项目,兼具缓冲空间和浮动策略以实现短期和长期目标的协调。

5.3　街巷系统基础性建构——结构分析与优化

5.3.1　街巷网络的结构量化与分析

传统乡村聚落街巷网络的量化分析包括了街巷网络量化指标的选定和街巷网络的建构比较。

1)街巷网络的量化指标

传统乡村聚落街巷网络量化指标包括道路有效宽度、街段长度、街巷高宽比和街巷网络密度。

(1)道路有效宽度。街巷断面宽度一直都是用于描述或营造街巷形态的基础工具,无论是从运输能力还是人的观感来看,宽度都影响着道路的空间特性。《周礼·考工记》中用"经涂九轨"——城市主街道可容纳九辆战车并行——来确定城中主要道路的宽度从而控制尺度;在传统穆斯林城市中,公共街巷的最小宽度为 7 cubit,约 3.2 m;现代城市的街道宽度更是基础量化指标。1991 年,克里格(Krieger)和伦内茨(Lennertz)在阿瓦隆(Avalon)设计导则中将道路系统分为七个等级,并赋予相应的功能和运行模式;凯文·林奇认为"无论很宽还是很窄的街巷都会吸引人的注意,会强化道路在人头脑中的意向"[1]。

需要特别指出的是,真实城市中的街巷宽度常常会根据两侧的用地情况动态变化,并不是完全等宽的齐整界面,村落中更是如此,尤其当所有街道宽度小于 9 m 时,宽度变化对整个系统的影响更明显。在通常情况下,街巷的运行效率是由效率最低的节点决定的。首先,传统乡村聚落的宅基地与公共空间的边界并不十分明确,改建过程中侵占街巷十分常见,大部分民宅的边界都没有严格遵循规划红线要求,有的突破,有的内收,参差不齐;其次,传统村落中的一些传统设施阻碍了道路的更新和拓宽,例如古树、水井、石碑、路桩,以及如电线杆、变压器、路灯等后来增补的公共现代设备都占据了部分道路空间;最后,传统村落中的街巷系统没有按照街道宽度和车流量设计转弯半径、回车场等,加上各种机非混行,随机行为无法规范。因此,道路的理论宽度作为指标并不准确,而应以实际有效宽度或最小宽度作为计量标准。

(2)街段长度。街段长度也可以理解为地块边长,不同文化、不同交通工具影响下的地块尺度存在一定变化:古罗马城市提姆加德呈方形,边长约为 347 m;希波丹姆规划的罗德岛(Rhodes)具有边长为 180 m 的正方形—边长为 90 m 的正方形—30 m×40 m 的长方形的三重划分秩序;20世纪现代主义城市如昌迪加尔的巨型地块为 800 m×1 200 m,而米尔顿·凯恩斯新城的道路网格则达到 1 000 m×1 000 m。不同地块的尺度和连续界面的长度所产生的空间印象、人们获得的空间感知及其对人的行为与感受的影响是迥异的,培根在《城市设计》中提出"同时运动诸系统"就是针对以不同运动速度观赏城市得到的不同感受;西班牙建筑师曼纽尔·德索拉·莫拉莱斯(Manuel de Solà-Morales)认为小尺度街区能提供更多的公共性道路空间和临街建筑面;简·雅各布斯也赞成小尺度地块更能激发城市活力;西克斯纳(Siksna)[2]认为如果地块尺度初始设计得过大,在后期使用过程中一定会加入新的街巷对其进行二次分割,产生更小的地块[3]。

通过对我国传统乡村聚落案例的平面分析可知,村落中的地块边长通常为 60—80 m(图 5-2,表 5-2),按照民宅尺度判断,约为 3 户垂直布置或5 户平行布置;以人的步行速度判断,约步行 1 min。

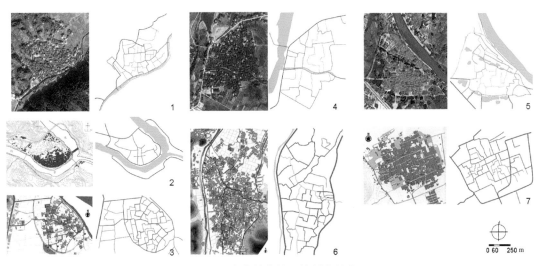

图 5-2　多个村落的地块划分尺度

注:1—江西省理坑村;2—江西省汪口村;3—福建省廉村;4—福建省下梅村;5—江西省渼陂村;6—福建省芷溪村;7—福建省城村。

表 5-2　传统乡村聚落地块划分规律统计表

村名	规模（km²）	村落形态	街巷网络		地块划分
			外部道路	内部主干街道	
理坑村	0.095	团状	东侧一条,远离溪水	—	20 m×40 m,20 m×20 m,30 m×50 m
汪口村	0.110	河口 U 字形	北侧一条,远离河道	圆心扇形:间隔 200 m 纵深向:间隔 60—80 m	200 m×60 m,150 m×70 m
廉村村	0.120	城堡团状	西北侧,连接古城门	城堡作为屏障,7 座城门及渡口为支路端点,内部被划分为 6 大片区	6 个片区的面积均为 8 000—15 000 m²,每块再划分为 6—8 个中型组团
下梅村	0.200	团状	西侧一条,紧贴梅溪	被溪划分为南北两片:沿溪面,间隔 60—80 m;纵深向,间隔 120 m	60 m×110 m,每两个小地块合为一个组团(120 m×120 m)
渼陂村	1.000	八卦形	南侧一条,远离河道	两片中心,对称八卦图形	无明显划分特征
芷溪村	10.800	团状—多团组合	东侧沿山,西侧沿河	被溪划分为 4 大片区:沿溪面,间隔 80—90 m;纵深向,间隔 90—110 m	每个片区划分为 10—18 个组团,面积不等。40 m×60 m,60 m×80 m,80 m×80 m,80 m×100 m
城村村	30.000	团状—多团组合	东、南、西侧各一条,中部一条	36 条街,72 条巷。中心区切块均匀,沿支路面为 120—150 m,纵深向为 60—80 m;边缘地区松散,沿支路面为 150—180 m	中心区为 120 m×60 m 长条形或 100 m×90 m 方形。每 4 个小地块合并为一个组团,约 250 m×150 m

（3）建筑高宽比。人对空间的感知来自三维和视觉感受,如同空间需要围合一样,街巷也是依靠沿街界面建立起"尺度"的。奥斯曼于 19 世纪 50—70 年代的巴黎改造对不同等级街巷的宽度及两侧建筑高度之间的关系做出了明确规定,对屋顶形式也有严格限定。欧洲多数国家在 20 世纪初开始通过规划法令对沿街建筑高度和道路宽度进行限定。荷兰规划师范·尼夫特里克(van Niftrik)指出街巷宽度应为沿街建筑高度的 1—1.5 倍;卡米洛·西特对欧洲中世纪城市广场研究后提出广场的最小尺寸应与它周边主要建筑的高度相等,最大不应超过该高度的 2 倍;芦原义信通过不同时期的一系列城市街巷实例研究提出,沿街建筑高度与街巷宽度之比(D/H 值)对空间尺度有着重要影响,当值为 1 时,空间最为舒适;阿兰·雅各布斯对人的视觉认知进行了研究,与芦原义信提出的 D/H 值结论基本一致。

传统村落的近人尺度正是通过低矮的民宅和适宜的街巷宽度营造出了疏离有致的亲切感,大部分传统村落的 D/H 值为 1.5—2.5(图 5-3),既不拥挤也不宽阔,是人能够感知的舒适空间尺度,部分村落中狭窄的巷道是受到地形限制或人为因素所致。

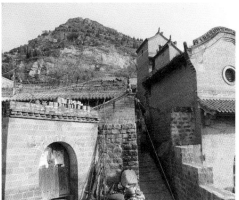

 广东大旗头村　　　　　　 安徽宏村　　　　　　　山西西湾村

图 5-3　各地域村落街巷高宽比

　　上述三项指标都是针对独立街巷的特征量化,但现实中多条街巷互相连接交错形成网络,仅凭长宽高并不能描述整体空间的形态特征和变化规律。如果只分析一条街巷,街巷的宽度、高度和高宽比也只能获得街巷"片段"的意义,因为人们对街巷的整体理解总是在对比中获得,需要整体的凝练和取舍,传统乡村聚落的街巷系统还需要以网络的概念进行整体评价。

　　(4) 街巷网络密度。这一概念最早在交通工程领域被研究,后来由城市地理学者不断扩展:海格特(P. Hagget)和乔利(R. J. Chorley)以"单位区域内交通道路面积所占空间总面积的比例"作为计量指标,博尔切特(J. R. Borchert)以"单位区域内一道路节点数目"作为量化指标,朱塞佩·波鲁索(Giuseppe Borruso)加入了科奈尔密度估算分析,梅塔和豪普特(Meta & Haupt)以"单位地块中所含有的网络路径长度"作为标准,结合地块容积率和建筑覆盖率描述。本书认为网络密度是指单位面积内街巷网络的量,不仅包含数量,而且应含有对街巷分布的统计。

　　① 线密度 R_L,将道路简化成一维线段(不包含宽度信息),表示单位面积内网络路径长度之和与地块总面积的比值,单位为 m/m^2。长度是唯一变量,道路距离越长,线密度越高,意味着可供移动的路径越长,在大多数真实情况下,线密度越大表明道路数量越多,或地块边长越短、地块被划分的次数越多,当某个节点拥堵时,可供分流的道路越多。线密度表达的是地块内路径的多少以及网络的精细程度。

　　② 面密度 R_A,将道路的宽度信息加入,表示地块内道路面积之和与地块总面积的比值,即道路覆盖率,公式为 $R_A = \sum A_n/A$(A_n 为道路总面积;A 为地块总面积)。此公式中存在两个变量:长度与宽度,且互成反比。同样情况下,更长的路径可能表示更多的道路数量,但更宽的道路可能带来更高的通行能力。

　　③ 网络渗透性 P,用以表示一个二维平面区域交通可达空间的渗透

程度,是与道路长度和覆盖面积同时相关的一种专门针对网络空间的形态描述参量[4]。高渗透性意味着地块内有较多的通行面积,同时路径更多地连通到内部区域,从这个定义来看,渗透性是将线密度和面密度综合考虑得到的量化值,$P = R_L \times R_A$。

2)街巷网络的建构比较

在规模较小的村落中,主要街道较少,多以细密狭窄的巷弄为框架,线密度均质较高,街巷有较好的尺度连续性,是适于慢速交通模式的网络;村落新建区域和新农村建设后的村庄针对机动车需求进行了适应性调整,街巷变宽但数量较少,故覆盖率高而线密度低。这代表了两种不同的空间形式——适合步行或适应机动车的街巷,前者以较短的段落、低矮的界面、较好的围合,营造了亲切宜人的空间感和序列性;后者则以长距离街段、宽阔的车道、无视线遮挡的沿街界面为机动车提供了更高的通行效率。

规模较大的村落通常存在多个建设阶段,各自具有相对独立的建设模式,形成的形态差异从平面图上看并不特别明显,但从网络几何特征比较可以看出,新规划区域的道路面密度值偏高,路网覆盖率高,但线密度低,即地块尺度大。在混合状态的村镇,自然生长部分的网络密度点也呈连续线性分布,而人工规划部分的点则呈团状聚集,这与发展过程有紧密的关联。自然生长的村庄经过漫长的演化过程,所有要素都已成为各自独立的系统,且实现了和谐运行,以组团形式散布的中心商业服务、周边住宅空间模式也是长期形成的稳定状态,而规划区则是一次性对功能分区进行布局,很难在短时间内成为独立的系统,也无法与其他系统相融合产生连续性,或发生空间形态上的联系。可见,未经历过大规模的更新建设,更多以自然增长过程渐进发展的村落,其网络几何数据分布也更为相似,都呈现连续线性分布,而经过人工建设的村落,由不同时期不同文脉下发展形成的空间肌理以割裂并置的状态并存的情况非常明晰。

5.3.2 街巷网络构建

常用的交通网络分析方法主要有以下两类:传统交通网络分析法和定量描述与分析法。

(1)传统交通网络分析法。现代主义城市规划理念将城市道路的交通功能提升到前所未有的重要地位,交通容量和运行效率作为考量的首要内容,并以此为基础建立了一系列道路设计导则和基于动力学特征的交通网络形态描述语言——基于点线图示的网络拓扑性结构分析[5],称之为"传统交通网络分析法"。点代表城市、交通枢纽、道路节点等主要元素,线代表它们之间的关系,如公路网、铁路网等,这一方法虽然对于结构分析非常有效,但不能很好地被应用到城市形态布局研究中。

（2）定量描述与分析法。1983年,英国伦敦大学比尔·希利尔教授团队提出了空间句法理论和街巷网络空间分析技术。整套分析通过对城市空间关联模式的构成关系拓扑学计量来认知并理解城市。该理论指出一个布局中的"链接"元素对表现空间具有重要意义,与交通工程设计所采用的点线图示法不同,线的作用是反映边界的几何特性而不是纯粹的连接。之后,斯蒂芬·马歇尔进一步探索了街巷网络拓扑形态特征,在《街道与形态》一书中提出了路径结构分析（Route Structure Analysis）的全新技术,搭建更为体系化的街巷网络拓扑结构认知理论和描述方法。另外,针对几何形态特征进行描述的研究中,朱塞佩·波鲁索通过网络密度的空间分布模式分析城市边界,梅塔和豪普特在《空间、密度与城市形态》[6]中,也把网络密度作为主要量化参数。

笔者以点—线—面划分空间要素,将传统乡村聚落的空间要素归纳为"结构+标志物",与传统网络分析法的网络拓扑结构要素较为一致,由于形态控制方面与几何形态分析比较接近,因此,笔者采用几何形态分析法+拓扑结构分析法对街巷系统进行构建。

"拓扑学"一词源于希腊语,topology原意为"地志学",19世纪形成一门数学分支。从形式上讲,拓扑学主要研究"拓扑空间"在"连续变换"下保持不变的一些性质,只考虑物体间的位置关系而不考虑它们的形状和大小[7],不讨论图形全等的概念,只讨论拓扑等价的概念。拓扑学最初是用于分析地形、地貌及相关内容,迄今为止仍然是空间分析的常用方法之一。目前,拓扑学已经融入多个学科,其中,以计算机网络拓扑结构最具代表性,引用的是拓扑学中研究与大小形状无关的点、线关系的方法,把网络终端抽象为一个个点,把传输介质抽象为一条线,由点和线组成的几何图形,反映出网络中各实体的结构关系。

对传统乡村聚落的街巷进行拓扑结构分析后,除少数规模很小的村落（只有一条主街）外,其余村落基本可以确定"外部—一级—二级"的街巷结构,分别对应"机动车道—机非混行—步行巷道"的活动形式。结合空间形态尺度对应街巷系统进行横向层级划分,对各层级的评价可以直接帮助评判和建构街巷网络。

将传统乡村聚落的交通网络性能提升与形态保存问题分解,可以得到四要素矩阵（图5-4）,即四个子问题,具体如下所示:

图5-4　四要素矩阵

① 机动车道的性能提升——交通容量、覆盖率和移动时间（统计与计算）；

② 机动车道的形态保存——线密度、面密度、渗透率、异质性、高宽比（宏观＋中观）；

③ 非机动车道的性能提升——网络容量、可达性和疏散效率（统计与计算）；

④ 非机动车道的形态保存——线密度、面密度、渗透率、异质性、高宽比（中观＋微观）。

若用尺度横向剖切，叠合到矩阵上，又可以列为以下四个部分：

① 宏观：机动车道——性能：交通容量、覆盖率和移动时间（后两者与形态有关，需要反馈）。形态：线密度、面密度、渗透率、异质性、高宽比（全部需要反馈）。

② 中观：机动车道——性能：交通容量、覆盖率和移动时间（后两者需要反馈）。形态：线密度、面密度、渗透率、异质性、高宽比（全部需要反馈）。

③ 中观：非机动车道——性能：网络容量、可达性和疏散时间（后两者需要反馈）。形态：线密度、面密度、渗透率、异质性、高宽比（全部需要反馈）。

④ 微观：非机动车道——性能：网络容量、可达性和疏散时间（后两者需要反馈）。形态：线密度、面密度、渗透率、异质性、高宽比（全部需要反馈）。

宏观——道路系统衔接：宏观的道路系统是将村落与外界建立起联系的主要途径，这一层面的具体建设内容并不多，却是保障村落对外交流的重要环节。其主要目标是完成衔接和过渡：根据村落的发展规模，结合村落的现状确定交通容量，确定出入口数量及位置，确定围合和划分聚落的主要道路数量、形式和通行能力，设置停车场，完善交通设施配置等。是否需要增设出入口、机动车道、停车场取决于面积与人口规模、机动车保有量与增加速度、村庄建设与扩展情况，可以直接通过统计和计算得出结论，具体位置选择和设计则需要结合功能特异性调整和地块形态反馈进行综合判断，后面再详细分析。

平原地区的村落通常有一个以上出入口与乡镇道路相连、村级机动车道贯穿整个村落作为主轴，或团状分布、用递归性道路系统串联多个村庄，有些规模较大的村落甚至可能被划分为多个组团（如福建城村村），之间用机动车道联系；靠近水网或山地的村落通常有两种情况，即道路平行或垂直于自然地形的等高线或脉络走势，或者选择远离自然特征的一侧布置规则路网（如江苏湖北村）；地处偏远、闭塞或极端地形的小型村落甚至只依靠一条尽端式入村道路与外界建立联系（如安徽晓起村）（图5-5）。大部分村落的机动车道容量不足，要么数量不足，要么宽度不够，停车面积严重不足。

中观——街巷系统更新：中观层面的街巷系统更新是传统聚落中最重要也是最复杂的，向上与道路系统衔接，向下过渡到纯步行街巷，起到承上

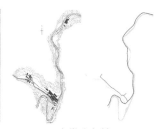

福建城村村　　　　　　　　江苏湖北村　　　　　　　　安徽晓起村

图5-5　各类村落的宏观交通衔接

启下的作用。其主要完成地块内外机非混行的街巷与主要道路的衔接、与主要公共广场的交接。中观层面的街巷可以独立承担一部分交通功能，但更多的是模糊尺度的界限，跨界与宏观道路组成机动车系统建构机动网络，或与微观组成步行系统完成可达网络提升。

微观——静态交通组织：微观层面的巷道是传统乡村聚落交通系统中数量最为庞大、特征最为明显、结构最为多样的"毛细血管"，囊括了宅前空地、宅间小径、地块内步行区域的各种巷道形式，虽然机动车无法通行，但承载了村民日常的全部步行活动和路线，是最重要的空间载体。

5.4　街巷功能的完善与调整——效率与组织

在交通规划中，"性能指标"作为系统效率的标杆，不仅要详细说明所需的数据支持，影响着分析方法的发展方向，而且成为一个建立在先前决策基础上的、为决策过程提供反馈的决定性方法，也就是说，交通规划先有目标和决策，再有细化的性能指标，不同的目标对应不同的性能指标。

街巷作为一个复杂系统，除了形态错综多样以外，依托形态而具有的组织能力和运行效率是日常生活交往和出行的支撑和保证。机动车道路系统是传统村落的动脉，负责对外联系和出行，非机动车道路系统是传统村落的静脉，负责对内联络与交往。功能的完善与调整就是指效率的提升和组织的完善，通过均好性和应急能力来体现。

首先，选取"道路层级指数"对聚落交通网络进行评估与描述，判断村落街巷网络的完整性。一般村落大致可按照"对外道路——一级街巷——二级巷弄"划分层级。层级的划分主要依据两个指标：宽度和转折数。道路宽度是最直观的数据，道路越宽，层级越高。转折数是指每一条道路到达村落出入口的转折次数，次数越少，便捷性越好，层级越高。根据这两个指标，可以建立一个三级街巷叠加的道路网络。其次，交通可达性与道路均匀度用以表达聚落街巷网络的均好性。可达性表达每个地块单元的连通便捷程度；均匀度表达每个地块单元被几条道路所辐射，可以用"密度"进行判断。

5.4.1 可达性测算

可达性是指利用一种特定的交通系统从某一给定区位到达活动地点的便利程度，反映了区域与其他有关地区相接触进行社会经济和技术交流的机会与潜力。1959年汉森(W. G. Hansen)首次提出可达性(Accessibility)的概念，将其定义为"交通网络中各节点相互作用的机会大小"[8]。不同学者对可达性的内涵有不同的理解，有的认为是克服空间阻隔的难易程度[达尔维和马丁(Dalvi & Martin)]；也有学者认为是单位时间内所能接近的发展机会数量；还有认为可达性是相互作用机会的潜力[汉森(Hansen)]。基于这些不同理解产生了不同的计算方法，主要有基于距离、基于机会累积和基于空间相互作用(图5-6)。

简单距离法是单纯基于图形理论来研究区域中网络节点的可达性，英格拉姆(Ingram)1971年提出了相对可达性和综合可达性的概念并转化为计算模型，后经艾伦(Allen)、詹姆斯(A. James)等人的补充，形成了以最小阻抗表示的可达性模型；国内学者杨涛、过秀成1995年提出了多指标，刘贤腾、陈洁2007年等对国内外城市交通可达性度量方法进行了综述[9]。目前应用最广泛的模型是由艾伦(Allen)在1995年提出的以平均阻抗表示节点和整个网络的可达性，也称距离法，公式(5-1)至公式(5-3)分别为某节点的综合可达性、平均可达性，以及整个网络的平均可达性。

$$A_i = \sum_{\substack{j=1 \\ j \neq 1}}^{n} d_{ij} \qquad \text{（公式 5-1）}$$

$$\overline{A_i} = \frac{1}{n-1} \sum_{\substack{j=1 \\ j \neq 1}}^{n} d_{ij} \qquad \text{（公式 5-2）}$$

$$A = \frac{1}{n} \sum_{i=1}^{n} A_i = \frac{1}{n(n-1)} \sum_{i=1}^{n} \sum_{\substack{j=1 \\ j \neq 1}}^{n} d_{ij} \qquad \text{（公式 5-3）}$$

其中：A_i 表示节点 i 的综合可达性；$\overline{A_i}$ 表示节点 i 的平均可达性；A 为整个网络的平均可达性；d_{ij} 表示节点 i、j 之间的最小阻抗，可以是时间、距离(空间直线距离、交通网络距离)、费用等，其数值越低，可达性越好。

例如，一个十二节点交通网络，各节点之间的空间阻抗指标如图5-7所示。可直接算出两两节点间的相对可达性值、各节点的综合值、平均值以及网络平均值(表5-3)。

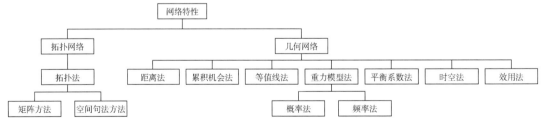

图 5-6　基于网络特性的可达性度量方法分类

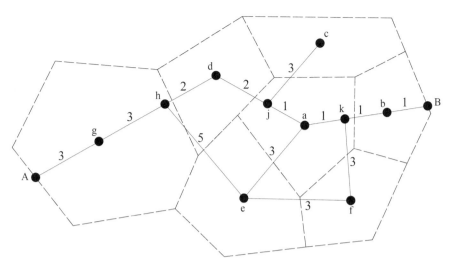

图 5-7 十二节点交通网络示意图

表 5-3 节点之间的相对可达值

d_{ij}	a	b	c	d	e	f	g	h	j	k	A	B	节点综合可达性	节点可达均值	网络可达均值
a	—	2	4	3	3	4	8	5	1	1	11	3	45	4.09	
b	2	—	6	5	5	4	10	7	3	1	13	1	57	5.18	
c	4	6	—	5	7	8	10	7	3	5	13	7	75	6.82	
d	3	5	5	—	6	7	5	2	2	4	8	6	53	4.82	
e	3	5	7	6	—	3	8	5	4	4	11	6	62	5.64	
f	4	4	8	7	3	—	11	8	5	3	14	5	72	6.55	
g	8	10	10	5	8	11	—	3	7	9	3	11	85	7.73	5.98
h	5	7	7	2	5	8	3	—	4	6	6	8	61	5.55	
j	1	3	3	2	4	5	7	4	—	2	10	4	45	4.09	
k	1	1	5	4	4	3	9	6	2	—	12	2	49	4.45	
A	11	13	13	8	11	14	3	6	10	12	—	14	115	10.45	
B	3	1	7	6	6	5	11	8	4	2	14	—	67	6.09	

　　根据结果可知:(1)除去出入口 A、B 两点外,a、b 点间的空间阻抗程度最低(相对值为 2),两点间可达性最好,而 g、f 点之间最差(相对值为 11);(2)在十个节点中,a、b、d、e 四个节点的可达性高于平均水平,a 点是所有节点中可达性最好的点,g 点为最差的点。越靠近网络中心的节点可达性越高,因为可到达此节点的路径越多,而越外围的节点可达性越低,因为存在的空间阻隔越多。

　　虽然采用平均值的算法忽略了很多主观因素,无法将系统的复杂性权重完整地赋予模型,但对于规模很小的传统乡村聚落而言,平均值算法规避了很多不太必要的影响因素,研究分布状况和公平度使可达性的概念得到简化且更为明晰。

需要说明的是,可达性值本身不具解释力,只有在一定范围内进行比较才有意义,因为它不是地点的自身品质,而是反映该地点在区域中所处的地位或区位;孤立地看待某个地块或地段的可达性同样没有意义,而要在一个更为宏观的层面得出平均值以及相对高低关系,进而采取调整措施才是测算的目的所在。传统村落中的机动、非机动网络各自承担了一部分出行活动,重要程度相当且服务对象独立分明,因此,在分析过程中,可先分开测算,再进行整合。

1)机动网络可达性

宏观和中观的机动车道路可达性表征了一个村落在对外层面上的交通便利度和地块层面的街巷分布状况,传统村落中的机动车道数量不多,且往往不闭合成环,多呈树杈状或鱼骨状,留待步行网络与之连接和补充。因此,机动车道可达性实际上表达的是组团可达性,或者说是由机动车围合的地块的可达性,简单距离法即可算出整个机动车网和每个节点的可达性。

但是,简单距离法的前提是将村落作为一个闭合的网络,所有节点都视为内部节点,测算之间的相对可达性。若换一种思路,一辆车从外部驶入村落,首先到达的是村口,进入村庄后才会逐步深入内部各个片区,因此作为村落的门户,出入口节点的可达性应明显高于内部节点。这一论述与简单距离法的结果似乎是相反的,原因在于两种分析的前提不同,一种是开放的由外向内的联系可达性,一种是闭合的网络内部可达性,两种分析从不同角度分析了节点在网络中的位置及其可达性结果,表达了节点的不同属性,造成可达性高低的原因也有所不同。用简单距离法只能表达内部可达性而不能表达联系可达性,需要重新计算。公式(5-4)为某一点的极值可达性,公式(5-5)为某一点的平均可达性。

$$A_i = \sum_{\substack{j=1 \\ j \neq 1}}^{n} d_{ij}^{n-1} \qquad (公式\ 5\text{-}4)$$

$$A_i = \frac{\sum_{j=1}^{m} \sum_{\substack{j=1 \\ j \neq 1}}^{n} d_{ij}^{n_m-1}}{m} \qquad (公式\ 5\text{-}5)$$

其中,A_i 表示节点 i 的可达性;m 表示整个网络的出入口数量;n_m 表示节点 i 在网络中距离出入口的各路径中跨节点的最小次数;d_{ij} 表示节点 i、j 之间的空间阻抗,值越大,可达性越低。仍以十节点交通网络为例,共有两个出入口 A、B,则各内部节点都具有两个联系可达点,联系可达值计算如表5-4所示。

表 5-4 各节点联系可达的平均值与极值计算

节点编号	跨层级数	联系可达平均值		联系可达最小值	综合可达性	可达均值
a	$n_A=1$ $n_B=1$	$3^1+3^1+2^1+2^1+1^1=11$ $1^1+1^1+1^1=3$	7.0	3(B)	45+14=59	11.09
b	$n_A=1$ $n_B=1$	$3^1+3^1+2^1+2^1+1^1+1^1+1^1=13$ $1^1=1$	7.0	1(B)	57+14=71	12.18
c	$n_A=2$ $n_B=2$	$3^1+3^1+2^1+2^1+3^2=19$ $1^1+1^1+1^1+1^1+3^2=13$	14.5	13(B)	75+32=107	21.32
d	$n_A=1$ $n_B=1$	$3^1+3^1+2^1=8$ $1^1+1^1+1^1+1^1+2^1=6$	7.0	6(B)	53+14=67	11.82
e	$n_A=2$ $n_B=2$	$3^1+3^1+5^2=31$ $1^1+1^1+1^1+3^2=12$	21.5	12(B)	62+43=105	27.14
f	$n_A=2$ $n_B=2$	$3^1+3^1+2^1+2^1+1^1+1^1+3^2=21$ $1^1+1^1+3^2=11$	16.0	11(B)	72+32=104	22.55
g	$n_A=1$ $n_B=1$	$3^1=3$ $1^1+1^1+1^1+1^1+2^1+2^1+3^1=11$	7.0	3(A)	85+14=99	14.73
h	$n_A=1$ $n_B=1$	$3^1+3^1=6$ $1^1+1^1+1^1+1^1+2^1+2^1=8$	7.0	6(A)	61+14=75	12.55
j	$n_A=1$ $n_B=1$	$3^1+3^1+2^1+2^1=10$ $1^1+1^1+1^1+1^1=4$	7.0	4(B)	45+14=59	11.09
k	$n_A=1$ $n_B=1$	$3^1+3^1+2^1+2^1+1^1+1^1=12$ $1^1+1^1=2$	7.0	2(B)	49+14=63	11.45
A(出入口)	$n_A=0$ $n_B=1$	0 $1^1+1^1+1^1+1^1+2^1+2^1+3^1+5^1=16$	8.0	0(A)	115+16=131	18.45
B(出入口)	$n_A=1$ $n_B=0$	$3^1+3^1+2^1+2^1+1^1+1^1+1^1+3^1=16$ 0	8.0	0(B)	67+16=83	14.09

根据计算结果可得出以下结论:

(1) 联系可达性与节点所在的结构层级正相关:层级越高,联系越便捷,可达性越高,出入口>一级节点>二级节点。除了出入口 A、B 外,其余联系可达性较高的 7 个节点均位于第一级道路,第二级的 3 个节点可达性明显降低,e 点是所有节点中可达性最低的点。其中,出入口在网络中的位置较为特殊,因其直接与外部相连,人们会忽略其网络节点的属性,只会考虑"从这一点进村方便与否",因而出入口的联系可达性意义不大,反而是考察其作为连接内外的承接性更为重要,即其他节点到这个出入口的联系可达性如何,本例中根据综合可达性值可知 B 点的承接性更优,内部的 10 个节点中有 8 个点从 B 点进入更便捷。

(2) 联系可达性的权重相比于网络可达性更大。虽然在网络可达计算中,A 点值最低,但由于该点是出入口,其联系可达值较小,因此综合可达值仍比第二级的 e、f、c 点高出不少。

(3)本例中只有两个出入口,因此联系可达性平均值相同的点较多,在实际情况中,同一层级上的节点会受到与出入口的距离的影响而拥有不同的可达性值,距离是影响联系可达性的另一因素。联系可达最小的两个点是 a、j 点,最大的为 c、e 点,越远离出入口(靠近中心区)的点可达性越低,跨越层级越多的点可达性越低。这与之前简单距离法的结论不太一致,因为前文的内部网络可达性从内向外,而外部联系可达性由外向内。两种可达性都是网络节点的空间关系性能,表达的出行类型不同,都是节点的可达性指标。

(4)与出入口距离相等时,层级越高的节点联系可达性越高,说明结构层级是首要影响因素,距离次之。

2)步行网络可达性

通过步行与村庄外部建立联系的可能性很低,步行网络主要服务于日常村落内部的活动组织,故可达性只考虑内部网络可达性部分,对外联系在此不做考虑。

机动车网络依靠节点建立联系,步行网络也需要寻找能够代表步行系统并简化信息量的元素。步行网络覆盖从组团向下到宅前的所有街巷空间,但由于地块内的街巷布局形态千变万化,步行节点及路径海量,以每栋建筑单体为单位测算可达性的意义并不大,即便测算出某一栋房屋的可达性与周围相比偏低,改善措施例如改变房屋开口方向、增加出入口、增加宅前空地的实际操作效果都不大,因此不需要具体到每栋房屋的可达性,只要到达地块层面即可,即由二级街巷划分的地块单元。需要说明的有以下两点:

(1)步行网络中的节点数量远多于机动网络,联系琐碎,且行人注重路程的长度,适合采用最短矩阵可达性公式计算网络可达性。既然以地块为单元,就存在围合的边界,结合地块的尺寸,距离也可能存在较大差异。如果用地块的重心点作为步行节点,它可能是实际上并不存在的一个"理论节点",只能表达拓扑结构,若以此为基础的模糊数据叠加地块作为最小单元的模糊数据,误差则会更大。因此,实际测算仍然以最靠近目标的连通步行节点为终点,该点到最终目的地的距离忽略不计。

(2)步行网络不等于步行空间,并非所有室外公共空间都归入步行网络,节点之间的阻隔不是直线距离,而是真实街巷中所选择路径的实际距离,因此仍然依托有形、能走通的步行巷道为载体。实际情况是,很多步行道之间并不沟通,而是借助机非混行,通过机非转换节点建立联系,因此,步行网络通常也不能单独成网。

3)突发事件应急疏散

如果说日常生活中的交通行为很少出现极端情况,人们大多在平和的状态中完成出行,在时间、距离、成本都比较宽裕的情况下运行效率和组织能力的差异并不能得到显现,那么在突发事件中,这些因素就成为不能回避且必须首先满足的迫切需求和考核标准。

突发事件大约分为四类[2],自然灾害和突发事故占多数,但从应急动线来看无非两种:向外疏散和向内移动。受害者向远离事故的方向移动,处理事件者向靠近事故的方向移动;向外疏散没有明确的目的地,向内移动有明确的目的地——事故地点。

在突发事件应急层面,以地块为计算单位,同时考虑机动车和步行的移动速度,因此,笔者认为应急最短路径的选择不能只考虑距离,还需叠加可达性,应以整个地块所邻的多条机动车道可达性为选择的基础,在联系可达性最高的边界选择机非转换点,再叠加步行网络可达性。在这一前提下,再对地块形态进行反馈检验。当地块并非所有边界都相邻机动车道时,存在选择哪条边进入地块更快的问题,测算方法与之前的综合可达性方法相同。

4)综合可达性

对于村落这样的整体,单独分析机动和非机动网络的可达性都是不完整的,村落中任一点的可达性并不是直接将机动和非机动两部分的可达性直接相加,还需要考虑交通方式的转换。综合可达性亦分为机动和网络可达性。为便于突发事件响应能力的分析,笔者以外部进入村落到达某目的地为例,从空间阻隔和拓扑网络两个方面反向推导可达性。

如之前结构表述中所提出的,街巷有层级性,村民从家出发到达任意一点,都需要使用步行网络和(或)机动网络;反过来看,从外部进入村落最终到达某一户宅院,也必须经过机动—步行的转换过程。这一过程中人可能使用的方式有三种,即纯机动车、机动车+步行、纯步行,车与步行所占的比例不同,总和为1。

以武夷山曹墩村为例,假设某村民家位于地块D内的69号宅院,他家门前有停车空地,既可将车停放在门口,也可以将车停在村口的停车场步行往返。那么他家的各项可达性分别有以下几种:

(1)采用纯机动车方式时,人的移动过程描述为:人开车进入村落,直接行驶至目的地。参考网络可达性的测算规则,可以将地块所贴线的机动车道段作为出入口测算平均可达性,简化后可以直接用机动车网络各节点间的空间阻抗指标来表征(图5-8a)。

但此类情况的发生概率很低,只有直接向机动车道开辟出入口的院落才具备条件,只可能分布在机动车道沿线。更多的村民房屋不紧邻街巷,可参考第二种方式。

(2)当采用机动车+步行的方式时,人的移动过程描述为:人开车进入村落,沿机动车道行驶至离目的地最近的停车场或停车位停车,然后步行至目的地。先计算各停车位置的机动可达性,再以这些节点为起点测算至目的地的步行可达性,两部分求和(图5-8b)。

图 5-8a　纯机动车方式路线图

图 5-8b　机非混合方法路线图

位于地块内部、机动车无法驶入的家庭没有车库，而是在空地改建公共停车位，在这种情况下，先计算沿机动车道行驶至离停车空地的机动可达性，再以这些节点为起点测算至目的地的步行可达性，两部分求和。

（3）采用纯步行方式时，人的移动过程描述为：人以步行方式从村落任意一点步行至目的地，可达性与步行网络一致。在此情况下不考虑人从村外步行进村，而只考虑村内联系，即步行网络可达性值。

（4）发生突发状况时，救援人员的移动过程描述为：人开车进入村落，沿机动车道行驶至距离目的地最近的机非转换节点（路口），再步行至目的地。根据步行可达性的测算规则，统计与地块直接联系的上层道路节点，得到与地块产生联系的路径，分别计算这些上层道路节点的机动可达性并求平均值。

村落中任意一点的可达性应是四种情况的叠合，方法如下：

① 机动可达性：$(7+48+150)/100+0.07^2+0.48^2+1.5^2 \approx 4.54$

② 混合可达性：$0+(205+40)/100=2.45$

③ 步行可达性：3.32（最靠近的 m 点的步行可达值）

④ 突发可达性：$0.07^2+0.48^2+1.5^2 \approx 2.49$

故 69 号宅院的综合可达值为 12.8。

5.4.2　均匀度调整

网络可达性实际上是对网络的一项性能表述，即道路能以几种方式或跨越多少空间阻隔将人运送到指定地点。透过片区层面的可达性分布图可以明确知道哪些位置的可达性偏低，并结合局部的空间结构或形态特征解析判断是否需要提升可达性以及如何提升。根据可达性的测算公式和基本规律可知，它与层级（转折次数）、关联节点数量有关，越靠近中心，转折次数越少，机动联系可达性越低而网络可达性越高，这直接表达了节点数量和连通性的影响力，却并未传达路网的均匀程度信息。几乎每个可达性测算案例中都存在一些跳脱规律的节点，或需要比较选值的节点，选择的数值便是空间阻抗指数。例如，在转折次数相同的情况下，某节点的最小可达性应选哪一条路径？为什么甚至会出现转折次数多的路径可达性反而高？可达性数据模糊地表达出"道路分布越均匀的片区可达性也越高"这一趋势，却不能完全解释这些节点的特殊情况，因为均匀度被化解为阻抗系数加入了可达性计算中，因此功能特异调整的另一个属性——均匀度也需要单独进行计算后的调整，笔者提出的均匀度计算方法也是基于空间阻抗。

$$E = \left(1 - \frac{n_{\max} - n_{\min}}{n_{\max} + n_{\min}}\right) \times 100\% \qquad \text{（公式 5-6）}$$

其中，E 表示系统的平均均匀度；$n_{\max}$ 表示所有地块连接数的最大值；$n_{\min}$ 表示所有地块连接数的最小值。

$$d_i = \frac{\frac{\sum\limits_{\substack{j=1 \\ j \neq i}}^{n} d_{ij}}{n_i} \times n_i}{A_i} = \frac{\sum\limits_{\substack{j=1 \\ j \neq i}}^{n} d_{ij}}{A_i} \qquad (公式 5\text{-}7)$$

其中，d_{ij}表示某节点所在地块的空间阻抗；n_i表示某地块连通道路数；A_i表示节点所在的地块面积。

公式(5-6)是系统平均均匀度，可计算各级道路的平均均匀度和整个系统的均匀程度，但不能说明哪些部分不均匀，各部分之间的差值以及各部分与平均值之间的差值；公式(5-7)为地块阻抗密度指标，用于计算每个地块在单位面积下的空间阻抗密度，与系统平均值对比可确定哪些地块的阻抗密度过大或过小，即数据的偏离程度，对于不符合均匀度条件的地块将进行道路调整或补充。从数量和密度两方面对道路进行均匀度的描述，能够从绝对和相对关系上把握影响均匀度的因素和影响程度。

以七地块网络为例(图 5-9)，七个地块中心点分别为 a 至 g，可求得各地块连通道路的均匀度(表 5-5)。

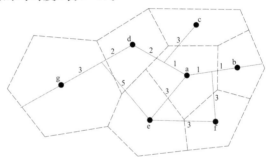

图 5-9　七地块网络图

注：图中数字表示任意两点间的距离，单位为米(m)。图 5-10a、图 5-10b 同。

表 5-5　系统道路均匀度指标计算

地块	连通道路数 n_i（条）	空间阻抗指标 d_{ij}		地块面积 A_i（m²）	道路数量密度	地块阻抗密度
a	5	1.22,1.83,1.54,1.44,1.89	7.92	9.491 7	0.53	0.83
b	1	0.56	0.56	9.351 7	0.11	0.06
c	1	1.78	1.78	9.699 3	0.10	0.18
d	3	1.50,2.17,0.82	4.49	10.188 9	0.29	0.44
e	3	3.50,1.64,1.46	6.60	19.368 0	0.15	0.34
f	2	1.11,1.36	2.47	6.103 2	0.33	0.54
g	2	2.83,0.68	3.51	23.660 4	0.08	0.15
合计	17	27.33		87.863 2	—	—
均值	2.43	—		12.551 9	0.227 1	0.362 9
均匀度	33.3%	—		41.0%	26.2%	13.5%

由计算可知,七个地块依据三项指标排序,基本可以分为两大梯队,a、f、d、e为较高的四个地块,g、b、c相对较低,局部有顺序调整,但总体基本位于平均值的两侧,地块e的各项指标均最接近平均值,地块a因各指标最高而成为偏离均值最明显的地块。

将均匀度数据与可达性数据进行横向比较会发现两者之间存在一定关联:均匀度指标居中的地块e可达性也是最接近平均值的地块(网络可达性5.33/平均值5.9,机动可达性112.5—139/平均值82.1—58.8),地块a的均匀度指标皆远高于均值,其网络可达性也最好(网络可达性4/平均值5.9,机动可达性112.5—139/平均值82.1—58.8),网络可达性最低的g点(网络可达性8.67/平均值5.9),其所在地块的道路数量密度也最低。

与可达性的属性意义相类似,均匀度也是一个在比较中获得存在感的数据,作为一个相对值而不是绝对值,测算均匀度的目的在于通过检验调整前后的均匀度变化以判断调整是否有效以及选择最好的调整路径。更有意义的数据是表征均匀度的道路数量密度D_i和地块阻抗密度d_i。从计算公式不难看出,影响均匀度的因子有道路数量、地块面积和阻抗指数,对应的提升均匀度的方法有增加道路、切分调整地块面积、增加空间阻抗,但影响因子的数值并非越大越好,而是越靠近平均值越好。

若在案例的七地块中,分别在g、b、c地块各增加一条路径(图5-10a),之前的局部和整体多项数据都将改变(表5-6);若将d、e、g三个地块各切分为两个面积接近的子地块,仅在g地块增加一条路径(图5-10b),数据又将出现不同改变(表5-7)。

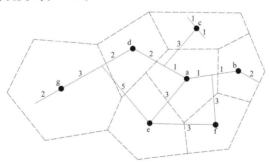

图5-10a　增加路径后的七地块

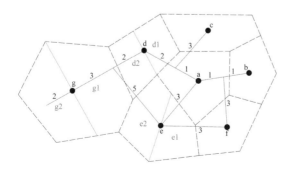

图5-10b　切分子地块后的七地块

表 5-6 增加路径后的网络均匀度指标计算

地块	连通道路数 n_i(条)	空间阻抗指标 d_{ij}		地块面积 A_i(m²)	道路数量密度	地块阻抗密度
a	5	1.22,1.83,1.54,1.44,1.89	7.92	9.491 7	0.53	0.83
b	2	0.56,2.00	2.56	9.351 7	0.21	0.27
c	2	1.78,2.00	3.78	9.699 3	0.21	0.39
d	3	1.50,2.17,0.82	4.49	10.188 9	0.29	0.44
e	3	3.50,1.64,1.46	6.60	19.368 0	0.15	0.34
f	2	1.11,1.36	2.47	6.103 2	0.33	0.40
g	3	2.83,0.68,2.00	5.51	23.660 4	0.13	0.23
合计	20	33.33		87.863 2	—	—
均值	2.86	—		12.551 9	0.264 3	0.414 3
均匀度	57.1%	—		41.0%	39.4%	43.4%

表 5-7 切分地块后的网络均匀度指标计算

地块	连通道路数 n_i(条)	空间阻抗指标 d_{ij}		地块面积 A_i(m²)	道路数量密度	地块阻抗密度
a	5	1.22,1.83,1.54,1.44,1.89	7.92	9.491 7	0.53	0.83
b	1	0.56	0.56	9.351 7	0.11	0.06
c	1	1.78	1.78	9.699 3	0.10	0.18
d1	1	1.50	1.50	4.092 8	0.24	0.37
d2	2	2.17,0.82	2.99	6.096 1	0.33	0.49
e1	2	1.64,1.46	3.10	8.036 0	0.25	0.39
e2	1	3.50	3.50	11.332 0	0.09	0.31
f	2.	1.11,1.36	2.47	6.103 2	0.33	0.54
g1	2	2.83,0.68	3.51	12.794 2	0.16	0.27
g2	1	2.00	2.00	10.866 2	0.09	0.18
合计	18	29.33		87.863 2	—	—
均值	1.8	—		8.786 3	0.223	0.362
均匀度	33.3%	—		33.44%	29.0%	13.5%

由两组调整计算结果可见,增加路径和切分地块都对提高均匀度有积极作用,但切分地块的作用甚微,而增加路径更有效,因为增加路径直接导致道路线密度的增加和空间阻抗的降低,而切分地块只能降低均值却不能降低极值,根据公式(5-6)的均匀度计算方法必须对极值进行调整。

第5章注释

① 意大利村镇有 15 个，中国历史文化名村有 15 个。

② 自然灾害、事故灾难、公共卫生事件、社会安全事件四类。

第5章参考文献

［1］凯文·林奇. 城市意象［M］. 方益萍，何晓军，译. 北京：华夏出版社，2001：38.

［2］胡鑫. 国外山地城市空间形态研究：澳大利亚初探［D］. 重庆：重庆大学，2014.

［3］SIKSNA A. The effects of block size and form in North American and Australian city centers［J］. Urban morphology，1997(1)：19-33.

［4］MARSHALL S. Streets & patterns：the structure of urban geometry［M］. New York：Spon Press，2005：89.

［5］HAGGETT P，CHORLEY R J. Network analysis in geography［M］. London：Edward Arnold Ltd. ，1969.

［6］BERGHAUSER PONT M，HAUPT P. Spacematrix：space，density and urban form［M］. Rotterdam：NAi Publisher，2010.

［7］中国社会科学院语言研究所词典编辑室. 现代汉语词典［M］. 5 版. 北京：商务印书馆，2005：1394.

［8］HANSEN W G. How accessibility shapes land use［J］. Journal of the American institute of planners，1959，25：73-76.

［9］聂伟，邵春福. 区域交通可达性测算方法分析［J］. 交通科技与经济，2008，10(4)：85-87.

第5章图表来源

图 5-1 源自：笔者绘制.

图 5-2 源自：笔者根据相关资料改绘.

图 5-3 源自：网络与笔者拍摄.

图 5-4、图 5-5 源自：笔者绘制.

图 5-6 源自：陈洁，陆锋，程昌秀. 可达性度量方法及应用研究进展评述［J］. 地理科学进展，2007，26(5)：100-110.

图 5-7 至图 5-10 源自：笔者绘制.

表 5-1、表 5-2 源自：笔者根据调研数据统计绘制.

表 5-3 源自：笔者根据相关资料统计绘制.

表 5-4 至表 5-7 源自：笔者计算绘制.

6 性能化视角下的聚落地块形态反馈

6.1 地块作为反馈主体的可能性

在传统聚落中，构成和表达形态的另一个重要元素是大量以几乎无差异的类似结构和均质肌理存在的，作为基底的面状要素——地块。地块的属性不由自身定义，而是通过它所链接的内外要素对其进行描述。

外部——地块由街巷划分，这从外形上对地块进行了尺度的基本限定，从形状、距离等方面决定了每个地块在二维平面上的最大实体基底面积，一定数量的地块并置就可以找出图底虚实关系的规律。但聚集到相当数量之后，地块由简单的聚集逐渐具有了方向性、组织方式等更为结构性的特征，地块的描述不能仅凭借每个地块的独立属性乘以数量，而是逐渐被划分它的街道属性所替代，同时必须借助三维特征将形态进一步准确化。但在二维向三维转换的过程中，所有层面都被赋予双重属性，二维属性更明显的街巷系统在与地块的对话中产生了互相影响和作用，微观层面的"街廓"就是定义街巷和地块的界面空间，兼顾两者的空间特征与融合。

内部——地块由建筑填充，这是对地块内部的容量和组织方式的描述。地块肌理既是空间的一种图底关系，代表体量元素的存在，同时又是各种空间要素之间的形态结构。地块的三维特征大多由构成地块的建筑所赋予，高度、密度和强度都受到建筑形态指数的影响，形成了地块的体量。相同基底面积，根据组织方式的不同，空间容量和强度也千差万别，因此，地块肌理的定量表述一般可分为两类参数：一类用于表达肌理的体量，包括建筑高度、建筑密度和容积率，这三者相互影响、相互制约，是规划体系中最常用的地块控制性指标；另一类用于表示肌理的结构特征，包括建筑迎风面密度、建筑体型系数、建筑分散度和街区整合度等[1]。"体量大小"和"几何结构"是定量描述的两种层次，前者回答容量多少的问题，后者回答形态特征的问题(图 6-1)。

对地块内外属性的分析使得地块的空间形态特征得以具体化、定量化，同时传达出内外要素的空间特性，这使得地块作为反馈主体成为可能。

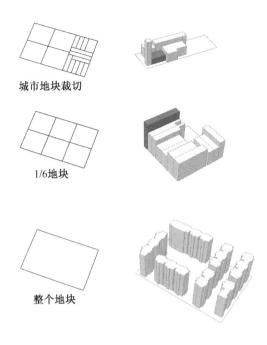

城市地块裁切

1/6地块

整个地块

图 6-1　地块内的建筑布局

性能化提升的主要对象是街巷和民宅,街巷不仅承载交通运输职能,而且与设备管线、公共安全布线基本重叠,服务对象都是居住在地块内的人,通过"街巷—地块"完成"外部输入";地块内的民宅建设虽不属于公共建设的范畴,但相当数量的改造累积透过"建筑—地块"的"内部消化"引发地块空间形态的改变,进而对整体风貌产生影响。

　　主动提升和被动响应之间的跨界联系便是由地块承担的,对任何要素做出的调整都会在地块的形态指标上有所反映,地块的肌理与格局是传统乡村聚落的传统性和形态完整性的重要表达要素,以保存形态为前提的性能提升,必然以地块的肌理格局指标作为"合理"阈值。

　　如果将街巷系统建构看作"自上而下"、基于绝对性能需求的规划和控制,那么地块形态反馈就是"自下而上"、基于相对建成环境的回应与调整。与街巷系统的解构分析类似,首先进行基础性建构,再寻找特异性规律;地块形态反馈先明确反馈要素及其基本描述,再结合传统乡村聚落遴选主要指标及合理的阈值。

6.2　地块肌理与形态

　　城市中的地块由道路划分,是用地控制和规划管理的基本单元,产权边界界定不同的土地所有者或使用者以及相应的用地性质和开发强度。在传统乡村聚落中,地块以宅基地为土地权属单元,且因用地条件及周边环境,特别是社会历史的原因,土地产权问题十分复杂。

6.2.1 地块格局的表达要素

对于平面格局而言,街巷空间和由道路网络划分的地块是用来表征格局的主要载体。地块容量通过地块容积率、建筑高度和宅院率描述三维形态;宅院率＝宅院面积/地块面积;地块容积率＝地块总建筑面积/地块面积。根据上述数据,可以确定各地块内外空间的比例,借此反映空间的开敞度和密度。我们可以通过对地块容积率、建筑高度、建筑密度和宅院率等技术参数控制和优化传统乡村聚落的整体形态、空间格局和街巷视觉效果。

与街巷不同的是,地块本身兼具二维与三维特征,沈萍在《街廓形态的几何分析——以南京为例》[2]中总结的街廓形态计量方法主要有几何计算和形状计算两种。其中几何计算分为线状目标、面状目标和体积目标,数据主要有 17 项(表 6-1);形状计算包含形状率、圆形率、紧凑度、延伸率等,分析方法有数理统计分析、均质性分析、自相似分析等。

表 6-1　街廓形态计量指标

目标类型	指标	指标描述
面状目标 单一数据	街廓面积	矩形街廓是指平面长(长边)宽(短边),不考虑高差导致的表面积差
	街廓周长	街廓各边之和
	街廓内建筑基底面积	街廓内建筑基底面积之和
	街廓内建筑面积	街廓内建筑面积之和
	街廓内建筑边线总长度	街廓内建筑边长之和
体状目标 单一数据	建筑高度	单栋建筑高度
	街廓体积	建筑体积之和
其他数据	建筑数量	所有建筑数之和
	街廓内建筑平均占地面积	建筑占地面积/建筑数量
	街廓内建筑平均面积	建筑面积/建筑数量
	街廓内建筑平均体积	建筑总体积/建筑数量
	街廓内建筑平均高度	建筑总体积/建筑占地面积
关系数据	建筑密度	建筑基底面积/街廓面积
	容积率	建筑面积/街廓面积
	单位街廓面积包含建筑边线长度	建筑边线总长/街廓面积
	单位街廓面积包含建筑体积	建筑体积/街廓面积
	单栋建筑所占街廓平均面积	街廓面积/建筑数量

对于传统乡村聚落而言,地块形态同样由二维和三维形态要素表达。形态要素包括:边长与面积、图底关系、建筑密度、贴线率、建筑高度、容积率、界面尺度等。

1) 边长与面积

边长与面积是地块的最基本特征,地块以其平面轮廓的尺寸和形态扮演了重要作用,尤其是在历史和地理分析中显得尤为重要。由于土地权属、管理制度和历史原因,同一村落中的地块尺度也存在较大差异。地块尺寸对空间形态有决定性的影响,也造成三维形态的差异,面积影响平面范围,边长影响地块的比例从而影响地块内的建筑布局。每个地块都不是独立存在的,或为另一个用地的边界,或与街巷存在界面,形成相互依存、相互界定、相互约束的关系,临界空间对地块有着重要作用,地块内部的空间形态往往受到相邻地块的特征或已有空间即建成环境的影响。

无论哪个年代、哪个地区,地块划分模式及地块大小是聚落形成最基本的决定性因素。当时的土地产权划分在很大程度上决定了以后发展的形态,在形成过程中体现了地块尺度及边界对形态的作用,在农业用地向聚落用地转换的过程中,原来的尺度和边界延续下来成为聚落生长的基础,一旦城市开始形成,其扩展范围就被围合要素所限定,地块被内向进一步限定,城市形态也逐步形成、固定化。

阿尔多·罗西认为"本质上存在两类城市空间体系:'传统的'和'现代的'。'传统的'城市空间由作为城市街区构成元素的建筑组成,街区界定围合外部空间;'现代的'城市空间由景观环境中随意摆放的'亭子式'建筑组成"[3]。传统城市空间把建筑群作为统一、充分联系的群体组成要素,限定了"街道""广场"和街道网络,地块尺度较小,建筑通常低矮且高度相近,用地边界不是简单的各地块之间的分界线,是围合街道空间的主要界面,在中观层面上完成了空间组织和城市肌理的控制与调整。

微观层面的地块形态落实到地块内建筑布局、高度、密度、形式等可直接被感知的元素,与地块的关系则更为紧密。虽然地块的大小不能直接决定建筑布局,但限定了所能组织的空间范围,地块越大,可能的布局方式也越多。

2) 图底关系

图底关系主要用于表达地面建筑实体(Solid Mass)和开放虚体(Open Void)之间的相对比例关系,是对二维度量上空间总体特征的综合表述,是判断外部空间优劣的重要标准之一。罗杰·特兰西克(Roger Trancik)将"图底关系"理论作为城市设计三大理论之一,柯林·罗也在《拼贴城市》中提到"传统城市典型美德:实体和连续网格或者肌理为特定空间,广场和街道作为公共空间的阀门,并提供可识别的结构,起支撑作用的肌理或图底具有丰富多样性。作为一种随机组织建立起来的连续建筑场景,并没有受到来自自我完美或明显功能表现方面的压力,而且由于有了公共立面的稳定作用,可以灵活地按照当地要求或当时所需来表现"。除了表达建筑实体与开放虚体之间的面积比例和形态以外,内外空间的层级、过渡与组织也在图底关系中得到体现。

对一个区域或地段空间环境的图底关系分析并不能直接得出明确的优劣结论,但可以从一些方面总结空间的特征,即怀旧情绪、趣味性与偶然性、空间尺度、空间活力、界面封闭性、多样化的统一[4],这其中能够量化的只有空间尺度和界面,其余几项都是通过现场感知才能给出具体的评价。那么,可以进行逆向判断,即一个有着良好图底关系的空间包含什么特点,这能够为空间营造提供一定的标准。第一,建筑密度通常大于 40%,即建筑所占的平面空间与街道广场等外部空间面积越接近越有可能获得较好的图底关系;第二,建筑与空间分布均质且相互连接,即使图底互相翻转也呈现较好的连通关系;第三,空间尺度宜人,优质图底关系通常建筑体量不大、街道不宽、广场不旷,与人的尺度接近;第四,空间界面封闭性好,建筑是连续且封闭的实体,如果图底翻转仍然具有连续界面,则说明空间的围合性好。正反结合,实际上都是围绕空间尺度、密度、连接、界面等因素,对于传统乡村聚落来说,建筑密度和贴线率更为重要。

3)建筑密度

一定范围内建筑物的基底面积总和与总用地面积的比例,是常见的形态参数,反映用地范围内的空地率和建筑的密集程度。它对空间肌理有较大的决定作用,虽然在土地利用控制指标中并不明显,但与地块面积密切相关。

建筑密度与用地面积有很大关系,由于地块大小不同,用地面积的差异也很大。为了使分析的结果有意义,必须将研究范围限定在相对一致的形态基础之上。前人多用网格将研究范围划分为面积相等的数个切片进行对比分析,尤其在城市形态分析中①。但在传统乡村聚落中,这一问题在建立之初就有了较为明确的前提,即村落中的地块多样性较小,由于受到周边关系的制约,即使属性和功能不相同的地块也保持较为接近的形状和大小。苏根成等人[5]利用数据库对内蒙古小城镇的地块数、地块面积、平均容积率等指标统计分析后提出建筑密度与地块面积成反比例关系。建筑基底面积的变化也影响建筑密度值,建筑单体基底面积之间的差异是用于衡量肌理形态均质度的指标之一,可用标准差指标来表征一定范围内建筑基底面积的变化程度。

4)贴线率

芦原义信在《街道的美学》中用"两次轮廓线"来描述建筑外观与街道形成的界面轮廓,将建筑本来的外观形态称为建筑界面的"第一次轮廓线",将非建筑因素所构成的形态称为建筑界面的"第二次轮廓线"。建筑形态及其组合方式是第一次轮廓线的主要内容,贴线率就是用来衡量街道界面延续性的指标之一。

贴线率源于美国的"街道墙"概念,用于表达街道界面的凹凸变化,在我国近年的城市设计实践中逐渐有所体现②,但到目前为止并没有统一的认识和算法,其中较为可行的两种概念分别为:(1)街道两侧紧贴临界线的部分面宽之和与所有界面面宽总和的比值;(2)由多个建筑立面构成的街墙立面至少应跨及所在街区长度的比值。但依据这两种概念得出的街道界面贴线率,或将"有无"与"多少"混为一谈(算法1),或将"有无"和"远近"合二为一(算法5),仍不能很明确地对不同的界面形态进行有效区分[6](图6-2)。尽管贴线率对于街道界面形态差异的表征并不与优劣价值直接对应,只是展示了某个区域范围内街道界面的空间尺度,但它仍然可作为表达街巷界面的重要立面指标之一。

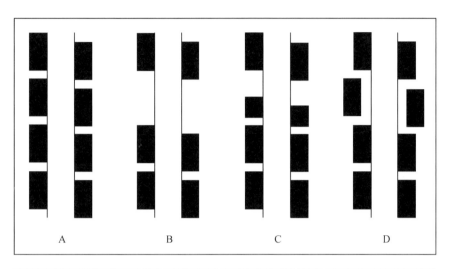

界面形式 贴线率	A	B	C	D
算法1	80%	60%	70%	60%
算法5	100%	100%	100%	75%

图6-2　两种贴线率算法得到的不同结果

5) 建筑高度

建筑的基本三维属性之一,《建筑设计防火规范》(GB 50016—2014)中对建筑高度计算规定如下:"当为坡屋面时,应为建筑物室外设计地面到其檐口的高度,当为平屋面(包括有女儿墙的平屋面)时,应为建筑物室外设计地面到其屋面面层的高度;当同一座建筑物有多种屋面形式时,建筑高度应按上述方法分别计算后取其中最大值。"在传统建筑中,各时期的建筑材料、形式、风格影响了建筑的层高和屋面形式,建筑层数也是重要的属性,尤其在以风貌为重要保存对象的传统乡村,在建筑密度低、层数低的整体环境中,建筑高度是重要的描述要素和控制指标。

地块中用平均高度表达地块作为一个整体体量所具有的高度,可用于控制地块内的建筑高度,对新建建筑提出合理的控高范围,把地块作为一个整体进行限高,比传统的对单体建筑逐栋控高更具弹性,对地块整体氛围进行控制预留调整空间。虽然建筑的高度起伏是必要的,也对应了不同的肌理,但传统村落中的建筑均质性较强,各类建筑的体量、高度差异不大,基于这一背景的民宅现代化改造和自建必须尊重已经存在的语境和对高度的约定,对建造行为提出了一定的高度限制,可在合理范围内浮动,在恰当虚实关系阈值区间进行组合。利用少数"出类拔萃"的建筑突破原有的尺度和用地边界,造成高度、肌理的突变不是不可行,而是要在恰当的位置以合理的形式进行。

6)容积率

以地块为单位的建筑容量指标,地上总建筑面积与总用地面积的比值,是控制性详细规划中衡量用地使用强度的一项重要指标。容积率越高,建筑总面积越大,一般来说,建筑平均高度会越高,但与建筑密度、分布等其他指标没有绝对的对应关系。

7)界面尺度

在上一章中,街道界面高宽比值(D/H)作为街巷网络的量化指标之一表达街道尺度,这里再次使用该指标侧重于考察沿街建筑高度(D)的影响,同时增加界面面宽比值(W/D)和临街建筑高宽平均比值(H/W)作为指标组,共同描述地块与街道的界面关系。对于整条街道而言,单栋建筑的高宽比并不能完全反映街道的界面信息,然而将所有建筑的高宽比都考虑在内,不仅操作上有较大难度,而且很难与街道整体之间产生直接连接,因此,可借助另外两个指标来统计分析街道与地块的关系。

W/D 为单栋临街建筑面宽与街道宽度的比值,H/W 为临街建筑面宽总和与高度总和的比值。W/D 值主要表征街道界面在水平维度上的变化节奏,芦原义信认为 $W/D \leqslant 1$ 十分重要,当建筑面宽 W 小于街道宽度 D 时,有助于街道活力的培养与传达。在 H/W 中,建筑立面宽度受限于所在边的边长,地块越大,单栋建筑的沿街立面就可以越大,同时建筑受限于平面形态和比例,高度和进深也相应变大,建筑体量也随之变大,对街巷中的视觉引导和空间感受也产生一定作用,因而沿街立面宽度和比例是建立地块内建筑体量第一印象的重要途径。

6.2.2 传统乡村聚落中的要素组合

上述格局要素中大部分是城市、城镇普遍适用的通用性指标,另一部分可以认为是针对城市中的各种"病症"提出的城市型评价指标,更多的是用于描述城市中地块与建筑某一方面的联系或空间特征,以解决某一些特定问题。但这些通用性指标和城市型指标对于传统乡村聚落空间形态的个性并没有太强的适应性和针对性:虽然通用性指标各自存在客观的评价等级,但传统乡村聚落的低层、低密度、低强度的总体空间特征基本不会突破这些客观标准,甚至远远达不到标准值,更多的是村落内部要素之间的平行比较,因此,需要对更能体现村落空间形态的指标给予更明确的阐述,对通用性指标进行阈值范围的调整或缩小。

1)灰空间率(宅院率)

传统乡村聚落中的民居与城市中的住宅之间很明显的一点差异在于:民

居建筑的地域性与风格化,与在地性关系紧密。之所以将宅院纳入灰空间,正是基于对空间属性的清晰界定,而宅院是民居宅基地范围内的室外空间,兼具两种空间属性,是民居中的重要空间形式之一。通过测算宅院率,可以帮助判断村落所在地区的气候对民居空间设计的影响,判断村民的生活习惯和行为流线,判断不同生活环境与条件下的人对于室外空间的需求程度。

2)街道贴线率与界面密度

界面密度是分析街道界面在水平维度上的密集程度指标,已有的研究大部分为定性研究,对"界面密度"参数指标的定量研究主要有石峰在2005年对街道界面的量化描述:界面密度主要指街道一侧建筑面宽的投影总和与该段街道的长度之比。《效率与活力:现代城市街道结构》对该定义进行了细化:"街道一侧所有后退道路红线距离小于高度1/3的建筑面宽的投影总和与该段街道的长度之比。"[7]两者对指标的含义表述一致,只是计算范围有别,公式可以概括为

$$D = \sum_{i=1}^{n} W_i / L \qquad (公式 6\text{-}1)$$

其中,W_i 为第 i 段建筑的面宽投影;L 为街道总长度。

街道空间的形成有赖于界面的围合,若界面密度过低,则无法形成围合感,街道会显得消极而散漫,因此,维持较高的界面密度对于形成"好的街道"是十分必要的,中西方典型优秀街道案例的界面密度均达到70%以上。

周钰在《街道界面形态的量化研究》中对界面密度的影响因素进行了分析,结论为:街道界面密度与街区建筑密度正相关,与街廓尺度负相关,街廓尺度通过街区建筑密度影响街道界面密度[6]。而街廓尺度又与整体的空间肌理相关,即街道宽度、密度、高宽比等,因此界面密度间接地与整个空间形态要素系统建立了联系。

单独凭借界面密度指标对于传统乡村聚落这类空间的独特性表达作用并不明显,单独使用贴线率进行描述也不够准确,但结合界面密度、贴线率两项指标就可以对街道界面水平方向的变化规律进行描述,并且较容易表达传统乡村聚落在水平维度的三维空间特征(图6-3)。

图6-3 不同的界面密度造成的空间差异

3）建筑走向、屋面坡向

传统乡村聚落在形成初期的一项重要功能就是防御,大部分传统聚落都表现出较强的向心性或肌理结构,尤其在地形复杂或崎岖、自然条件不利于聚居的地区,防御功能是村落首先应具备的基本性能之一。福建地区的土楼是最极端的案例之一,将聚落以建筑的形式聚集,建筑本身也呈最简洁的几何形;山西、陕西等地的堡寨,外部边界为矩形或方形,内部建筑布局排列也十分规整;平原地区的聚落对外来侵略的防御抵挡功能较弱,呈现较为舒展的形态,但仍与环境之间保持对话,顺应地形、顺应建设轴线,或对于其他要素保持防御姿态。发展至现代的传统村落,尤其是平原地带的村落已不再需要明确的防御功能,自由度大幅上升,也带来了新的空间解读。

随着时间推移,改建房屋的自由布局程度愈发提高,原本的向心、轴线结构或强肌理被不断打散,从最初村落具有整体的走向、轴向,减少到片区存在隐约可寻的轴线或界面,到现在完全零散的独栋"洋楼"。结合贴线率可以看出,房屋与街巷的顺应关系也在逐渐消失,村民在宅基地内按照自己的意图进行改造,尽管宅基地是整齐排列、均匀切分的,虚实空间关系却失去了规律。

一方面,突然调整的屋面坡向可能暗示着该房屋的建设时间与其他房屋不同,或者建筑类型、功能方面的差异,有助于快速识别群体中的异质,进而帮助梳理分析村落的发展脉络,甚至复原村落曾经的整体空间结构;另一方面,在新建建筑形态控制方面,可根据建成环境中的房屋布局规律,决定新建房屋适宜的尺度、坡向,甚至材质、风貌。

6.2.3 指标关系

对于反馈系统的上述指标均不采用绝对价值评判,而采用相对值比较,即不评价"好的地块形态""好的街巷空间"需要符合的指标和数据,而是对各个传统村落的各项指标进行测算归纳,形成最适合该村落自身的指标体系,以众数值、中数值、平均值等作为有意义的数值参照标准,对后期的建设调整提出反馈。即便存在普遍规律,也是在多个村落形态案例总结之后可能做出的结论。

将街巷界面形态的定性表述转化为有据可循的定量描述,并以简明的算法落实到地块层面,以指导街区内的建筑更新。在更新过程中,建筑的沿街界面形式能够不再依据"是否与历史风貌相协调""是否延续了村落应有的形态肌理"等含糊的人为主观判断,而是根据可量化方法分析得到相对更客观的结论作为设计指导,既不是武断地完全复制已有建筑,也不放任随意发挥,而是在遵循波动规律的基础上赋予其一定的自生长空间,便于资源整合和设计创新,真正实现"循序渐进,有机更新"的目的;方式也不以结果为导向,而是以过程性控制为目标,以一种研究方法及技术手段在保护规划的编制过程中运用,而不直接体现在作为结果的规划文本中,能够让规划实施过程中涉及的各主体如政府官员、村民(建设方)、社会团体或开发商等更容易理解量化后的理论,而不是站在各自的角度与立场寻找利益最大化的解决方案。

6.3 形态反馈系统

6.3.1 反馈机制

从性能化规划技术引入的流程图中可见,性能合集的三大落点为街巷、地块和建筑,去掉微观尺度的建筑及其所对应的两项规划目标(建筑结构安全和室内物理环境),剩余的四个目标以街巷和地块为载体。在三个工作对象——交通、管线、格局中,管线依托街巷布线,与交通路径叠合,整理后基本呈现"一对一"的关系:交通对应街巷,格局对应地块;交通对应性能,格局对应形态;它们是聚落中的线—面要素,也是空间结构四要素中的核心。基于此,以街巷网络—地块格局进行性能化规划具有一定的可行性和可操作性。

作为传统聚落中唯一的线性要素,街巷对整体空间的提领作用十分突出,对其他系统的协同和补充也是其非常重要的功能;地块作为村落中数量最多、符合中观尺度的面状单元,是承托村落空间肌理的"模块",与街巷形成被切分与切分的主客体关系,这是选择两者作为传统乡村聚落性能化提升规划核心工作对象的主要原因,从这两个系统入手能够快速地掌握村落结构,同时消除弊端与改善不足,获得立竿见影的效果。从性能指标来看,街巷在性能和形态两方面的效用相当,既迫切需要提升容量和可达性,又能够对空间形态的体量和肌理进行表达与限定。这也意味着提升容量和可达性的规划成果会改变空间体量和肌理,保存空间形态会阻碍性能提升进程,因此,需要借助地块的"力量"来制衡性能提升的节奏,始终确保形态演进符合当下的语境和要求。地块在性能方面基本没有太大的提升需求,却是形态的有力表达者,它是中观结构的主体,上承宏观层面的片区结构,下启微观的民居宅院组织,几乎村落中所有类型的空间操作都会在地块层面有所呈现,因此,地块是理想的陈述与反馈主体。

在传统乡村聚落的发展历史性特征中,新旧建筑受到当时的建设风格和思想所影响,最明显的变化之一就是地块尺寸的调整。旧时以聚居习俗为准则,街巷狭窄、地块细碎、房屋低矮,而近年乡村建设逐渐向城镇化风格"学习",道路宽阔、地块方整、房屋齐整且体量增大,在传统村落中形成两种差异明显的二维肌理,无论位于相对独立的新建区,还是穿插在传统区,都显露出截然不同的面貌。虽然不能将新建肌理视为完全错误的做法,但其与传统肌理仍有一定距离,若以保持传统性优先为原则,那么,新建单元必须以传统形态结构为参照和规则,延续传统肌理和尺度,尽量不突破原有的限度。

形态指标大致可以分为两类，即表达容量和表述结构，分别对应总量控制和布局引导。容量反馈与结构反馈是同时进行的，当对交通网络进行调整后，性能改变和形态改变同时发生。容量反馈主要由二维数据和三维单一数据（可直接获得的数据）承担，主要限定了地块和建筑的基本属性——边长、面积、比例等，能表示数值而不表示关系；结构反馈需要完成一次转换，通过三维数据表达改变前后的差异，各地块的建筑覆盖率、容积率、沿街界面的尺度等表达的是关系，利用地块与街巷的相关性，将地块内部及界面出现改变而引发的问题通过街巷调整得以缓解或消除。在上述各形态要素的相关性建立以后，对于乡村中的各种建设行为便可做出一定程度的反馈。

村落的街巷网络首先根据机动容量、步行网络可达性、联系可达性、街巷均匀度等的现状数据提出修改意向，包括增减出入口、增减街道步行道、增加停车场、移位现有设施等；地块格局根据面积、边长、容积率、覆盖率、建筑高度、贴线率与界面密度等现状众数提出控制范围，调整地块大小、控制地块内的建筑密度及布局、沿街建筑高度、控制贴线率等。其中会产生矛盾的内容有：(1) 增加街道会将地块切分得更零碎，但合并零碎地块会减少街道数量所带来的不便；(2) 现状小地块的容积率等指标对扩建片区的地块指标限定并不一定符合传统性要求，"合理性灵活"的体现反而制约了村落的发展。因此，需要在形态控制方面给出明确限定，再选择性能提升的方案。

路网规划会对地块进行再切分和调整，会改变地块大小和比例，进而改变地块内部的三维指标，反馈机制便开始自动响应。在二维层面，按照系统容量的性能要求计算、确定新增街巷的属性、宽度，位置首先根据已有地块的尺寸数据（面积、边长、比例）进行第一次反馈，删除切分地块尺度过大或过小的选项；再根据可达性和均匀度的阈值范围筛选其中改善效果最明显的路径以及步行路网衔接最便捷的方案，作为第二次反馈后的备选结果。直接对地块产生作用的与地块同层级的街巷网络和下一级别的宅基地单元都在改建中不同限度地改变了形态的二维属性，地块容积率、房屋占地面积、房屋体量等都是形态容量改变的指标，因此都可作为反馈主体参与反馈过程。除了平面图底关系的改变，对人的感知产生影响的诸要素也是反馈主体。但其不仅反馈容量，而且在一定程度上表征了结构，例如突然变宽的路面，不仅反映道路宽度的变化，而且间接说明地块的空间尺度出现了变化，可能伴随着两侧建筑高度或占地面积的增加。

6.3.2 反馈的主观能动性：建筑群体的组合

传统乡村聚落特有的两个反馈指标——宅院率和街道贴线率＋界面密度——更多的是从建筑单体的角度出发，在保存建筑风貌特征的同时，自下而上地影响地块的形态。与之前的反馈内容相比，可视为具有主观能动的反馈行为,因为反馈主体是人,是源于人的自发建设,从最小单元影响上层结构,更多落实到地块内部的空间整理上,而不太受到地块外部和对外关系的影响。

居住在村落中的村民虽然确实有向城市生活水平看齐的愿望,但长期的乡村生活和世代传承的风俗文化使他们同时保留有当地的大部分生活习惯,并不能完全与城市居民等同,生活模式也不会被城市居住模式所取代。调查问卷的结论也显示,即使在改建房屋时,大部分村民并不接纳将城市生活快速、独立、紧张的特点植入乡村,仍然愿意选择与原来的生活流线和模式节奏相近的方式,但会在建筑材料和形式上有所改良,例如给内院加顶变为室内空间或车库,或者将生活空间和工作空间合并分层布局;有的村民依旧不习惯住在多层住宅内,偏爱将客厅、卧室布置在一层;有的村民完全按照原有房屋的布局改建,只是更换了结构和材料,将木屋改为框架结构。毫无疑问,这种改建的结果仍然是消极的,尽管初衷是保留乡村的某些重要特质,但从物质空间角度来看,仍然改变了地块的容量和结构以及街巷中的人的感受。其实,这种改建是可以人为控制的,也给地块的结构调整提供了一条可能的路径——主观反馈。

除了特有指标外,地块的结构指标都适用于建筑组合的反馈。地块容积率、建筑密度、建筑高度、建筑占地面积等是将每栋民居视为独立对象进行的数值协调,对以地块为单位的计量方式来说仍有浮动空间,不需要每栋民宅都达标,只要平均值满足条件即可。在街巷调整的备选方案较局限时,可以利用地块内部的自身调整作为补充方案,对地块内新建、改建建筑进行控制以满足地块的结构要求,可视之为对性能提升的一种补充。

6.4 基于地块格局反馈的两种路径操作

对于传统乡村聚落中的街巷操作主要有两种——选择和修改,即在现有的路径中进行选择满足要求的最优解,或者根据新增的需求进行路径调整——增加、减少、移位。从性能提升的角度来说,选择路径是被动操作,但对街巷格局和地块形态的影响很小,是有效规避形态不良或劣质响应的方法;但被动选择有时会无解,必须采取主动调整,对于街巷格局和地块形态是一种主动挑战,因此需要接受更多形态的反馈与限制,在有限结果中比选最优方案。

6.4.1 存量路径选择——弱反馈

传统村落路径选择的公共标准主要有时间、距离和成本,需求陈述为最快路径、最短路径和成本最低路径。尽管还存在其他的选择标准,例如最舒适路径、最安全路径等,但舒适度、安全性涉及诸多主观因素不易客观量化;各人根据自己的出行计划制订的路线无法穷举,无外乎节点之间的最短或最快路径的叠加组合;成本计算通常对于长距离或多程转换的路线更有意义,而传统村落中的出行方式种类并不多,出行成本的差异不大,可忽略不计。

根据最短路径树的算法,一个网络的最短、最快路径取决于如何定义出行"花费",它可以被赋予不同的含义,关键因素之一是出行时间,从网络的角度来说就是所走路径上花费的所有时间之和,既可以以距离为单位,也可以以距离/速度为单位,主要取决于搜索路径的类型。采用最短路径树的方式,可以在任一节点选择最短或最快路径,因而能够快速简便地解决二次路径选择问题。

最短路径是所有网络分析中最基本最重要的计算,在传统村落规模和街道数量均有限的情况下,可以简化计算方法。因其只包含一个变量——距离,即使过程中有交通工具的改变,但始终以距离最短为原则,将整个路径以节点切分为多个移动单元片段,各单元最小值之和即最短路径。最短路径采用迪杰斯特拉(Dijkstra)算法,计算某一节点到其他所有节点的最短路径,以起始点为中心向外层层扩展,直到扩展到终点为止。

相比之下,最快路径略为复杂,看似是对时间的要求,实际上与距离、速度、拥堵情况皆有关。若整个移动过程中人的交通工具不变且无拥堵,那么最快路径=最短路径;如果有转换,那么速度差异、换乘时间和拥堵情况都对路径的实际效率有所影响。以赋权重值的方式对每条街道的属性和等级完成配置更为简便。除了花费在路线上的行驶时间,起点和终点的步行时间、转换时间、等候时间等统称为车外性能指标,在传统村落中,车外性能因素有以下两点:

(1)步行时间。虽然村民的日常交通方式以步行为主,但仍需要确定人的期望步行时间,即人愿意步行多长的距离到达车站或目的地,若远超出预期,则此路线被选的可能性就大大降低。这一数值与村落的规模有关,人的心理预期时间随规模变大而加长,经验值为步行400—800 m,即5—10分钟。

(2)等候时间。根据函数模型的假设,若公交车均匀、准时到达且间距较小,平均等候时间通常等于车头间距的50%左右;但我国目前村际公共交通普遍的效率和载运量是远不能满足需求的,间隔时间较长的村际公交车,村民只能根据车辆到达时刻反推计划他们到达车站的时间,这造成了乘坐公交车存在特殊时间节点和瞬时流量,不能作为大运量、密集、通勤的公共资源。但在现阶段的广大农村,无论从成本还是从工具考虑,长距离出行仍然需要依靠公共交通,因此,等候时间和步行时间是重要的变量和影响因素。

若车外性能良好——步行距离在本人可接受范围内(例如从家走到车库、停车场),或乘坐公交车的等候时间已计划好——那么一般连贯的出行所需时间就可以计算,以采用的交通工具类型切分移动单元,将各单元的移动时间相加最小值为最快路径。例如某人从家步行到停车场开车去市区,就可以分解为步行段+汽车村内段+汽车村际段。速度是一个可控变量,而拥堵是不可控变量,有三种解决方案:(1)提前规避堵点和拥堵段规划路线;(2)在堵点重新选择路线;(3)不改变路线,等待堵点疏通。虽然这些都可以通过计算得到准确数值,但三种方案各有利弊,仍然存在比较和选择的可能性和主观选择的不确定性。

存量路径选择并不需要地块参与反馈,是在已有的路径中选择最优解,但在选择过程中可以帮助寻找修改路径的节点,这是其成为弱反馈的原因。单段距离过长和出现拥堵节点的路段是增加路径的高频/最佳备选段,增加路径的属性和宽度需结合两端节点的层级进行设置。

6.4.2 弱反馈操作

最短路径与最快路径的算法描述:假设 $G=(V, E)$ 是一个带权有向图,把顶点集合 V 分成两组,第一组为已求出最短路径的顶点集合(用 S 表示,初始时 S 中只有一个源点,以后每求得一条最短路径,就将加入集合 S 中,直到全部顶点都加入 S 中算法就结束)。第二组为其余未确定最短路径的顶点集合(用 U 表示),按最短路径长度的递增次序依次把第二组的顶点加入 S 中。在加入的过程中,总保持从源点 v 到 S 中各顶点的最短路径长度不大于从源点 v 到 U 中任何顶点的最短路径长度。此外,每个顶点对应一个距离,S 中顶点的距离就是从 v 到此顶点的最短路径长度,U 中顶点的距离是从 v 到此顶点(只包括 S 中的顶点为中间点)的当前最短路径长度(图 6-4)。

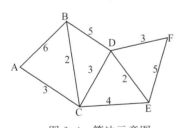

图 6-4 算法示意图

注:图中数字表示任意两点间的距离,单位为米(m)。图 6-5 至图 6-8 同。

算法步骤分为三步:步骤一,初始时,S 只包含源点,即 $S=\{v\}$,v 的距离为 0;U 包含除 v 外的其他顶点,即 $U=\{$其余顶点$\}$。步骤二,从 U 中选取一个距离 v 最小的顶点 k,把 k 加入 S 中(选定的距离就是 v 到 k 的最短路径长度)。步骤三,以 k 为新考虑的中间点,修改 U 中各顶点的距离;若从源点 v 到顶点 u 的距离(经过顶点 k)比原来距离(不经过顶点 k)短,则修改顶点 u 的距离值,修改后的距离值为顶点 k 的距离加上边长的权值。重复步骤二、步骤三直到所有顶点都包含在集合 S 中,算法结束。

如图 6-5 所示,居住在 333 号的村民先到 77 号买菜,再到 96 号买豆腐,然后去 194 号信用社取钱,最后回家。整个活动可分为四段:家—市场,市场—豆腐店,豆腐店—信用社,信用社—家。最短路径即为 333 号—d—S—77 号,77 号—S—96 号,96 号—194 号,194 号—S—d—333 号,故最短路径的总距离为 1 384 m(图 6-5)。

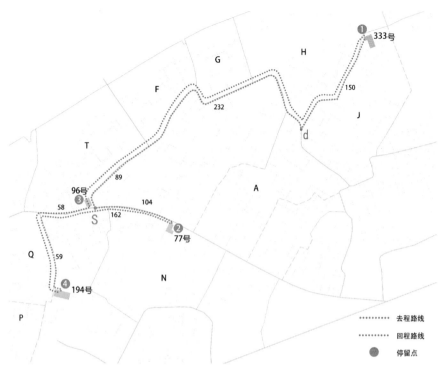

序号	路段名	距离（m）
1	333-77 号	575
2	77-96 号	104
3	96-194 号	117
4	194-333 号	588
合计		1 384

图 6-5　最短路径示意图

6.4.3　增量路径调整——强反馈

随着聚落规模的缓慢扩大、交通方式的日益多元、人们诉求的多目标化,存量道路最终不能满足容量需求,必须通过增加道路来缓解通行压力,疏解流量。位于聚落内部中心位置的地块与街巷之间的关系相比外围区域更稳定,经过长时间的整合与磨合,形态和性能都处于相对平衡状态,愈靠近中心,结构愈简单稳定,平衡状态愈不易被打破;而边缘区域通常处于变化中,呈现更多的碎片化和不对应性,在不断的建设调整中顺应或打破宏观结构,逐渐重新建立相吻合的关系,因而外围靠近边界的区域是增加道路的主要区域。

增量路径的调整包括新增道路、减少道路和道路移位。

（1）新增道路:传统村落中最常见的公共建设之一,是路径调整的主要内容。在新增道路的过程中,性能提升和形态保存分别作为目的和底线,增加道路既为了满足机动容量和网络可达的功能需求,也是维护空间形态的过程,两者缺一不可。路径调整的出发点是性能,是否新增道路取决于之前的适应性和可达性分析结果,在哪里增加则需要结合地块形态进行比选。

新增道路与现存道路选择的方法类似,不同之处在于最短路线的判断指标是距离,而新增道路的要求是基于街巷网络的可达性、适应性、双密度,以及划分后新地块的边长、面积、容积率、建筑分散度等空间形态指标。因此,可将其视作迪杰斯特拉(Dijkstra)算法的变化升级版,将单项指标改为指标组。

规划步骤为四步:① 计算村落整体的机动容量和网络可达性等一系列指标数据,寻找最需要改善的地段范围作为改善对象;② 分别测算各备选区的适应性和网络性,找到性能最弱的片区,并基本确定加入道路的属性、方向、长度、宽度等阈值区间,在形态控制方面,通过线密度、面密度、界面高宽比、贴线率等一系列指标计算归纳出村落整体与局部的形态共性特征;③ 根据容量和可达性计算提出多组新增道路规划方案,在需要改善的片区或地块结合现有建筑布局,在可能插入街道的(多个)位置逐一模拟规划道路,以地块形态数据阈值作为反馈评判标准,删除不能满足要求的路线方案;④ 再次测算适应性和网络性,若满足要求,则为合理路线,若不满足要求,重新评价其他可选道路,直至出现同时满足要求的路线。这一工作流程包含以下几层含义:

① 选线过程是以性能为导向的,解决问题的主线仍然是提升性能。新增道路是解决性能问题而非改善形态,因此,路径作为迭代变量,不断由旧值递推出新值。

② 形态控制是前提。迭代计算的三个重要因素之一就是对迭代过程进行控制,迭代过程不能无休止地重复执行下去,何时结束迭代过程是需要控制的,当所需的迭代次数是个确定的值时,可以计算出来;当所需的迭代次数无法确定时,需要进一步分析结束迭代过程的条件,只能依据结论——既满足形态控制的条件,也满足性能需求——确定。

(2) 减少道路:传统村落中基本没有刻意减少道路的行为。在传统村落中,除了机动车道,其他街巷都是在长期使用中逐渐定型的。起初,由牲口拉车和人的步行确定了路线和方向,人们建房时遵守自己的宅基地边界不占用公共路面确定了路面的宽度,经济条件改善后从泥土路改为铺装路面,旧路消失和新路出现同理,长期无人经过的道路会自然地被改为他用,不需要刻意取消。

(3) 道路移位:移位过程可以理解为减少一条道路,重新增加一条,但不同的是,移位需要明确移位的原因和移动的距离。其原因主要有两种:性能不足,对改善适应性或构建网络性的积极作用太小,需要选择更便捷、更合理、使用者更多的路径;对形态有影响,打破了地块原有的肌理。但是,减少道路容易,选择更合理的位置增加却需要专业指导。另外,移位不能超过一定的距离范围,即不能改变被移道路在网络中的节点位置及其与其他道路之间的拓扑关系,拓扑关系一旦改变,整个网络的适应性与可达性也随之改变。

6.4.4 强反馈操作

新增道路搜索:

仍以上述路线为例,在村民长期的出行选择路径过程中发现,d-77号段和77-194号段过于迂回,若能增加直线距离的步行道,便能有效缩短时间。因此,意向在A地块和Q地块分别增加步行巷道,以缩短两段行进路线的距离及花费的时间。

对于A地块,在需要改善的片区目前共有8个缺口A至H(图6-6),能够连通的节点只有6个。根据地块形状,结合改善需求,必须从A、B点向E、F、G、H连通路径,故筛选符合条件的穿越地块的路径有8条;由于H点距离目的地市场较远,第二轮被删除,剩余路径6条作为备选路线。对6条路线进行长度计算比较,最终决定A-F/E为该村民应选的最佳路线(两点距离相等)。

图6-6 A地块选线示意图

对于 Q 地块,在需要改善的片区目前共有 5 个缺口 J 至 N(图 6-7),能够连通的节点只有 4 个。由于 Q 地块本身不闭合,没有固定的连通方向,故符合条件的路径共有 5 条。根据长度比较,该村民现选择的路线已经是最短路线。增加步行道后,刚才的路线可以得到优化,路程有所减少(图 6-8)。

但对于整个地块而言,新增道路并不是为了改善某一次出行体验,而是对无数移动方案进行整体优化,提高距离与花费的平均水平,因此筛选条件更多。例如 A 地块,A-F 和 A-E 相对于菜场是等距,但对于整个地块来说,F 优于 E 点;另外,虽然 A-G 路线较长,但 G 在地块边界的位置决定了该点仍然是合适的增路节点,可寻找其他连通路径。因此,新增道路的答案可能是多解,但选择方法类似。

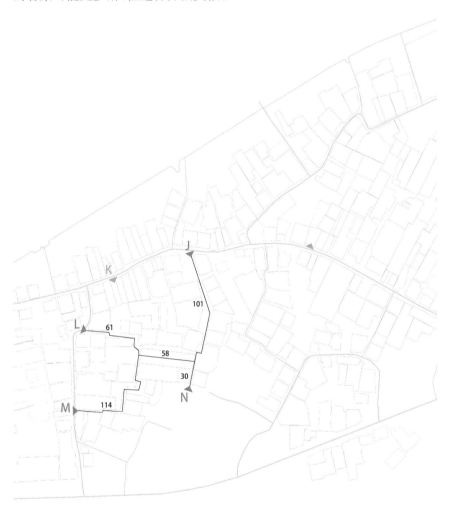

图 6-7 Q 地块选线示意图

序号	路段名	距离(m)
1	333-77 号	322
2	77-96 号	104
3	96-194 号	117
4	194-333 号	543
合计		1 086

图 6-8　增加道路后的最短路径示意图

第 6 章注释

① 博特马(Bottema)独立开发软件鲁戈塞尔(Rugoxel,粗糙度像素)将城市矢量地图划
分为 150 m×150 m 的网格切片用于分析,拉蒂(Ratti)用图像处理技术将城市数字
高程模型(DEM)切分为 400 m×400 m 切片。

②《深圳市罗湖区分区规划(1998—2010)》中首次出现该词,之后《宁波市街道结构设
计导则》(2005 年)、《天津市解放北路金融城城市设计导则》(2007 年)等规划中出现
相关表述。

第6章参考文献

[1] 丁沃沃,胡友培,窦平平. 城市形态与城市微气候的关联性研究[J].建筑学报, 2012(7):16-21.

[2] 沈萍. 街廓形态的几何分析:以南京为例[D]. 南京:南京大学,2011:9.

[3] 曹曙. 地块尺度及用地边界对城市形态的影响[C]//中国城市规划学会. 和谐城市规划:2007 中国城市规划年会论文集. 哈尔滨,2007:870-873.

[4] 谭文勇,阎波."图底关系理论"的再认识[J]. 重庆建筑大学学报,2006,28 (2):28-32.

[5] 苏根成,魏钟林,巴特尔,等.地籍数据库在杭锦旗锡尼镇建筑密度与容积率分析中的应用[J].干旱区资源与环境,1999(S1):95-98.

[6] 周钰. 街道界面形态的量化研究[D]. 天津:天津大学,2012:38,77-78.

[7] 沈磊,孙宏刚.效率与活力:现代城市街道结构[M].北京:中国建筑工业出版社, 2007:161.

第6章图表来源

图 6-1 源自:曹曙. 地块尺度及用地边界对城市形态的影响[C]//中国城市规划学会. 和谐城市规划:2007 中国城市规划年会论文集. 哈尔滨,2007:870-873.

图 6-2 源自:周钰. 街道界面形态规划控制之"贴线率"探讨[J]. 城市规划,2016,40 (8):25-29,35.

图 6-3 源自:笔者拍摄.

图 6-4 源自:百度文库.

图 6-5 至图 6-8 源自:笔者绘制.

表 6-1 源自:沈萍.街廓形态的几何分析:以南京为例[D].南京:南京大学,2011.

7 实证研究:武夷山九曲溪上游村庄保护规划——以曹墩村为例

7.1 案例背景及村落形态分析

2012年,福州大学邀请东南大学王建国教授团队对武夷山自然保护区内的九曲溪上游多个村庄进行环境整治规划,这为笔者的实证研究提供了切题的实践对象。规划初衷是为了解决近年来上游诸村在完成产业升级转型的过程中所产生的两大"副产品"——环境污染、房屋违建,但在多次入户调研和规划逐步展开后,工作团队与笔者认为,村庄未来的发展路径存在更多的选择和可能性。

武夷山位于福建省的西北部,与江西省、浙江省的交界处。武夷山脉的北段东南麓总面积达999.75 km²,是我国的著名风景名胜区和避暑胜地,也是福建第一名山。清康熙三十八年(1699年),美国人贾明法姆(Jcaminfham)首次进入武夷山桐木村一带采集植物标本,1845年英、法等国生物学家开始入区采集标本,使其在国际上引起轰动;1979年成立武夷山国家级重点自然保护区,1987年它被联合国教科文组织接纳为世界生物圈保护区,1992年它被《中国生物多样性保护现状评估》确认为具有全球保护意义的A级保护区;1999年12月被联合国教科文组织评为世界自然与人文双重遗产地,是我国仅有的一个既是世界生物圈保护区又是世界双遗产保留地的保护区,也是全球同纬度地区保护最好、物种最丰富的生态系统[①]。根据区内资源的不同特征,整个保护区被划分为西部生物多样性保护区、中部九曲溪生态保护区、东部自然与文化景观保护区、古汉城遗址保护区四个保护区及缓冲区(图7-1)。核心区面积为63 575 hm²,次核心区面积为36 400 hm²,外围保护缓冲区面积为27 888 hm²。整个自然保护区占地56 527.4 hm²,森林覆盖率为96%。

自然保护区主要通过九曲溪水路串联起各个子区域,九曲溪源于自然保护区的黄岗山,细流穿峡汇成溪流,全长62.8 km。从武夷山市星村镇到武夷宫的溪段属于风景名胜区,顺流汇入崇阳溪,长9.5 km。两岸"移舟换景",分布有众多书堂、碑林、禅寺、道观、洞穴、悬棺等各种人文遗产。

早在新石器时期,古越人就已在此生活,经过数千年的儒释道文化洗

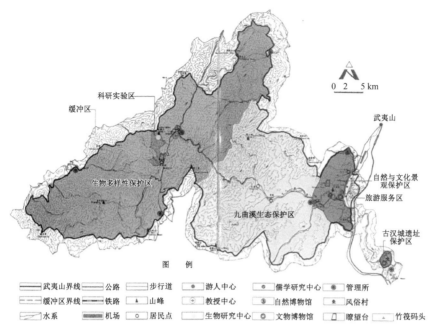

图7-1　武夷山双遗产保护区范围

礼,在漫长的磨合中相互取长补短,留下了现今的儒、道、佛三教同山、长期并存的现象,相安互融的文化格局使武夷山成为独特的"三教合一"复合型文化名山。茶文化在此地域的发展与传播也深受三教思想的影响。汉初有吴理真云游至武夷山种植茶苗,唐代吕纯阳在天游观种植茶树,是现今武夷岩茶(大红袍)的始祖。同时,得天独厚的种植环境使武夷山地区传承了千年的采茶、制茶传统工艺逐渐被发掘并成为武夷山的"文化名片"。在良好的文化历史氛围和产业环境中,武夷山地区的茶产业成为当地的支柱产业之一,其中,大红袍为乌龙茶中极品,为"中国十大名茶之一",以大红袍为主的岩茶正是发源于星村镇并发扬光大;产于星村镇桐木关的正山小种红茶是世界上最早的红茶,于17世纪传向欧洲,被选为英国皇家红茶,是当时中国茶的象征,现在又衍生出金骏眉、银骏眉等优质品种。由此可见,星村镇的茶叶产业发展迅速并具有巨大潜力。

7.1.1　村落概述

1) 地理位置

星村镇位于武夷山市西南方18 km,是武夷山市下属的重要乡镇,地处武夷山国家级风景名胜区和国家级自然保护区之内,同时位于武夷山世界自然与文化"双遗地"核心区,镇域面积为686.7 km²。星村镇辖15个行政村,总人口为2.6万人,其中桐木村位于保护区内,7个位于九曲溪的上游,通往自然生态保护区,6个位于下游,通往景区。星村镇重点发展茶、旅、烟、竹产业,作为中国乌龙茶和红茶的发源地,有"武夷岩茶第一镇"之称,全镇茶山面积约为 3 500 hm²,大小茶厂 1 000 多家①。曹墩村隶属星村镇辖区范围,位于九曲溪上游中段七个村庄中的核心位置,古称"平川府",介于保护区与风景区的交界地带,与星村镇区相距约 8 km,东邻黄村村,西接红星村,南抵朝阳村、洲头村(图 7-2)。

曹墩村因南宋理学家朱熹游九曲写下一首脍炙人口的《九曲棹歌》而闻名,其末段云:"九曲将穷眼豁然,桑麻雨露见平川,渔郎更觅桃源路,除是人间别有天。"曹墩也因此得名"平川"。村落依山傍水,四面环山,"云山环绕双溪绿"的前溪与后溪夹村穿过,将全村分为南北两部分,北部以山体为主,最高峰约为 100 m;南部为农村居民点和官印山,村庄居民点地势平坦。2 000 亩(1 亩≈666.7 m²)水田围绕着村落,风水谓之船形,村落东西

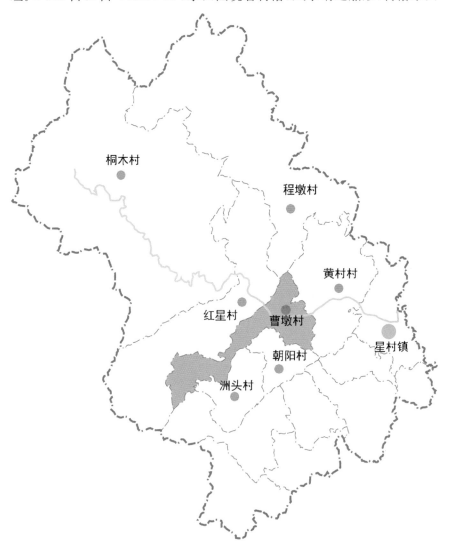

图 7-2　星村镇及九曲溪上游七个村庄位置分布图

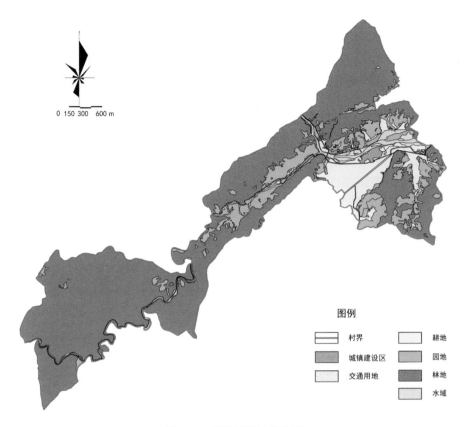

图例

▭ 村界		▭ 耕地	
▭ 城镇建设区		▭ 园地	
▭ 交通用地		▭ 林地	
		▭ 水域	

图 7-3　曹墩村用地现状图

两侧有金狮山与白塔山对峙。全村面积约为 300 hm²,顺应九曲溪走势呈长条状,其中 70% 为林地,其余为耕地、茶叶和烟叶种植地。村民集中居住点位于村域东端的九曲溪南岸,紧靠溪水(图 7-3)。村内建设用地为 18 hm²,占总面积的 0.6%,共容纳约 400 户居民。村内常住人口约为 1 750 人,近年来增长平稳,其中从业人口为 900 人,约 600 人从事茶叶类、300 人从事粮食耕种。

2)历史沿革与经济发展

曹墩村历史悠久,盛唐时期居住着施、曹、安、夏四大家族;清乾隆年间(1736—1795 年)遭遇洪水灾害,田园房屋毁坏,多人淹死;民国十四年(1925 年),村内遭土匪抢劫,半条街被烧;20 世纪 30 年代由于战争影响,饥荒、瘟疫流行,曹墩人口急剧下降,一度只剩下 16 人;中华人民共和国成立后,由于曹墩村自然资源丰富,土壤肥沃,浙江、江西、福建惠安等各地移民蜂拥而至,村庄日益繁荣。

曹墩村产业结构相对单一,村民数百年来以从事种茶、制茶工作为主,目前全村 70% 的收入来自种茶、制茶业。其得天独厚的自然环境和制茶工艺使得茶叶品质好于其他村,并已形成了成熟的产业链。如今曹墩人在制茶上不仅继承传统工艺,而且不断创新,经济领跑全镇。截至 2011 年,年人均收入为 6 500 元,其中茶叶年人均收入为 4 500 元,约占年人均收入的 70%,而农林业和旅游业所带来的年收入甚微。

3)主要发展矛盾

由于武夷山脉的部分山体位于保护区内,部分位于缓冲区内,部分位于景区内,因此,整个区域内的保护力度处于不同程度、水平与标准。同样,武夷山多个乡镇管辖的众多村落散布在整个保护区内,受到来自多方面的影响,面临复杂而尴尬的局面。目前,曹墩村的主要发展矛盾可概括为以下几点:

(1)村庄缺乏活力,人口结构老化严重。目前村落以居住、农业功能为主,后续发展缺乏相关服务业支撑。年龄结构呈现老龄化趋势,45 岁以上人口占总人口数的 70%。

(2)公共设施配套落后,整体环境质量偏低。村内的大部分村民居住条件仍然较差,建筑风貌不协调,有条件自建的家庭因私自改建引发的问题严重;村内行车、停车及路面铺设条件较差;市政配套不足,缺少环卫设施;电路架空明线敷设,线路复杂,影响村貌;公共空间、公共设施、公共绿地均严重缺乏。

(3)历史遗存保护力度有待进一步提高。对具有活态的茶叶种植及制作技艺,其传承与挖掘工作有待加强;文物保护单位需要改善展示环境和方式,缺少环境整理和管理。

(4)保护更新运作实施难度较大。由政府、开发商、专家和村民共同参与的保护更新如何实现各方利益平衡与共赢一直是运作层面的难题。政府以地区发展和社会稳定为主要目标,专家侧重保护和传承历史文化脉络,开发商诉求合理的利益回报,村民重视环境和设施的改善,四类工作的融合度基本决定了未来村落发展的容量和势态。

目前,茶产业已经成为星村镇乃至整个武夷山地区的领头产业,2000年以来,各村各户都以茶苗培育、茶树种植、茶叶采摘、加工销售为主要谋生手段,甚至抛弃了农耕、林业、渔业养殖等传统农业。尽管村民的收入大幅提高,但无形中增加了很多隐患。茶产业与农林牧副渔业的最大差异在于,茶叶种植对自然环境尤其是山地土质有很大的影响,造成了大量的土地低效利用和严重的水土流失。除了基本农田和公益林以外,其他可改造耕地均被村民改为茶地,并仍有日益扩大的趋势,很多村民将自家的农田置换为茶地,山顶原本栽植防护林的林地也被偷改为茶地。大量同级别商品的生产必然造成恶性竞争。仅星村镇就有大小茶厂企业几千家,而产品皆处于产业链底端,停留在粗茶加工与销售阶段,这在不久的将来必然成为整个产业发展的一大桎梏。而村民普遍满足于小富即安的状态,目前可见的发展仅限于零散茶地的收购合并和企业规模的扩大,缺少产业纵深方向的发展。

武夷山星村镇曹墩村没有自然村,村民集中居住,建设用地"先天不足",由于茶叶家庭作坊过多,茶厂扩大规模引发的职住分离导致很多小型家庭茶厂出现了分房的需求,这一需求加剧了用地不足的紧迫性,原本可以通过房屋自身缓慢的"新陈代谢"得以解决的问题一夜之间成为很多村民迫在眉睫的需求。很多村民在没有审批手续和专业指导的情况下,自主占用公共空地加建多层住宅,或拆除旧房改建新房,破坏了原有的村落形态与风貌,加大了异质性,不利于文化风俗的传承。同时,产业升级首先带来的交通出行模式改变凸显了村内的街道不成网、宽度过窄、停车数量不足等问题。

对于传统乡村聚落,其所处的自然环境和村民世代传承的生产、生活习俗无不渗透在村落的河道、街巷、建筑中,并融为一体,对传统乡村聚落的研究和保护,实际上就是对其物质环境和文化空间的研究和保护,因此,传统乡村聚落保护的首要工作是明确自身的问题及其在地性和独特性,挖掘背后隐藏的原因,在此基础上寻求适应性的解决方法。

7.1.2 传统性分析

1) 在地性
(1) 宏观匹配度

武夷山市位于闽、浙、赣三省交界处,属于闽北地区,保留了福建"八山一水一分田"[②]的典型特征。地形以山地、丘陵为主,水少田少,村庄全部散布在山坳中的狭窄平坦地带。九曲溪上游的七个村落就是遵循九曲溪的流向和流域,在群山之间逐渐建设起来的一个个独立聚居点。

曹墩村最重要的外部自然要素是流经的九曲溪段,该段溪道平直,溪水平稳几乎没有落差,居民点集中位于溪南,即河曲凸岸汭位,符合古代居住选址的风水思想。从住址安全以及耕作经验上考虑选择"汭",皆因此位置利于交通、耕种、渔猎和居住安全。风水上认为这种地形是形胜,如果凸岸三角地带又恰好位于山南水北,便是"形胜"之极致。另一种判断依据是,首先,人横跨河,水从身后流向前方时,左手为河左,右手为河右,风水学认为"直水两岸,右为吉,左为凶",据此理论判断,曹墩村居民点位于河右侧,为吉位。其次,村落四面环山,北部山体作为后部靠山;南部官印山与村庄隔开一定距离,作为前部屏障,前低后高的整体自然格局也是古代选风水宝地的重要原则之一。

从产业发展的角度判断,曹墩村的地理位置也较为理想。种茶的必要要素包括茶山、茶苗、溪水,靠近山水自然资源成为发展茶产业的前提。事实也证明,在九曲溪上游除桐木村以外的剩余六个村庄中,三个深入山凹远离九曲溪几乎无法发展茶业,横跨溪水两侧的曹墩村、红星村和黄村村是制茶产业发展较好的三个村。其中红星村规模小人口少,所邻溪段更靠近上游狭窄曲折;黄村村虽然村域面积大但地势起伏明显,居民点过于零星分散,基本农田和基本林地几乎占据了所有的可用田地和植被区,没有空余土地用于种茶;曹墩村的居民点集中,紧邻宽阔的溪水,基本农田只占

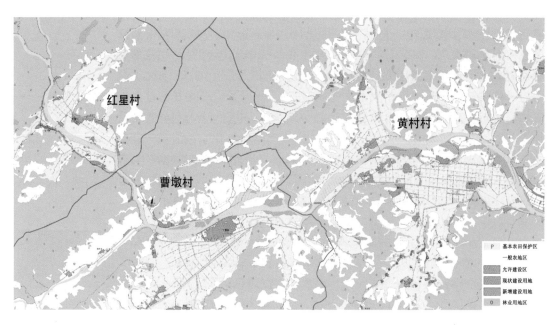

图 7-4　土地利用规划图中红星村、黄村村、曹墩村三个村与九曲溪的位置关系

30%左右,仍有可自由支配的农田和山地,因此,曹墩村的茶叶种植规模最大,质量是六个村庄中最好的,这也充分说明村落选址与产业发展之间存在必然的关联性(图7-4)。

(2)中观拓扑

村民居住点位于村域东端的南岸,星桐公路与九曲溪之间的狭长地带,东西两端是农田,中部为建设区。村庄的外形基本顺应九曲溪走势,呈带状分布且十分紧凑,因南北向的天然屏障,其纵深方向拓展空间十分有限,而东西两侧用地逐渐收缩变窄,因此,曹墩村的形态很难突破现有的界限。

曹墩村根据地块形态和土地使用情况大致可以分为四个片区:溪岸区、传统区、田埂区、茶厂区。四个片区的划分是结合九曲溪、农田分布、村内街道、产业布局等要素综合考虑的,也基本与机动车系统相呼应(图7-5)。村中最主要道路的方向为东南—西北,将村庄主体分为两大片,北侧靠近九曲溪岸的狭长地带为溪岸区,地块形态同时受到主街和溪水的限制,更多受到溪水走势的影响,靠街一侧贴线率高,越靠近堤岸越稀疏松散。为防止自然灾害,溪岸区的建筑与堤岸保持一定的安全距离,较为低矮通透,片区内保留有部分木屋;紧靠主街两侧是传统区,是土木房屋现存数量最多、改建率偏低的区域,房屋均垂直于主街呈鱼骨状,步行空间也由主街向内延伸出错综复杂的不规则巷道,宽度也参差不齐;村口石碑"茶村"以东为田埂区,是目前村内仅剩的一片与居住紧密相连的田地,是自然环境较好的片区,但由于用地宽松,房屋多已改建为洋楼式,对传统风貌有不小的冲击,靠近村口的一座大型茶厂"老记春城茶业"对乡村风貌的破坏较大;西端是新拓展区,正在不断聚集大中型茶厂规划统一管理的茶厂区。四个片区的功能定位和空间结构各不相同,但通过道路的衔接,片区之间的差异并不十分突兀。首先,片区交界的地块形态差异不大,更多地体现为相似性和过渡性,越远离交接界面各自特征越明显。例如U、T、F、G等地块的南侧贴线率都很高,界面齐整,对街巷空间的限定也较为准确,越靠近堤岸,贴线率越低,最终降至0;同样K、L、L1地块在石牌坊路的贴线率很高,但面对田埂一侧的贴线率也为0(图7-6,数据详见后表7-15)。这说明地块与周边地块"对话"时仍尽量呈现界面和谐的特征,内部则更多地体现自身的形态和功能,因此,整个村庄中部没有出现较为明显的地块空白或断裂,而在外围地区存在多个个性鲜明的未完成片区。

图 7-5　曹墩村居民点平面图

图 7-6a　U地块的高贴线率现状照片　　　　图 7-6b　L地块内的凌乱空地现状照片

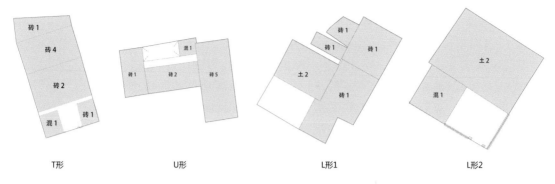

| T形 | U形 | L形1 | L形2 |

图 7-7　民居主要平面形式

（3）微观多样性

村庄内部建筑之间的组合是微观层面想要表达的在地性特征。为实现较高的围合性,村民房屋的组合主要有以下几种模式:多进无院落型、L形、U形、多进院落型等(图 7-7),都是由传统房屋改造而来。原有的单跨大屋部分损坏或坍塌后用新材料重新修建而来的就是多进无院落型,是多时期改造拼贴的结果。L形和 U 形是小院落常用的平面形式,将厨房、储藏室等附属功能布置在院落一隅,客厅和卧室布置在主屋内,这样既改善了环境卫生,又节省了改建成本。L 形院落的入口有两个方向可选,U 形院落则只有一个方向即开口一侧,将附属用房分开布置或增加更多的附属功能,因此选择 U 形院要考虑宅院入口与道路的关系。多进院落型则是较大宅基地常选择的平面形式,前端也是 L 形或 U 形入口院,中后段为多进院落或者部分结构坍塌后隔断形成院子,为室内提供通风与采光。

2）时间性

曹墩村的历史可以追溯到盛唐时期,清代至民国是发展的低谷,20 世纪 30 年代的战争导致人口急剧下降,直至新中国成立后才回到正常的发展轨道,得益于自然资源丰富、土地肥沃,周边地区的移民蜂拥而至,曹墩村才重新日益繁荣。因此,村内现存的大部分房屋都是新中国成立以后重新建设的,只有少量历史文物建筑遗存。《武夷山志》和相关文献中已经无法找到当时的历史地图或资料,只能根据村庄入户调研时对每户房屋建设年代的统计列出时间信息(表 7-1)。

表 7-1　各阶段建筑数量统计 I　　　　　　　　　　　　　（单位:栋）

时间段	现存	新建数	扩建/翻建数	减少数	土	木	砖	砖混
清代至民国	14	不可考	不可考	不可考	19	22	33	0
新中国成立后 至 1980 年	316	489	4	不可考	19+385	22+82	33+36	0+9
1980—2000 年	567	352	110	48	404−51	104−36	69+329	9+12
2000—2013 年	73	41	71	39	353−63	68	398+77	21+116
总计	970	—	—	—	290	68	475	137

全村目前共有建筑 970 栋,可分为四类:清代至民国时期、新中国成立后至 1980 年、1980 年至 2000 年和 2000—2013 年以后,分别为 14 栋、316 栋、567 栋和 73 栋,其中各时期的房屋数存在交叠情况,有些房屋经过了多轮翻建或扩建(归入最后一次建设的时间段)。

按照建筑主体结构的建造材料分为四类:土房现存 290 栋,木房现存 68 栋,砖房现有 475 栋,砖混房屋现有 137 栋(表 7-2)。其中,前两类已停止新建,现存土房大部分结构完整,质量尚可,满足居住要求;木房危旧房居多,大多是旧屋的剩余部分,已不能居住,只能作为库房或空置;砖房和砖混房屋多数建于 20 世纪 80 年代以后,质量较好;2010 年后新建的洋房别墅多为砖混或框架结构,材料与装饰风格都与传统房屋差异较大(图 7-8)。

表 7-2 现状建筑数量统计 (单位:栋)

建筑主体结构类型	总计数量	时间阶段	功能			质量			结构	
			居住	贮藏	空置	好	中	差	主体	附属
土	290	1900—1970 年	255(87.9%)	34(11.7%)	1(0.4%)	0	196(69%)	89(31%)	233(82%)	52(18%)
木	68	1920—1960 年	32(47.0%)	15(22.0%)	21(31.0%)	0	29(43%)	39(57%)	32(47%)	36(53%)
砖	475	1975 年至今	337(71.0%)	110(23.0%)	28(6.0%)	51(11%)	343(72%)	81(17%)	353(74%)	122(26%)
砖混	137	1986 年至今	125(91.0%)	12(9.0%)	0	103(75%)	25(18%)	9(7%)	130(95%)	7(5%)

第1代民房:木结构+夯土围墙

第1.5代民房:木结构+局部砖砌+夯土围墙

第1.5代民房:砖结构+局部木结构+夯土围墙

第2代民房:木结构+砖结构

第2代民房:砖结构+局部木结构

第2代民房:砖结构+局部夯土围墙

第3代民房:砖结构

第3.5代民房:砖结构+铝合金构件

第4代民房:砖混结构

图 7-8 四代民居材料与风貌照片

表 7-1 中所划分的四个时间阶段与曹墩村所经历的重要历史事件基本一致。乌龙茶起源于福建,始于明代,盛于清代,于民国和国民党统治战乱时期衰败,新中国成立后才得到恢复和发展:20 世纪 50 年代是恢复期,60—70 年代徘徊发展,1979 年武夷山岩茶"大红袍"被评为"中国十大名茶之一",开始带动当地经济,80 年代后武夷山茶产业开始较快发展,2000 年后进入又一个发展蓬勃期[1]。乌龙茶在此期间实现了从小到大的质变,最初从事茶产业的家庭已经基本进入小康阶段,经济实力较好的家庭完成了第一轮改建。得益于茶产业的持续热度,开办制茶工厂的家庭越来越多,2008 年之后整个村庄都进入了改建阶段。2012 年开始,曹墩村现有规模存量增长已无法满足村民的要求,开始缓慢扩张。

根据时间性分析图(图 7-9)可以得出以下几点基本结论:

(1)曹墩村的主要建成范围扩展不明显,只在东西两端有少量扩展,主要的建设行为都集中在村庄内部的更新替换,说明村庄人多地少,以内增式发展模式为主。街道"一轴一环"的主体结构基本没有变化,但随着村庄的扩张有所延长并形成回路,环线增多,为扩展区的机动车道预留接口。

(2)不同时期的民宅平面大小、形式、体量、建筑材料也有所不同,随时间变迁带来的民宅变化主要在于以下两个方面:① 房屋的功能叠合。很多原先只能手工进行茶叶粗加工的家庭逐渐具备了独立完成全部工序的能力,因此制茶空间大幅增加。根据茶叶生产的基本流程,完成所有工序的最小面积(摆放所有工具、操作机器、存放成茶)约为 300 m²,这一面

图 7-9　村内建筑变迁四阶段

处理茶青

制茶核心环节

包装销售

图 7-10　制茶工序与必需空间

积只是起步规模,即年产量在 250 kg 左右的茶作坊所需面积,且不包括前期的茶青处理和后期的包装销售,若产量增大、环节备齐,茶厂面积也必须相应扩大(图 7-10)。若按照宅基地为 150 m² 计算,至少需要满铺两层,因此,在拥有茶作坊的家庭中,有 74% 改为茶居混合,将茶叶制作布置在一层,将生活用房布置在上部,40% 将库房布置在二层,多数是因为宅基地面积不够,只能把库房挪至二层,有 4% 的家庭直接修建大型茶厂,还有 22% 借用别户宅基地建房。这样的功能叠合实际是茶居叠合,原本只解决居住问题的水平布置变为综合居住、制茶甚至销售的水平布置+竖向叠加。② 生活的现代化。现代化提升是目前乡村建设的主要内容,但现代化程度结合各地实际情况存在着多少和先后的差别。③ 拼贴现象较为明显。发展更替速度越快,拼贴越明显。体量拼贴、形式拼贴、材料拼贴等对于传统风貌的保存造成一定影响。

　　3) 社会性

　　闽北区包括南平市所属县市,是福建开发最早的地区,从陆路进入福建的汉人最迟在东汉末年就已越过武夷山,在闽江上游的建溪、富屯溪、金溪流域设县。两宋时期闽北经济繁荣、文化发达,名臣大家相继而出。朱熹在闽北讲学数十年,门徒众多,使闽北成为理学中心,当时闽北书院如林,书院文化发达,蔡尚思诗赞"中国古文化,泰山与武夷",武夷山古文化地位至高可见一斑,与古代本邑书院数量之多、书院文化之盛息息相关。武夷山的书院有不同的名称,院、舍、堂、馆、庐、寮、屋、祠、宫,不一而足,是武夷山文化的重要组成部分。

　　受到书院文化的积极影响,大型多进合院式民居中常常设有书院或读书厅。山区的民居建筑多为两层的"高脚厝"干栏式建筑,达官贵人则是"三进九栋"式的青砖大瓦房。规划水平甚高的村落布局、错落有致的马头墙、雄伟壮观的门楼、工艺精湛的砖雕，既是闽北建筑的成功经验，也体现了闽北村落深厚的文化底蕴。

社会性传统不仅是有形的、别具一格的民居民俗，而且是支撑当地民俗特色的文化精神。武夷山的古文化除了朱熹理学和柳永词派占主导外，曹墩董天工名扬四海的《武夷山志》、黄钟彝的拔贡试卷以及衷氏孝节牌坊也是重要补充。目前村内遗存的几处重要建筑和纪念物都反映了曹墩在文化层面的深厚内涵。

如今在武夷山一带仍有书院办学，但在传统村镇中已难寻印记，就星村镇地区而言，曹墩村等十余个村落的整体空间格局和民居风格已经几乎见不到书院文化元素。曹墩村除了上述保留下来的历史建筑，传统元素更多地被茶产业所取代。

4）传承性

传承性可分为物质传承与非物质传承两方面。物质传承可以从整体村落形态到局部建筑细部，非物质传承主要落实在文化民俗的延续与产业技术的发展上。

由于新中国成立前的村落图纸资料已经丢失，只能根据现有资料汇总来分析村落在各个层面的传承要素及传承度。从村落的外部环境可知，2000年以来，村落的建设范围并没有明显扩张，只在横垾路以西有部分新建；大部分房屋都在20世纪80年代完成宅基地的分配与建设，2005年以后80%的建设为原址翻建。从民居的四代更替典型样式来看（图7-11），民居建筑的风格特征得到传承的方面主要有平面形式、功能布局、流线组织、屋面形式，而建筑材料和细部、体量及立面样式已经明显存在不同时期的差异，且变化不连续。

在文化民俗方面，根据当地居民所写的回忆录可知，曹墩村仍保留了不少民俗和传说，例如对联文化就是从书院文化传承而来，劳动山歌、乡戏、舞龙、砖雕、津渡、清明"雪花饼"、农历四月"黑米饭"、端午去寒茶，以及"啖肉救母"、将军石、老佛鱼等众多民间故事，都是为纪念当地名人、文化大家、神话传说人物而创立的民俗传统，至今仍在特定时间组织开展这些文化活动，老人们仍然吃黑米饭、喝去寒茶，保留着传统生活习俗。

产业传承是曹墩村目前发展得最好的项目。2015年，乌龙茶的年产量约为25万t，约占全国所有茶叶种类产量的12%[3]，虽然从2001年开始快速发展，但相比绿茶、红茶以及世界范围内的茶产业，福建的乌龙茶仍然存在一些发展壁垒。首先，企业经营规模小、家庭式经营技术含量低是首要问题。直至目前，80%左右的企业仍属于小农经济时期的作坊式生产，营销缺乏现代市场营销的理论和意识，缺少营销战略和策略规划，多数新生的民营茶企业仍处于创业初期，目标市场仅瞄准福建省内甚至是南平市内，有碍长远发展。其次，品牌影响力不够。虽然武夷岩茶的品牌总数不少，但放眼全国市场几乎找不到这些品牌。最后，茶叶生产加工销售的标准体系和卫生安全体系滞后。大部分茶农将自家的半加工茶叶卖给大中型茶厂进行二次加工，茶叶质量不稳定，影响武夷岩茶整体的信誉与形象。

时间	平面格局（结构与功能）	层数	墙面洞口位置与大小	墙基	墙身	抹面	门·形式	门·材质	窗·形式	窗·材质	阳台·形式	栏杆·材质	栏杆·样式	屋顶·形式	屋顶·材质	屋顶·颜色	保存状况
20世纪70年代以前	此类建筑多为木结构或土木结构底层土木墙。平面为长方形，三开间，进深较大。功能以居住、储藏为主	二层	建筑一层层中为门洞，两侧为窗洞。位于一、三层中部，洞口较小。二层阳台为悬挑	土木结构，明石砌筑	土夯筑，根据保存情况，少量以砖砌筑代替	根据保存情况，有的无抹面，有的是以灰水泥抹插	无门头，多为木双扇门	多为木门	如照片所示	木质，铝合金	若有，为方形悬挑	木质	如照片所示	双坡屋顶	瓦	灰色	土木结构建筑现存数量较多，保存情况较为复杂。墙身材料变化，增加墙身抹面。山墙面较为显著，门窗位置变动不大。门窗多为木质，有新增窗洞，门窗增设隔断
20世纪80~90年代后期	此类建筑主要为土木结构房屋	二层	土筑院墙，长度随地而定，两侧为窗洞，多为院墙+门+二层院阳台的形式	明石砌筑	土夯筑，上层为灰瓦，二层房屋墙体少量以砖代替	根据保存情况，有的无抹面，有的是灰水泥抹插	无门头，多为木双扇门	多为木门	无	无	无	无	无	门头上方，双坡屋顶	瓦	灰色	土筑院墙保存较多，墙身材料变化，增加墙身抹面。墙身抹面比较显著
	此类建筑大多为一层，部分新建宅二开间或是框架式三开间。部分钢架结构，新建筑以居住为主，功能以居住为主	二层	建筑一层居层中为门洞，两侧为窗洞。二层阳台为悬挑	无	灰色砖块砌筑	多数无抹面，有的是水泥抹面	无门头，多为木双扇门	不锈钢、铝合金较多	如照片所示	木质	若有，为方形悬挑	木质	如照片所示	双坡屋顶	瓦	灰色	砖木结构建筑保存较为完好。墙体有新增门窗、木制、铝合金有
20世纪90年代后期至今	此类建筑大多为砖混结构，部分为钢架结构，新建筑以居住二层制茶，二层居住为主，平面划分不一	三层以上	开间大且多，每个房间都开前窗	无	灰砖砌筑	形式多样，混凝土、瓷砖、涂料居有	无门头	不锈钢、铝合金较多	可推拉双胡窗	塑钢窗、铝合金窗	多方形悬挑	水泥居多，少量为木质	如照片所示	双坡屋顶	瓦	红色	建造时间不长，保存较好

图7-11　四代民居样式更替

7.1.3 形态完整性分析

在曹墩村的街巷、地块、广场、标志物四要素中,体系是相对完整且清晰的(图 7-12)。

1) 街巷

曹墩村有一条外部道路——星桐公路位于居民点南侧,宽 6 m,双向两车道;2 个主要出入口,分别位于东端村口和西南角,也是村内机动车道的端点,串联起主要街道。

前街—中街—上街—横埝路为贯穿村落东西的主要街道。前街(A-S段)长 320 m,平均宽度为 2.7 m,最窄处为 1.8 m,最宽处为 4.2 m,不能会车;中街(S-V 段)长 160 m,平均宽度为 3.3 m,最窄处为 2.2 m,最宽处为 4.7 m,不能会车;上街(V-X 段)长 164 m,平均宽度为 3.3 m,最窄处为 2.4 m,最宽处为 4.6 m,不能会车;横埝路(X-Z 段)长 132 m,平均宽度为 4.3 m,最窄处为 2.4 m,最宽处为 6.8 m,可勉强会车;横埝路(V-B段)长 200 m,平均宽度为 3.7 m,最窄处为 2.5 m,最宽处为 8 m,可勉强会车。后路街(S-E-J-M 段)是村北侧的主要机动车道,可与前街、中街形成环路兜通北片,平均宽度为 2.5 m,最窄处为 1.1 m,最宽处为 5.2 m,只能分段会车。次干道还有牌坊下路(J-H)、车站路(C-D)以及其余 E-F、P-Q、X-R、L-G、K-N 7 条,宽度均在 2 m 至 4.5 m 之间,是切分大地块单元

图 7-12　曹墩村形态要素体系图

图7-13　村内各街巷现状照片

的结构性街巷,部分单向通行机动车。宅间巷道的宽度约为1.4 m,为非机动车道,串联所有的民居(图7-13)。

2)地块

整个曹墩村分为5个片区,由三级道路划分的大地块单元共有18个,面积悬殊较大,平均面积为10 357 m²,最小的为1 613 m²,最大的为33 922 m²。面积为3 000—4 000 m²的地块共计5个,面积为5 000—10 000 m²的地块共计5个,面积超过10 000 m²的地块共计6个。

3)广场

真正意义上的广场只有两处,即村中心的老年活动中心和菜场,但老年活动中心坍塌荒废,现挪至村口一片健身场地;另有多个街头巷尾的空地可聚集人气,如村部楼前空地、超市门前、小吃店门前、曹墩小学旁空地等,主要集中在村中心区,是村民日常的社交空间(图7-14)。

4)标志物

曹墩村现存的标志物共有4处,其中,董公亭和孝节牌坊位于村口,"文魁"匾额的彭氏宗祠位于前街,周氏宗祠位于后路街,都处于较为醒目的位置(图7-15),原有的彭祖老宅由于无人居住,年久失修,已经倒塌。

5)建筑

根据调研问卷的结果统计和计算机辅助制图(CAD)计算,曹墩村的民居宅基地为80—130 m²,建筑平面大致有满铺式、半铺式、庭院回字式、L字式等基本形式。虽然建设分为四个时期,但用地没有过大的扩张,以置换为主,早期的土房、木房改为砖房或砖混结构。从平面形式上也可大致判断建筑材料,满铺式、半铺式较多为老式的土房与木房,庭院回字式多为砖房,L字式多为混凝土结构,随着材料的改善,室内空间的使用效率越来越高,相对宅院越来越大。

图 7-14　村内主要公共空间现状照片

1.孝节牌坊
2.彭氏宗祠
3.周氏宗祠
4.村口石碑与董公亭

图 7-15　村内重要标志物现状照片

7.2 性能化保护规划

7.2.1 性能化保护规划的目标与内容

1）保护目标

（1）保护与村落紧密相依的山、水、田的空间格局,保护传统文化遗产场所与自然山水环境的一体关系,展现发源地特色的历史与文化。

（2）与村落文化遗产相关的物质与非物质遗存都是依托街巷、建筑等一系列物质呈现得以传达,文化氛围和习俗也是通过它们让人感知,因此,延续村落特有的自然风貌和社会属性十分必要。

（3）修复传统肌理,唤醒历史记忆,体验文化积淀。

（4）对村庄环境进行整治,对绿化美化、饮用水安全、道路系统、公共设施配套、建筑风貌特色、环境管理水平等内容进行提升。

2）保护建设内容

重点在于建筑保护与更新,基础设施完善,街巷整治,景观环境提升。充分利用现有自然条件,开展村旁、宅旁、水旁、路旁以及村口、庭院、公共活动空间的绿化美化,并突出自然、经济、乡土的多样性特征。加强农村饮用水源地保护,集中开展水源地整治,有效改善水源地水质。提高公路运行服务水平,改善村庄内部交通及出行条件,构建城乡一体的客运网络。结合村庄规模形态、地形地貌、河流走向和交通布局,合理确定村庄内部道路密度、等级和宽度。根据道路功能确定道路铺装形式,主要道路实现硬质化,配套照明设施;次要道路及宅间路可采用砖石、沙石等乡土生态材料铺装;具有历史文化传统的街巷宜采用传统建筑材料。

7.2.2 性能化保护规划的路径与内容

将性能化规划理念导入曹墩村提升规划中的三次内容及过程如下:

1）首次导入旨在明确和协调保护与发展的关系

保护一端,从村落的传统性和完整性分析来看,曹墩村与自然环境的关系融洽,生活氛围良好,民风淳朴,虽然历史遗存数量并不多,但保存现状完好,保护升级的需求不是十分迫切。但是,过于强势的发展给原本能够按部就班实施的保护工作制造了不小的难度:茶产业的持续发展带动了村落的全面提升,经济增长和收入增加更加速了村民改善生活的愿望,尤其是住房面积的扩大和交通机动化,但外部自然环境和建设用地的限制决定了村庄不能外延扩展而只能内向增长,在此矛盾难以解决的背景下,村民开始在缺少统一规划和技术指导的情况下按照各自的需要改建房屋,无论是随意扩大住房面积,还是模仿"现代"建筑风格,抑或是任意组合茶厂和居住功能,置村落的整体风貌于不顾,原本有肌理可循的空间格局被"补丁"补得七零八落,杂乱无章。曹墩村在"保护与发展"议题中的突出矛盾可总结为:虽然自然环境尚未受到严重侵蚀,但街巷空间和民居已经呈现乱象,且经济发展成为有力的加剧因素,茶产业发展所带来的内增式发展和"存量更替"模式及其导致的房屋形式的随意改建破坏了村落原有的空间形式与街巷系统,并对风貌延续有持续性影响。

基于发展现状需求的性能化目标是:在保存曹墩村的历史空间形态和街巷系统的前提下,针对制茶产业发展与日常居住之间的冲突点背后的真正根源和深层原因进行改善和提升,从村落整体发展到各栋民居改造落实提升策略。

2)二次导入对应基于性能合集提出的中观策略

明确价值取向和规划目标后,转向村落保护规划的物质形态和具体操作,主要涉及村落风貌保存、空间格局保全、建筑结构安全、市政设施提升、物理环境改善、旅游开发控制六个方面,前三项是以保护为主的总分关系,后三项是与发展相关的递进关系。"聚落风貌保存—空间格局保全—建筑结构安全"与"市政设施提升—物理环境改善—旅游开发控制"统领于性能之下,又各自包含子命题,各子命题的外延范围可能存在重叠或冲突,可为与不可为的内容必须先于规划、实施环节而进行比较、整合,扩展可融合的内容,以便于制定规划方案时更具有性能提升的指向性和针对性。

对于曹墩村而言,村落风貌保存的关键是对茶山面积规模进行控制,因为茶树根系短浅,固土能力弱,而当地气候潮湿、雨水丰沛,极容易造成水土流失、山体滑坡,进而破坏房屋和农田,影响九曲溪水源;限制茶叶种植反过来势必对茶产业、旅游业的发展产生影响,减少村民收入,增加失业人口,造成社会和产业的不稳定;从另一角度来看,收入增加的家庭开始购买汽车、盲目地改造住宅,久而久之,累积到一定数量后,必然造成交通拥堵,村庄空间肌理和形态格局发生了改变,传统元素和完整性都受到破坏,这三项子命题形成了互逆循环的态势。此外,还有一组互逆的子命题——室内居住条件的提升和物理环境的改善除了改善建筑围合材料的冷热性能,还需要依靠各种设备的支持,例如生活用水、用电、网络及其他电器等,但改善围合材料即意味着至少改变建筑立面甚至重建,且传统材料(泥坯房、木板房)和结构不能承受引入设备的改造措施和力度,对于没有保存价值的破旧房屋,在保留原有结构加固修缮和使用现代材料翻建之间选择,大部分村民会选择翻建,这也是我国村落中普遍存在的"毫无疑问的、现代化替人做出的选择结果"。除了上述两组突出矛盾外,还会遇到很多其他的利益冲突,例如发展旅游业需要对文化资源进行挖掘与展示,借助具有附加价值的文化产品联合宣传,提供相应的服务设施与活动场地,其中交通设施、停车场的需求就显得尤为重要,但旅游业带来交通量激增,交通容量的扩大需要增加道路面积和密度,而这些会打破原有的网络结构,影响空间形态。

基于中观的性能化目标是:首先根据现阶段的发展节奏判断、把握曹墩村未来十余年的预期,为其预留足够的缓冲空间,再对划分的各个子项及其下属的性能提升问题展开外延边界的划定和分析。对于互逆的命题，对问题的内核进行比较判断，确定优先保存的部分，对与之矛盾的内容进行化解与整合。中观的性能化介入是最能体现规划思想的，把保护与发展细分为与聚落物质空间相关的多个方面，既是对整体价值观的具体阐述，也是指导具体实践操作的指导和控制。

　　3）微观导入以具体性能指标来指导空间操作

　　村民提出的改善需求主要集中在四个方面：（1）为制茶提供更大的空间；（2）为私家车、货车提供更便利的道路和停车场所；（3）住宅舒适度改善；（4）为茶产业创造更多的发展机遇和展示空间。根据问题之间的关联性，以性能指标可划分为交通和建筑两个部分。从保护传统空间和历史资源的角度来看，主要保护三个方面：（1）维持村落与自然环境的匹配度；（2）保持村落中街巷系统的结构性作用及其对空间形态的整体塑造；（3）对连贯、均质的乡村民居进行改造，尽量以与传统房屋近似的材料、色彩、风格替换局部或重建，必须对表征肌理的可量化指标进行回应。上述三个方面也可以归入交通和建筑两个部分的性能指标。

7.3　街巷格局优化与地块形态反馈

7.3.1　交通性能测算和结构量化

　　在第5章中，笔者将村落的交通性能核心问题概括为：机动交通时代与步行交通基础的冲突不协调，以汽车为代表的快速出行模式与步行尺度的慢速空间结构的不匹配。在《福建省村庄规划导则（试行）》（2011版）的技术指标中，村庄的道路系统分为三个层次：干路、支路和巷道。按照曹墩村的人口规模，曹墩村应定位为中型村庄（500—3 000人），干路的红线宽度为12—16 m，支路红线宽度为7—10 m，而实际道路宽度只能满足小型村庄的标准（干路的红线宽度为6—10 m，支路的红线宽度为3.5—4 m）。主要道路应进行街巷绿化，有条件时应设置照明设施。村庄应考虑配置农用车辆和大型农机具停放场所。

　　曹墩村交通街道的基本数据统计见表7-3及图7-16。

表 7-3　曹墩村街巷现状统计表

道路编号	道路属性	总长(m)	段数(段)	街段编号	街段长度(m)	有效宽度(m)	最大宽度(m)*	空地(块)
1-前街—中街—上街	主干机动车道	551	7	A-M1	64	4.0	6.3	1
				B-M	37	2.3	4.1	0
				C-N	62	4.0	6.7	2
				D-N	104	4.0	6.3	1
				T-P	74	4.5	5.2	2
				U-Q	116	4.3	5.4	0
				W-X	94	5.5	6.9	0

道路编号	道路属性	总长(m)	段数(段)	街段编号	街段长度(m)	有效宽度(m)	最大宽度(m)*	空地(块)
2-横梗路	主干机动车道	196	4	X-Q	41	2.5	3.0	0
				Y-S	78	3.3	4.6	0
				Z-R	27	3.6	5.6	0
				Z-III	50	5.5	8.0	0
3-横梗路	主干机动车道	179	3	X-	47	4.0	/**	/**
				Y-	54	3.6	5.4	1
				Z-	78	3.3	/**	/**
4-后路街	主干机动车道	522	7	T-D	89	2.2	3.4	1
				F-D	77	2.6	4.0	0
				G-D	69	2.2	4.5	1
				H-D	61	2.4	7.6	0
				J-C	103(77+26)	2.3	5.6	1
				K-B	33	2.8	4.3	0
				K-A	90	2.7	7.2	0
5-牌坊下路	次干机动车道	272	3	J-K	53	3.7	4.2	0
				L-K	119(71+48)	3.0	5.8	0
				L2-	100	2.6	4.5	/**
6-车站路	次干机动车道	248	4	M-IV	66	2.5	7.5	1
				N-IV	67	2.0	4.9	1
				P-IV	52	3.3	3.4	/
				VI-IV	63	2.7	5.0	/
7	次干机动车道	82	1	T-F	82	3.4	3.6	0
8	次干机动车道	125	1	K-	125	5.0	7.5	1
9	机动车道	126	1	L-L2	126	3.1	4.5	/
10	机动车道	65	1	P-VI	65	2.3	/	/
11	机动车道	62	1	X-Y	62	2.4	/	/
12	步行道	76	1	H1-L1	76	2.5	4.4	0
13	步行道	59	1	J-L	59	1.4	2.5	0
14	步行道	268	3	H-J	150(122+28)	2.0	3.0	/
				L-L1	61	3.0	/	1
				L2-L1	57	4.2	/	/

道路编号	道路属性	总长(m)	段数(段)	街段编号	街段长度 (m)	有效宽度 (m)	最大宽度 (m)*	空地 (块)
15	步行道	46	1	A-B	46	2.6	7.5	2
16	步行道	62	1	C-D	62	2.6	6.5	1
17	步行道	71	1	M-M1	71	/	/	/
18-新社巷	步行道	67	1	M-N	67	1.9	2.4	/
19-周家巷	步行道	150	1	N-P	150(90+60)	2.1	2.9	
20	步行道	95	2	VI-R	65	2.2	/	/
				VI-III	30	3.2	/	/
21	步行道	50	1	III-R	50	2.5	/	/
22	步行道	43	1	Y-Z	43	2.1	3.3	/
23	步行道	43	1	W-U	43	2.2	2.6	0
24	步行道	84	1	U-T	84	2.3	2.6	0
25	步行道	53	1	F-G	53	2.5	3.5	0
26	步行道	67	1	G-H1	67	2.8	4.1	0

注:*表示最大宽度是指将宅前空地计入道路空间后,某街段内可利用的最大宽度(小广场不计入);**"/"表示街段一侧或两侧为待建区域,无法判断未建建筑的红线位置与距离,因此无法判断道路最大宽度;"×-"等编号表示此街段为尽端路,另一端未与任何其他街道连接。

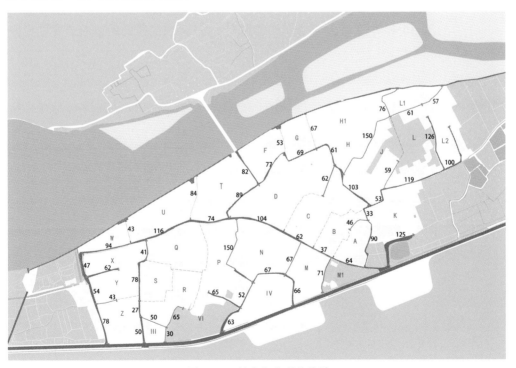

图 7-16 村内街巷现状统计

注:图中数字表示任意两点间的距离,单位为米(m)。

1) 街巷数量与有效宽度、街段长度

目前,曹墩村村内道路共计 26 条,其中 11 条为机动车道,15 条为步行道。根据核对信息,11 条机动车道中 5 条没有路名的道路和 3-横梗路是通往九曲溪对岸和外围近 5 年内置换地块后新修的道路,其余 5 条是从建村以来就已存在的街道,基本没有拓宽、移位、加长等变化的记载;15 条步行道中只有 2 条有巷名,是村中历史较久的巷弄,其余大多是村民活动路径逐渐形成的土路,至今只有 6 条水泥铺装,3 条铺设路灯。根据房屋的门牌号码可知,主街以北的一大片区域 S-E-J-M 原先是没有细化切分的,由于主街分为三段,即前街、中街、上街,沿主街两侧的地块都是以垂直于主街的方向由中心向外进行房屋编号(例如 D 片区 78 号宅院的门牌号为前街 8 号,北面 76 号为前街 12 号,75 号为前街 13 号,303 号为前街 16 号,305 号为前街 17 号)。

曹墩村村内的交通面积为 13 538 m²,占村庄总面积的 7.25%,根据《福建省乡村规划导则(试行)》(2011 版)的要求,道路交通面积应占总面积的 8%,略显不足;目前村内共 350 余户,其中 84 户拥有小轿车,约 50 户长期停放在村内,60 余户拥有农用货车和摩托车;根据机动车保有量,现状道路及停车场面积不能满足要求。村内道路普遍宽度不足,就连主街的宽度(最宽处为 5.5 m,最窄处为 2.3 m)也不能满足机动车会车甚至单向行驶的要求,若以最小宽度考量街巷的通行能力,11 条机动车道中仅有 6 条能完全通车。曹墩村一直没有重新规划改善路网,从表 7-3 数据中寻找原因会发现,在长度超过 70 m 的机动车街段中,有 54% 存在至少一块空地提供临时靠边会车的空间(图 7-17),也就是说,每隔 70 m 左右就会出现一个相对较宽、足够会车的道路宽度,只要该街段的始末端点宽度允许

会车空地
机动车道

图 7-17　沿机动车道的会车空地

机动车驶入,会车问题可以在 70 m 的距离内解决,对应到平面图中,机动车道基本具备这样的"补偿能力",几乎每个最小宽度满足通车要求的街段都能够内部解决会车。这可以视为交通性能化提升的一项重要措施,尤其在乡村地区,当街道无法实现整体拓宽时,选择恰当的地段局部放大,利用宅间闲置空地或公共活动场地进行功能复合,满足会车甚至回车调头的所需空间,能够大幅增加村内机动车道的总面积和行车区域,有效提高交通效率。

笔者在第 5 章中提出"村落中的地块边长通常为 60—80 m"这一假设,在曹墩村案例中确实存在,表 7-3 中街段长度的众数值是 61 m 和 74 m,平均值为 71 m,这和每隔 70 m 出现空地的规律是基本一致的。

2)道路网络拓扑结构

曹墩村街巷网络的拓扑结构如图 7-18 所示,共分解为五个层级:一级为外部道路 A - D - C - B - Z 共 1 条,二级为村内主要道路 A - K - M - S - V - X - Z、B - V、C - P - D 共 3 条,三级为组团级道路 P - Q、X - R、S - E - J - M、K - N 共 4 条,四级为支路 E - F、J - L 共 2 条,五级为支路 L - G、L - H 共 2 条。根据此结构可将 20 个节点也进行分级:一级节点为 A、B、C、D、Z 共 5 个,直接与外部相连,是具有联系可达性的节点;二级节点有 K、M、P、S、V、X 共 6 个,主要联系村内的主街道,三级节点为 E、J、N、R、Q 共 5 个,四级为 F、L,五级为 G、H。结构分级主要对于可达性、均匀度计算有积极的作用。

从道路结构的具体空间分布来看,主要存在以下两个问题:

(1)村西侧存在两个出入口 B、Z,道路层级较高且闭合,而东侧只有一个出入口 A,道路层级偏低,且不闭合成环,最低层道路尽端(F、G、H)的效率不理想,村庄两侧的交通效率不够均衡。

(2)二级道路之间缺少联系道路,中部出入口 C、D 的性能不能发挥,效率低下,村庄中部两片区的机动交通压力无法通过其他道路缓解。

3)街道网络密度

为便于区分机动车网络和步行网络,并为优化提供更准确的措施,网络密度的计算分为机动与非机动两个部分。

(1)线密度 R_L

村庄范围内的机动车道共 11 条,加上星桐公路经过曹墩村的路段,总长度为 2 972 m,村庄总建设面积为 186 620 m^2,线密度为 0.016 m/m^2。步行街巷的总长度为 1 234 m,线密度为 0.007 m/m^2。

(2)面密度 R_A

机动车道的总面积为 10 538 m^2,面密度为 0.056;步行街巷共 15 条,总面积为 3 000 m^2,面密度为 0.016。

结合前文拓扑结构分析提出的问题,各片区的道路网密度确实存在很大差距(表 7-4),西片是新建片区,机动车方面有明显优势,数量与宽度都优于其他片区,中片是历史传统片区,步行街巷的密度是最高的,问题主要在于中—东片区,道路网密度均偏低,原因之一在于东侧两片区内没有二级道路,道路层级过低,同时路不成网,运行效率差。

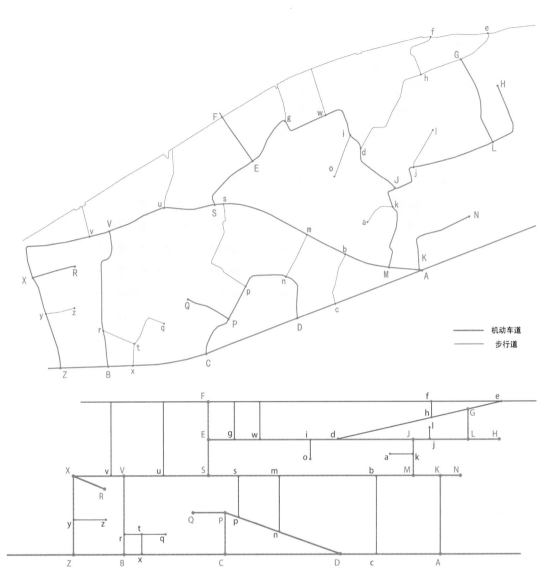

图 7-18　村内街巷网络与拓扑结构

表 7-4　各片区道路密度统计表

片区	围合节点	总面积 （m²）	机动道 长度（m）	机动道 面积（m²）	线密度 （m/m²）	面密度	步行道长度 （m）	步行道面积 （m²）	线密度 （m/m²）	面密度
1-西	Z-X-V-B	15 500	623	2 210	0.040 2	0.143	43	116	0.002 8	0.007
2-中	B-V-S-A	62 344	1 466	5 873	0.023 5	0.094	434	1 228	0.007 0	0.020
3-中'	S-E-J-M	30 780	789	1 282	0.025 6	0.042	108	275	0.003 5	0.009
4-东	F-E-J-M	57 798	1 093	2 991	0.018 9	0.052	523	1 540	0.009 0	0.027
5-北	X-V-E-F	20 000	452	1 413	0.022 6	0.071	127	305	0.006 4	0.020

4）可达性

可达性既是基于平面结构和二维密度的交通系统重要性能之一，也是规划重点改善的特性。可达性是将上述的结构层级、网络密度、实际距离等要素叠合之后呈现出的一种空间综合属性，再通过日常的使用，以性能的形式反映出来。通过分析比较区域内的可达性高低，不难发现其与整个交通网络结构之间的关联性，可达性是规划中调整网络结构的主要依据。

（1）机动网络部分

根据现有机动车道构成的路网，该网络共有 20 个节点，包含 5 个出入口节点，划分为 23 段，可达性首先由网络空间阻抗计算开始（表 7-5）。

由表 7-5 可得，网络内部各节点中网络最佳的为 M 点，最差的为 G 点，空间阻抗最大值出现在 G-R，最小值为 A-K，网络平均值 A=476.3。从拓扑结构图不难理解，最佳的 M 点位于整个网络的平面中心位置和层级二级，偏位于东侧的 T 形节点衔接二级与三级道路，与所有节点的联系均不超过两层跨级；而最差的 G 点位于网络最东侧的第四层级道路尽端，与其他所有节点的相对距离与绝对距离均为最远（图 7-19）。

表 7-5　各机动节点的网络空间阻抗值　　　　　　　　　　（单位：m）

d_{ij}	A	B	C	D	E	F	G	H	J	K	L	M	N	P	Q	R	S	V	X	Z
A	—	474	330	190	411	493	476	450	178	7	350	55	132	375	440	708	322	482	646	542
B	474	—	144	284	446	528	950	924	652	481	824	529	606	207	272	262	357	197	200	68
C	330	144	—	140	590	672	806	780	508	337	680	385	462	63	128	406	501	341	344	212
D	190	284	140	—	601	683	666	640	368	197	540	245	322	185	250	546	641	481	484	352
E	411	446	590	601	—	82	608	582	310	404	482	356	529	653	718	475	89	249	413	545
F	493	528	672	683	82	—	690	664	392	486	564	438	611	735	800	557	171	331	495	627
G	476	950	806	666	608	690	—	226	298	469	126	421	594	851	916	1 074	688	848	1 012	1 018
H	450	924	780	640	582	664	226	—	272	443	100	395	568	825	890	1 048	662	822	986	992
J	178	652	508	368	310	392	298	272	—	171	172	123	296	553	618	776	390	550	714	720
K	7	481	337	197	404	486	469	443	171	—	343	48	125	382	447	701	315	475	639	549
L	350	824	680	540	482	564	126	100	172	343	—	295	468	725	790	948	562	722	886	892
M	55	529	385	245	356	438	421	395	123	48	295	—	173	430	495	653	267	427	591	597
N	132	606	462	322	529	611	594	568	296	125	468	173	—	507	572	826	440	600	764	674
P	375	207	63	185	653	735	851	825	553	382	725	430	507	—	65	469	564	404	407	275
Q	440	272	128	250	718	800	916	890	618	447	790	495	572	65	—	534	629	469	472	340
R	708	262	406	546	475	557	1 074	1 048	776	701	948	653	826	469	534	—	386	226	62	194
S	322	357	501	641	89	171	688	662	390	315	562	267	440	564	629	386	—	160	324	425
V	482	197	341	481	249	331	848	822	550	475	722	427	600	404	469	226	160	—	164	265
X	646	200	344	484	413	495	1 012	986	714	639	886	591	764	407	472	62	324	164	—	132
Z	542	68	212	352	545	627	1 018	992	720	549	892	597	674	275	340	194	425	265	132	—
合计	7 061	8 405	7 829	7 815	8 543	10 019	12 737	12 269	8 061	7 019	10 469	6 923	9 269	8 675	9 845	10 851	7 893	8 213	9 735	9 419
平均	372	442	412	411	450	527	670	646	424	369	551	364	488	457	518	571	415	432	512	496

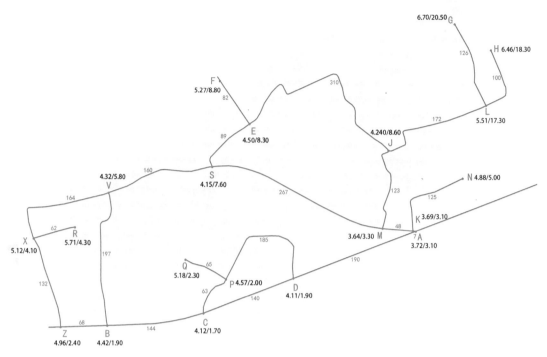

图 7-19　各机动节点可达性

注:图中各点均标有两个数值,左侧数字表示该点的网络空间阻抗均值(数值见表 7-5,单位为百米);右侧数字表示机动联系可达性均值(数值见表 7-6)。

若将 5 个出入口视为连接内外的接口,由外部向内的联系可达值则如表 7-6 所示(为避免计算量过大,将街段长度计量单位改为每百米)。

对于外部进入村庄的车辆而言,可达值最高点为 C 点,最低值为 G 点,这说明以下两点:① 联系可达性与层级基本成正比,层级越低,可达性越低。G、H、L 点是层级最低的三个节点,联系可达性也最低;出入口层级最高,联系可达性也位于前列;出现了 S、V、R、Q 四个节点的可达值与各自所在的层级不太匹配,但对应拓扑结构图也不难理解,更靠近出入口的下一级节点比远离的上一级节点可能联系可达性更高。② 同理,作为权重相同的出入口,位置越靠近几何中心,可达性越高;甚至靠近几何中心的下一层级节点的可达性可能超过位置较偏的上一层级节点(P、Q 点>A 点)。

机动网络节点的可达性便由上述两个部分构成,对内与其他节点形成网络沟通,对外联系出入口建立出入路径。

(2) 步行网络部分

步行道都是不成网的、与机动车道相接的断头路,以最短矩阵计算网络可达性需要借助机动车道才能建立完整路径,因此,空间阻抗必须加入机动车道的空间阻抗。该网络现有 12 段街巷,共计 23 个节点,各节点的最小空间阻抗统计见表 7-7。

表7-6 各机动节点的联系可达性

节点编号	跨层级数	机动联系可达值	可达均值	可达极值
A(出入口)	$n_A=0$	0	3.1	0.000
	$n_B=1$	$1.44^1+1.4^1+1.9^1$		
	$n_C=1$	$1.4^1+1.9^1$		
	$n_D=1$	1.9^1		
	$n_Z=1$	$0.68^1+1.44^1+1.4^1+1.9^1$		
B(出入口)	$n_A=1$	$1.9^1+1.4^1+1.44^1$	1.9	0.000
	$n_B=0$	0		
	$n_C=1$	1.44^1		
	$n_D=1$	$1.4^1+1.44^1$		
	$n_Z=1$	0.68^1		
C(出入口)	$n_A=1$	$1.9^1+1.4^1$	1.7	0.000
	$n_B=1$	1.44^1		
	$n_C=0$	0		
	$n_D=1$	1.4^1		
	$n_Z=1$	$0.68^1+1.44^1$		
D(出入口)	$n_A=1$	1.9^1	1.9	0.000
	$n_B=1$	$1.44^1+1.4^1$		
	$n_C=1$	1.4^1		
	$n_D=0$	0		
	$n_Z=1$	$0.68^1+1.44^1+1.4^1$		
E	$n_A=2$	$0.07^2+0.48^2+2.67^2+0.89^3$	8.3	7.200(B)
	$n_B=2$	$1.97^2+1.6^2+0.89^3$		
	$n_C=3$	$1.44^1+1.97^2+1.6^2+0.89^3$		
	$n_D=3$	$1.4^1+1.44^1+1.97^2+1.6^2+0.89^3$		
	$n_Z=2$	$1.32^2+1.6^2+0.89^3$		
F	$n_A=3$	$0.07^2+0.48^2+2.67^2+0.89^3+0.82^4$	8.8	7.600(B)
	$n_B=3$	$1.97^2+1.6^2+0.89^3+0.82^4$		
	$n_C=4$	$1.44^1+1.97^2+1.6^2+0.89^3+0.82^4$		
	$n_D=4$	$1.4^1+1.44^1+1.97^2+1.6^2+0.89^3+0.82^4$		
	$n_Z=3$	$1.32^2+1.6^2+0.89^3+0.82^4$		
G	$n_A=4$	$0.07^2+0.48^2+1.23^3+1.72^4+1.26^5$	20.5	14.000(A)
	$n_B=4$	$1.97^2+1.6^2+2.67^2+1.23^3+1.72^4+1.26^5$		
	$n_C=5$	$1.44^1+0.07^2+0.48^2+1.23^3+1.72^4+1.26^5$		
	$n_D=5$	$1.9^1+0.07^2+0.48^2+1.23^3+1.72^4+1.26^5$		
	$n_Z=4$	$1.32^2+1.6^2+2.67^2+1.23^3+1.72^4+1.26^5$		

续表 7-6

节点编号	跨层级数和机动联系可达值				可达均值	可达极值
H	$n_A=4$ $n_B=4$ $n_C=5$	$0.07^2+0.48^2+1.23^3+1.72^4+1^5$ $1.97^2+1.6^2+2.67^2+1.23^3+1.72^4+1^5$ $1.4^1+1.9^1+0.07^2+0.48^2+1.23^3+1.72^4+1^5$	$n_D=5$ $n_Z=4$	$1.9^1+0.07^2+0.48^2+1.23^3+1.72^4+1^5$ $1.32^2+1.6^2+2.67^2+1.23^3+1.72^4+1^5$	18.3	11.800(A)
J	$n_A=2$ $n_B=2$ $n_C=3$	$0.07^2+0.48^2+1.23^3$ $1.97^2+1.6^2+2.67^2+1.23^3$ $1.4^1+1.9^1+0.07^2+0.48^2+1.23^3$	$n_D=3$ $n_Z=3$	$1.9^1+0.07^2+0.48^2+1.23^3$ $1.32^2+1.6^2+2.67^2+1.23^3$	8.6	2.100(A)
K	$n_A=1$ $n_B=2$ $n_C=3$	0.07^2 $1.44^1+1.4^1+1.9^1+0.07^2$ $1.4^1+1.9^1+0.07^2$	$n_D=2$ $n_Z=2$	$1.9^1+0.07^2$ $0.68^1+1.44^1+1.4^1+1.9^1+0.07^2$	3.1	0.005(A)
L	$n_A=3$ $n_B=3$ $n_C=4$	$0.07^2+0.48^2+1.23^3+1.72^4$ $1.97^2+1.6^2+2.67^2+1.23^3+1.72^4$ $1.4^1+1.9^1+0.07^2+0.48^2+1.23^3+1.72^4$	$n_D=4$ $n_Z=3$	$1.9^1+0.07^2+0.48^2+1.23^3+1.72^4$ $1.32^2+1.6^2+2.67^2+1.23^3+1.72^4$	17.3	10.800(A)
M	$n_A=1$ $n_B=2$ $n_C=2$	$0.07^2+0.48^2$ $1.44^1+1.4^1+1.9^1+0.07^2+0.48^2$ $1.4^1+1.9^1+0.07^2+0.48^2$	$n_D=2$ $n_Z=1$	$1.9^1+0.07^2+0.48^2$ $0.68^1+1.44^1+1.4^1+1.9^1+0.07^2+0.48^2$	3.3	0.200(A)
N	$n_A=2$ $n_B=3$ $n_C=3$	$0.07^2+1.25^3$ $1.44^1+1.4^1+1.9^1+0.07^2+1.25^3$ $1.4^1+1.9^1+0.07^2+1.25^3$	$n_D=3$ $n_Z=3$	$1.9^1+0.07^2+1.25^3$ $0.68^1+1.44^1+1.4^1+1.9^1+0.07^2+1.25^3$	5.0	1.900(A)
P	$n_A=2$ $n_B=2$ $n_C=1$	$1.9^1+1.4^1+0.63^2$ $1.44^1+0.63^2$ 0.63^2	$n_D=2$ $n_Z=2$	$1.4^1+0.63^2$ $0.68^1+1.44^1+0.63^2$	2.0	0.400(C)

节点编号	跨层级数和机动联系可达值				可达均值	可达极值
Q	$n_A=3$ $n_B=3$ $n_C=2$	$1.9^1+1.4^1+0.63^2+0.65^3$ $1.44^1+0.63^2+0.65^3$ $0.63^2+0.65^3$	$n_D=2$ $n_Z=3$	$1.4^1+0.63^2+0.65^3$ $0.68^1+1.44^1+0.63^2+0.65^3$	2.3	0.700(C)
R	$n_A=3$ $n_B=3$ $n_C=3$	$1.9^1+1.4^1+1.44^1+0.68^1+1.32^2+0.62^3$ $0.68^1+1.32^2+0.62^3$ $1.44^1+0.68^1+1.32^2+0.62^3$	$n_D=3$ $n_Z=2$	$1.4^1+1.44^1+0.68^1+1.32^2+0.62^3$ $1.32^2+0.62^3$	4.3	2.000(Z)
S	$n_A=1$ $n_B=1$ $n_C=2$	$0.07^2+0.48^2+2.67^2$ $1.97^2+1.6^2$ $1.44^1+1.97^2+1.6^2$	$n_D=2$ $n_Z=1$	$1.4^1+1.44^1+1.97^2+1.6^2$ $1.32^2+1.64^2+1.6^2$	7.6	6.400(B)
V	$n_A=1$ $n_B=1$ $n_C=2$	$1.9^1+1.4^1+1.44^1+1.97^2$ 1.97^2 $1.44^1+1.97^2$	$n_D=2$ $n_Z=2$	$1.4^1+1.44^1+1.97^2$ $0.68^1+1.97^2$	5.8	3.900(B)
X	$n_A=2$ $n_B=2$ $n_C=2$	$1.9^1+1.4^1+1.44^1+0.68^1+1.32^2$ $0.68^1+1.32^2$ $1.44^1+0.68^1+1.32^2$	$n_D=2$ $n_Z=1$	$1.4^1+1.44^1+0.68^1+1.32^2$ 1.32^2	4.1	1.700(Z)
Z(出入口)	$n_A=1$ $n_B=1$ $n_C=1$	$1.9^1+1.4^1+1.44^1+0.68^1$ 0.68^1 $1.44^1+0.68^1$	$n_D=1$ $n_Z=0$	$1.4^1+1.44^1+0.68^1$ 0	2.4	0.000

表 7-7　各步行节点网络空间阻抗值

d_{ij}	a	b	c	d	i	o	e	f	g	w	h	j	k	l	m	n	p	q	r	s	t	u	v	x	y	z
a	—	200	272	156	182	244	424	382	312	243	306	131	46	190	261	328	395	672	657	390	607	477	592	577	760	803
b	200	—	72	264	290	352	532	490	368	351	414	239	154	298	61	128	195	472	457	190	407	277	392	377	560	603
c	272	72	—	336	362	424	604	562	440	423	486	311	226	370	133	124	191	400	385	262	335	349	464	305	488	531
d	156	264	336	—	26	88	268	226	156	87	150	129	110	188	325	392	459	736	628	334	671	395	510	641	700	743
i	182	290	362	26	—	62	294	252	130	61	176	155	136	214	351	418	458	717	602	308	652	369	484	667	674	717
o	244	352	424	88	62	—	356	314	192	123	238	217	198	276	413	480	520	779	664	370	714	431	546	729	736	779
e	424	532	604	268	294	356	—	194	424	355	118	397	378	456	593	660	727	1 004	896	602	939	663	778	909	998	1 041
f	382	490	562	226	252	314	194	—	382	313	76	355	336	414	551	618	685	962	854	560	897	621	736	867	956	999
g	312	368	440	156	130	192	424	382	—	69	306	285	266	344	307	374	328	587	472	178	522	239	354	549	544	587
w	243	351	423	87	61	123	355	313	69	—	237	216	197	275	376	443	397	656	541	247	591	308	423	618	613	656
h	306	414	486	150	176	238	118	76	306	237	—	279	260	338	475	542	609	886	778	484	821	545	660	791	880	923
j	131	239	311	129	155	217	397	355	285	216	279	—	85	59	300	367	434	711	696	429	646	516	631	616	799	842
k	46	154	226	110	136	198	378	336	266	197	260	85	—	144	215	282	349	626	611	344	561	431	546	531	714	757
l	190	298	370	188	214	276	456	414	344	275	338	59	144	—	359	426	493	770	755	488	705	575	690	675	858	901
m	261	61	133	325	351	413	593	551	307	376	475	300	215	359	—	67	134	450	435	129	385	216	331	355	521	564
n	328	128	124	392	418	480	660	618	374	443	542	367	282	426	67	—	67	383	368	196	318	283	398	288	471	514
p	395	195	191	459	458	520	727	685	328	397	609	434	349	493	134	67	—	316	301	150	251	237	352	221	404	447
q	672	472	400	736	717	779	1 004	962	587	656	886	711	626	770	450	316	316	—	115	435	65	348	291	95	278	321
r	657	457	385	628	602	664	896	854	472	541	778	696	611	755	435	368	301	115	—	320	50	233	176	80	196	239
s	390	190	262	334	308	370	602	560	178	247	484	429	344	488	129	196	150	435	320	—	370	87	202	371	392	435
t	607	407	335	671	652	714	939	897	522	591	821	646	561	705	385	318	251	65	50	370	—	283	226	30	213	256
u	477	277	349	395	369	431	663	621	239	308	545	516	431	575	216	283	237	348	233	87	283	—	115	313	305	348
v	592	392	464	510	484	546	778	736	354	423	660	631	546	690	331	398	352	291	176	202	226	115	—	256	190	233
x	577	377	305	641	667	729	909	867	549	618	791	616	531	675	355	288	221	95	80	371	30	313	256	—	183	226
y	760	560	488	700	674	736	998	956	544	613	880	799	714	858	521	471	404	278	196	392	213	305	190	183	—	43
z	803	603	531	743	717	779	1 041	999	587	656	923	842	757	901	564	514	447	321	239	435	256	348	233	226	43	—
合计	9 607	8 143	8 855	8 718	8 757	10 245	14 610	13 602	8 715	8 819	11 778	9 845	8 503	11 261	8 307	8 935	9 120	13 075	11 509	8 273	11 515	8 964	10 576	11 270	13 476	14 508
平均	384	326	354	349	350	410	584	544	349	353	471	394	340	450	332	357	365	523	460	331	461	359	423	451	539	580

根据统计，空间阻抗最小点为 m，最大点为 e，空间阻抗最大值出现在 e-z，最小值为 y-z，网络平均值 A＝427.2。拓扑结构也显示，最佳的 m 点位于叠加网络的平面中心位置，与贯穿村中心区的机动车道直接相连，而最差的 e 点位于网络最东侧的步行道路尽端，且步行道从属于道路网络的最低层级，与其他所有节点的相对距离与绝对距离均为最远。但从统计过程中发现，能够通过增加道路直接改善可达性的节点包括 a、o、l、q、z 五个节点，目前它们都是尽端路，若能与机动车道建立联系或延长步行巷道，将其提升为环形路网的某节点，自身及周边的可达性将大幅提高。

步行网络的联系可达性测算意义不大，首先通常不存在人采用步行这一唯一方式从村外步行进村直至某一点的可能性；其次在步行速度的层面考虑各节点与出入口的联系便捷程度并非主要矛盾，也不存在较为高效的改进措施；最后从前几项统计数据规律来看，影响各个网络节点可达性的因素不外乎层级和距离，步行节点的联系可达性主要受到机动节点的联系可达性和步行节点的网络可达性分布规律的叠加作用，基本不存在过于跳脱的点。

（3）综合可达性

在第 5 章的综合可达性分析中，笔者列举了人的三种可能交通方式——纯机动车、机动车＋步行、纯步行。在曹墩村，各点的可达平均值和极值所反映的属性有不同侧重：平均值主要体现了该节点在整个网络中所处的位置和层次，极值则为最短路线的选择提供依据。计算可达性的一条基本原则就是默认人总是选择最短路线移动，因此计算总以最小值为标准。

① 纯机动车方式是指人可以驾车直接行驶至某一点，整个过程中只采用了纯机动车方式移动。只针对机动车道沿线一层皮范围内、直接向机动车道开设出入口的院落有效，故可达性只考虑机动网络，等于联系可达性＋机动网络阻抗。首先算出某一机动车道贴线节点的联系可达性，根据最小值的出入口节点对应算出网络空间阻抗值，两值相加即等于该点的机动可达性最小值，平均值可类推得到。

例如曹墩村村委会 69 号建筑与前街直接相连，前有停车空地，可驾车直接行驶至此点。该建筑的点位为 M－S－150，则该点的机动联系可达平均值为 5.56，最小值为 2.49（A），最大值为 7.91（Z），即从 A 点进入村庄驶向 69 号点最便捷，从 Z 点进入最远；网络空间阻抗平均值为 5.14，则 69 号点位的机动可达性最小值为 7.63，平均值为 10.7，最大值为 13.05（计算过程不再赘述）。再如民宅 365 号可直接驾车到达，点位为 L－G－50，该点的机动联系可达平均值为 17.36，最小值为 10.88（A），最大值为 24.77（Z）；网络空间阻抗平均值为 6.01，则 365 号点位的机动可达性平均值为 23.37，最小值为 16.89，最大值为 30.78（图 7-20a）。

② 机动车＋步行方式由三部分组成：机动联系可达＋机动网络阻

抗＋步行网络可达,需要明确各停车场与道路网络的位置关系。曹墩村目前只有一处集中停车场,等同于节点 A,那么可达性即 A 点到村庄各处的步行网络可达值。其余各零散停车位的可达值计算与①原理相同,只是分为机动与非机动两部分相加。例如村信用社 194 号建筑位于 P 地块,四周不通车,最近的停车位位于北侧巷口(新增 p′点),人的移动路径为:驾车到 p′点停车再步行至 194 号点。该建筑点位为 V-S-102-p′-59,该点的机动联系可达平均值为 6.44,最小值 4.92(B),最大值 7.76(D),即从 B 点进入最便捷,从 D 点进入最远;网络空间阻抗平均值为 3.12,则 194 号点位的机动可达性平均值为 9.56,最小值为 8.04,最大值为 10.88 (图 7-20b)。

③ 纯步行方式的可达值可参考后表 7-11 中的数据,再结合各建筑单元的点位计算。

④ 突发事件应急路径也可以简化理解为机动车＋步行,不同点在于:a. 不是通过停车场节点转换,而是机非转换点,可达性由两部分组成,即机动联系可达＋步行网络可达,不考虑机动网络阻抗,且只计算最小值。b. 在突发事件的层面,不应以建筑为单位而应以地块为单位,在地块层面选择最便捷的路径。c. 机动车和步行的移动速度差在这种情况下是不容忽略的因素,若以机动车速为基准,步行段的阻抗需要赋予权重系数,村落中狭窄车道行驶速度约为奔跑速度的 1.5 倍。以曹墩村村委会北侧的 301 号建筑为例,可选的机非转换节点有两个,分别为 m′(M-S-99)和 i(J-E-103),两条应急路径分别为由 m′点向内步行 89 m,即 m′-i-89,或由 i 点向内步行 82 m,即 i-o-82,两条路径的可达最小值分别为 1.22＋0.89×1.5≈2.56,3.19＋0.82×1.5＝4.42,从 m′点进入明显更便捷。虽然步行距离只相差 7 m,但可达值却相差近一倍,可见机非转换节点的联系可达性成为主要影响因素。因此本书提出应急路径可达性应以地块所临的多条机动车道联系可达性为首要筛选条件,在联系可达性最高的基础上选择最近的步行路线,叠加步行网络可达性。以中部东区为例,南北两侧均临机动车道,但南侧 M-S 比北侧 M-J 的联系可达值高出许多——m′点的联系可达为 1.22,而 i 点为 2.80,那么当片区中部出现突发状况时,救援人员及车辆需要对可选路线进行选择,从哪一侧转换步行进入地块更快,尤其当多条道路的层级不同且道路线密度不高时,更需要比较和权衡(图 7-20c)。

综合可达性是在分项计算的基础上,针对各种交通方式和人的移动模式进行组合,并针对各种性能特征选择占主导作用的因素。实际情况是人到达某一点的模式不外乎上述三种,但选择的路线却千变万化,且存在途中临时改变的可能,因此难以穷举。

5) 均匀度

曹墩村现有道路的均匀度计算见表 7-8。

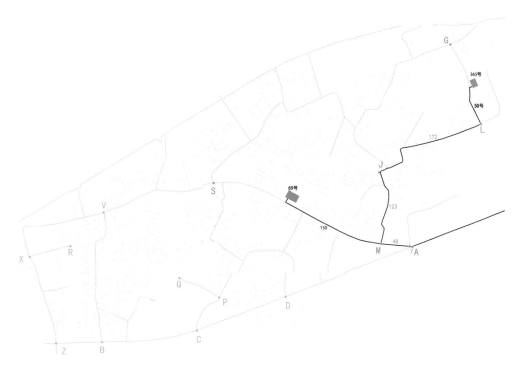

图 7-20a 采用纯机动车方式到达 69 号、365 号建筑

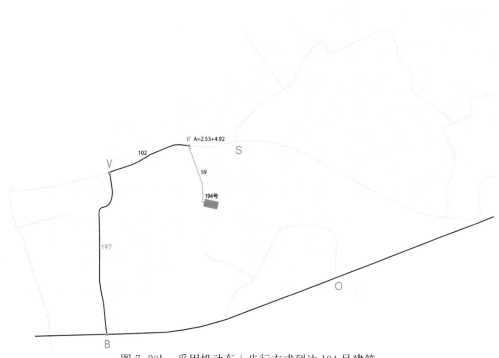

图 7-20b 采用机动车＋步行方式到达 194 号建筑
注:图中数字表示任意两点间的距离,单位为米(m)。图 7-20c 同。

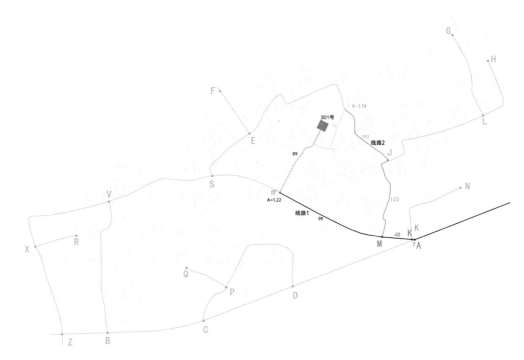

图 7-20c　机动车＋步行方式到达 301 号建筑突发事件

表 7-8　村内现有道路均匀度计算

地块	连通街巷数 n_i（条）	空间阻抗指标 d_{ij}		地块面积 A_i（m²）	街巷数量密度	地块阻抗密度
A	4	267,522,46,62	897	30 780	0.000 13	0.029 1
F	3	53,75,76	204	4 868	0.000 62	0.041 9
G	3	53,76,69	198	3 660	0.000 82	0.054 1
H	4	67,76,150,87	380	12 693	0.000 32	0.030 0
J	5	210,77,172,126,59	644	18 756	0.000 27	0.034 3
K	4	125,48,123,123	419	10 636	0.000 38	0.039 4
L1	2	76,118	194	3 563	0.000 56	0.054 4
L2	4	126,28,32,145	331	3 622	0.001 10	0.091 4
M	5	58,66,67,61,72	324	5 640	0.000 89	0.057 4
M1	3	72,132,122	326	3 762	0.000 80	0.086 7
N	4	67,67,129,150	413	9 938	0.000 40	0.041 6
P	9	150,173,147,50,30,107,114,65,65	901	33 922	0.000 27	0.026 6
T	4	74,84,89,74	321	9 436	0.000 42	0.034 0
U	3	84,43,115	242	7 898	0.000 38	0.030 6

地块	连通街巷数 n_i(条)	空间阻抗指标 d_{ij}		地块面积 A_i(m²)	街巷数量密度	地块阻抗密度
W	2	43,92	135	2 668	0.000 75	0.050 6
Y	6	68,197,164,132,62,43	666	15 500	0.000 39	0.043 0
III	4	50,30,50,37	167	1 613	0.002 48	0.103 6
IV	2	248,140	388	7 470	0.000 27	0.051 9
合计	71	7 179		186 425	—	—
均值	3.94	—		10 356.9	0.000 625	0.050 0
均匀度	36.36%	—		—	9.96%	40.86%

由表 7-8 可知,18 个地块内的道路数量密度不均匀最为明显,其中双密度最低值分别在 A、P 地块,最大值集中在 III 地块,共计 10 个地块的阻抗密度低于平均值,表明整体的均匀度较低,低于 50%,需要进行调整。

7.3.2 街巷交通性能优化

根据拓扑结构及相关分析的数据结论,交通性能提升主要在以下方面:
1) 增加道路(图 7-21)
(1) 提升东侧多个节点的层级,改善整个区域的可达性。

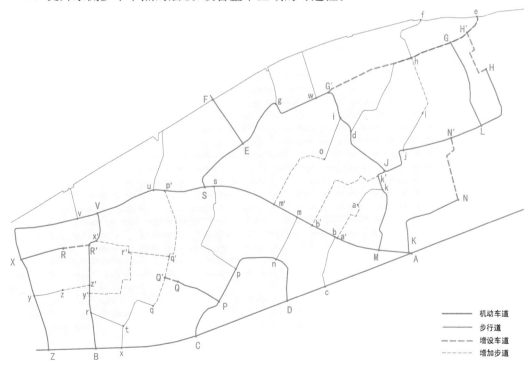

图 7-21 增加道路规划图

（2）在中部增加机动车道；备选区域包括 P‑D 与 M‑S 之间、P‑Q 与 B‑V 之间、P‑Q 与 V‑S 之间。

（3）在面密度较低、街段单边距离过长的东侧环线内增加机动车道，可考虑将 M‑S 与 E‑J 贯穿。

（4）东北侧是村庄的新建区之一，同时小学打断了两端联系，结合（1）增加道路，可考虑将 E‑J 段与 G‑L 建立联系。

（5）对步行网络进行完善，在需要增加步行道密度的地段寻找可能打通的节点以增加步行道，同时将现有断头路打通，以低成本增加步行道数量；对已经成形的土路进行路面铺设。

（6）机动车道延长三条、增加一条：X‑R 向东延长至横梗路，节点为 R′；K‑N 向北延长至牌坊下路，节点为 N′；L‑H 向北延长，节点为 H′。增加机动车道 G′‑H′，原有的步行道 h‑e 段升级为机动车道，与 L‑H 延长线连接成环。

（7）步行道延长四条、增加三条：y‑z 向东延长至横梗路，节点为 z′；k‑a 向南延长至前街，节点为 a′；i‑o 向南延长至前街，节点为 m′；j‑l 向北延长，节点为 h。在 A 地块中增加步行道 b′‑k′，在 P 地块中增加三条步行道 q‑p′、x′‑r′‑y′ 和 r′‑q′。据此，机动节点从 20 个增至 25 个，步行节点从 26 个增至 36 个。

2）单向行驶路段设置

根据机动车道有效宽度和临时会车空地的性能叠加，仍然有部分路段无法会车，形成走不通的断头路，且没有足够的掉头空间，因而有必要对某些路段进行另一项性能补偿——设置单行。单行段由宽度决定，方向应由可达性低点向可达性高点移动。

3）停车场规划

曹墩村入户调查的结果显示，在 92 户拥有小轿车的家庭中仅 28 户自家宅院内留有停车位，在 60 户农用车主中仅 15 户有专用停车位，其余的车辆目前停放在星桐公路南侧停车场和街头巷尾的空地（图 7‑22）。结合未来茶业、旅游业发展，村民购买机动车的数量还将进一步增加，规划小型机动车位 150 个、客车位 10 个、农用车位 80 个，共计 240 个，面积约为 8 000 m²。公路南侧停车场虽然面积为 2 400 m²，可停放 80 辆车，但位于整个村庄外部，利用率较低，村内目前没有停车场，需要结合情况设置约 2 000 m² 的停车空间。可利用的空间主要有沿河岸 30 m 禁建区内的拆迁后场地（W‑U‑T‑F‑G）、小学搬迁后场地（H1）、村部原址拆迁后的部分场地（D 地块内）、村西和村南新建区的部分地段。

4）机动性能核算

对曹墩村车道和街巷调整后，道路密度有明显上升，与线密度数据基本达到同一水平，这意味着各片区的道路数量和长度与面积的比例基本一致，但面密度虽较之前数据有所提升，但片区之间仍有较大差异，中部两个片区为历史街巷，增加机动车道是不可能实现的，即便开辟出完整的步行道，宽度也会非常狭窄，因此道路面密度上升不明显（表 7‑9）。

现有村口停车场   临时停车空地

村民自宅车库   不占道停放加塞

图 7-22 村内停车空间现状

表 7-9 调整后各片区的道路密度表

片区	围合节点	原道路总长度(m)	原道路总面积(m²)	原线密度(m/m²)	原面密度(m²/m²)	新道路总长度(m)	新道路总面积(m²)	新线密度(m/m²)	新面密度(m²/m²)
1-西	Z-X-V-B	671	2 326	0.043 3	0.150	748	2 567	0.048 3	0.166
2-中	B-V-S-A	1 900	7 101	0.030 5	0.114	2 327	8 330	0.037 3	0.134
3-中′	S-E-J-M	897	1 557	0.029 1	0.051	1 212	2 385	0.039 4	0.077
4-东	F-E-J-M	1 616	4 531	0.028 0	0.078	1 973	5 176	0.034 1	0.090
5-北	X-V-E-F	579	1 718	0.029 0	0.086	579	1 718	0.029 0	0.086

5) 可达性核算

除了双密度的上升,可达性提升也收到了立竿见影的效果。调整后的机动车网络可达性平均值 A 由原来的 476.3 下降到 445.3,步行网络的 A 值由原来的 416.9 降为 337.1。

在机动车网络中,没有进行调整的西、中片区部分节点的空间阻抗增大,导致平均可达性上升,而东片区的所有节点可达性指标都明显上升;步行网络由于改动较大,提升较为显著,其中改善最明显的是中区和中—东区的 q、z、a、u 等节点,提升率最高达到 39%,同时方差值也下降至 $S^2 =$ 4 341,表明道路长度更趋向均匀,分布趋于合理。此核算结果与交通网络性能改善的预期目标相符合(表7-10)。

表 7-10　调整前后的街巷网络可达性值统计表

节点编号	调整前平均可达性	调整后平均可达性	节点编号	调整前平均可达性	调整后平均可达性
机动车网络					
A	372	361	M	364	365
B	442	441	N	487	419
C	412	415	N$'$	—	442
D	411	407	P	457	454
E	448	416	Q	518	511
F	526	495	Q$'$	—	530
G	670	491	R	571	457
G$'$	—	418	R$'$	—	426
H	646	519	S	415	395
H$'$	—	519	V	432	415
J	424	403	X	512	500
K	369	358	Z	496	498
L	551	475	—	—	—
步行网络					
a	384	304	m$'$	—	256
a$'$	—	283	n	357	301
b	326	282	p	365	289
b$'$	—	269	p$'$	—	271
c	354	314	q	523	342
d	349	328	q$'$	—	313
i	350	322	r	460	383
o	410	302	r$'$	—	346
e	584	520	s	331	258
f	544	479	t	461	365
g	349	325	u	359	280
w	353	325	v	423	344
h	471	405	x	450	368
j	394	360	x$'$	—	331
k	340	319	y	539	440
k$'$	—	315	y$'$	—	370
l	450	404	z	580	400
m	332	261	z$'$	—	365

6）均匀度核算

曹墩村增加街巷后的网络均匀度统计如表 7-11 所示,和调整前的数据（表 7-8）相比,三项指标的均匀度均有所上升。连通街巷数量均匀度上升至 57.14%,表明各地块的连通性趋向平均,且与地块面积的对应性加强（街巷密度均匀度）。

表 7-11　调整后的街巷网络均匀度

地块	连通街巷数 n_i（条）	空间阻抗指标 d_{ij}		地块面积 A_i	街巷数量密度	地块阻抗密度
A	3	61,90,108	259	3 605	0.000 83	0.071 8
B	4	143,108,20,40	311	3 584	0.001 12	0.086 8
C	4	143,172,103,62	480	9 043	0.000 44	0.053 1
D	3	172,104,295	571	14 548	0.000 21	0.039 2
F	3	53,75,76	204	4 868	0.000 62	0.041 9
G	3	53,76,217	346	3 660	0.000 82	0.094 5
H	3	131,150,70	351	4 167	0.000 72	0.084 2
H1	3	67,76,149	292	8 525	0.000 35	0.034 3
J	5	77,52,150,143,28	450	9 217	0.000 54	0.048 8
K	4	48,218,123,124	513	10 636	0.000 38	0.048 2
L	4	168,62,143,126	499	9 539	0.000 42	0.052 3
L1	2	76,118	194	3 563	0.000 56	0.054 4
L2	4	126,28,32,145	331	3 622	0.001 10	0.091 4
M	5	58,66,67,61,72	324	5 640	0.000 89	0.057 4
M1	3	72,132,122	326	3 762	0.000 80	0.086 7
N	4	67,67,129,150	413	9 938	0.000 40	0.041 6
IV	2	248,140	388	7 470	0.000 27	0.051 9
P	5	150,51,85,131,71	488	9 085	0.000 55	0.053 7
Q	4	132,41,115,101	389	7 583	0.000 53	0.051 3
S	2	78,175	253	3 833	0.000 52	0.066 0
R	5	118,58,27,50,138	391	5 620	0.000 89	0.069 6
VI	4	85,63,107,138	393	7 800	0.000 51	0.050 4
III	4	50,30,50,37	167	1 613	0.002 48	0.103 5
T	4	74,84,89,74	321	9 436	0.000 42	0.034 0
U	3	84,43,115	242	7 898	0.000 38	0.030 6
W	2	43,92	135	2 668	0.000 75	0.050 6
X	4	100,52,121,44	317	4 579	0.000 87	0.069 2
Y	4	82,100,54,56	292	4 982	0.000 79	0.057 9
Z	4	68,78,82,88	316	5 939	0.000 68	0.053 7
合计	104	9 956		186 423	—	—
均值	3.59	—		6 428.4	0.000 684	0.059 6
均匀度	57.14%	—		—	15.61%	45.60%

7.3.3 地块形态量化

曹墩村总建设用地宜按人均 80—120 m² 进行控制,以曹墩村现有人口 2 000 人计算,村庄的建设用地为 16 万—24 万 m²,现状建设面积为 17 万 m²。

村民新增住宅宅基地面积应控制在 80 m² 至 120 m² 之间,三口以下的家庭每户不应超过人均 80 m²,六口以上的家庭每户不应超过人均 120 m²,利用空闲地、荒坡地和其他未利用地建设住房,或者对原住房进行改建的,每户可以增加不超过 30 m² 的用地面积。农村低层住宅小区的建筑密度宜控制在 26%—35%,容积率宜控制在 0.7 至 1.0 之间,建筑高度不宜超过 12 m。农村多层单元式住宅小区的建筑密度宜控制在 30% 左右,容积率宜控制在 1.4—1.8,建筑高度不宜超过 24 m。

1) 宅基地面积与边长

曹墩村现状有明确边界的宅基地共 327 块(另有在建地块 50 块,合计 377 块),面积差别较大,平均面积为 248.5m²,最小为 39 m²,最大值为 1 175 m²。面积超过 600 m² 的宅基地共有 14 块,5 块为公共建筑(幼儿园 745 m²、宗亲会 743 m²、彭氏祖堂 650 m²、市场 1 175 m²,小学 8 525 m² 不计入),3 块为新建大型茶厂(易晟茶厂 604 m²、广盛源岩茶厂 683 m²、仲福茶园 940 m²),剩余 6 块为村民住宅,都是存在亲属关系的 2—4 个家庭分割同一块宅基地(31 号地块面积为 670 m²,由三个核心家庭公用;233 号地块面积为 620 m²,由兄弟两个核心家庭分割;112 号地块面积为 800 m²,正在进行翻建,由祖孙三代共 6 人同住)。面积小于 100 m² 的宅基地共计 43 块,100—200 m² 的共计 115 块,200—300 m² 的共计 84 块,300—400 m² 的共计 40 块,400—500 m² 的共计 18 块,500—600 m² 的共计 13 块,大于 600 m² 的共计 14 块。

由于经过多轮初建、拆建、翻建,自留地也被改为不同用途,宅基地已基本没有统一的尺寸和规律,最初猜测的前舍后田的模式已无从考据,只能从少量单体建筑中寻找规律。

曹墩村的整体外形呈现不规则,内部道路也未按照方格网状规划而是自由形态,因此,大地块均为不规则形,且道路网不完整,靠近边缘区的道路都是尽端路,地块不闭合。依照现有道路和可能连通的步行空间,本书将村落划分为 29 个地块并编号(图 7-23),各地块的面积、所含户数、建筑密度和容积率统计见表 7-12。

首先,增加道路对大面积地块的切分有积极的作用:中心区的地块虽然被两条主要机动车道环绕,但地块内部的街巷都是断头路无法走通,很多民宅是背靠背排列,村民需要从外围绕行一圈才能到达地块的另一面,这对于交通效率和可达性的影响较大,需要顺应建筑群的空间肌理规律增加支路切分地块,除了能够改善交通网络,对于地块尺寸的调整进而对空

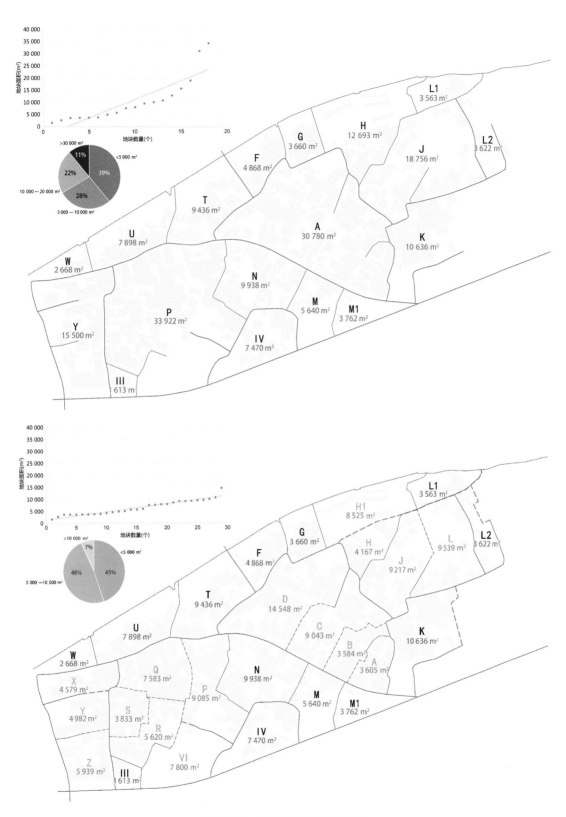

图 7-23　新旧地块划分对比图

表 7-12　调整前后地块数据统计

地块编号	现状面积（m²）	切分面积（m²）	包含户数（户）		建筑数量（栋）	建筑基底面积（m²）	建筑密度	总建筑面积（m²）	容积率
A	30 780	3 605	29	14	36	2 314.0	0.640	4 612.7	1.280
B	—	3 584		15	31	2 296.9	0.640	5 339.2	1.490
C	—	9 043	22		71	4 562.5	0.500	8 780.0	0.970
D	—	14 548	38		96	8 018.7	0.550	16 970.0	1.170
F	4 868	4 868	8		23	2 008.8	0.410	3 622.8	0.740
G	3 660	3 660	6		14	1 844.6	0.500	3 330.0	0.910
H	12 693	4 167	12	11	25	2 280.7	0.550	4 601.1	1.100
H1	—	8 525		1	5	—		—	
J	18 756	9 217	26		55	3 998.7	0.430	7 832.6	0.850
L	—	9 539	12		33	2 208.3	0.230	4 546.5	0.480
K	10 636	10 636	11		41	5 375.3	0.510	10 158.4	0.960
L1	3 563	3 563	5		12	948.5	0.270	2 239.0	0.630
L2	3 622	3 622	5		16	618.2	0.170	1 564.4	0.430
M	5 640	5 640	7		18	1 363.0	0.240	2 289.2	0.410
M1	3 762	3 762	0		0	0.0	0.000	0.0	0.000
N	9 938	9 938	22		57	5 111.7	0.510	9 269.3	0.930
IV	7 470	7 470	13		33	2 650.2	0.350	5 912.4	0.790
P	33 922	9 085	71	22	60	4 119.6	0.450	6 977.7	0.770
Q	—	7 583		23	49	5 228.4	0.690	11 952.0	1.580
S	—	3 833		10	23	2 416.1	0.630	4 359.3	1.140
R	—	5 620		15	41	3 048.4	0.540	5 569.0	0.990
VI	—	7 800		1	1	170.4	0.020	681.6	0.090
III	1 613	1 613	5		12	568.6	0.350	1 303.8	0.810
T	9 436	9 436	22		51	4 194.1	0.440	8 973.7	0.950
U	7 898	7 898	21		46	2 723.6	0.340	5 637.1	0.710
W	2 668	2 668	6		8	582.6	0.220	1 608.8	0.600
X	—	4 579	31	14	31	2 142.7	0.470	5 656.7	1.240
Y	15 500	4 982		8	20	2 734.8	0.550	8 824.2	1.770
Z	—	5 939		9	26	2 331.1	0.390	6 320.1	1.060
均值	10 357	6 428	—		—	2 615.9	0.415	5 480.4	0.898
合计	186 423	186 423	372		934	75 860.5	—	158 931.6	—

间格局的凸显也有积极的意义。切分前 18 个地块面积的平均值为 10 357 m²,中位数为 7 470/7 898 m²,方差 $S^2 = 8.1 \times 10^7$,没有明显的集中的面积区间,最集中的 3 000—4 000 m² 地块也只有 4 个,小于 5 000 m²、5 000—10 000 m²、10 000—20 000 m² 数量接近。切分后 29 个地块面积的平均值降为 6 428 m²,中位数为 5 640 m²,方差 $S^2 = 0.87 \times 10^7$,数量居多的面积区间为 3 000—4 000 m²(7 个)和 9 000—10 000 m²(6 个),面积小于 10 000 m² 的地块数量明显增多且集中,均匀度有所上升(图 7-23)。

2)建筑密度与容积率

对照村落地形图不难发现,靠近中心区的地块和外围边缘地块的面积值和户密度值分布于两个区间,中心区 17 个地块的面积切分比较均匀,主要集中在 4 000 m² 和 9 000 m² 附近浮动,建筑密度在 0.4 至 0.7 之间,外围区 12 个地块的面积相差较大,户密度均低于 0.4。原因在于中心区及沿河岸的地块是伴随着村庄最初形成而逐渐发展至今的区域,起初房屋矮小紧凑、联系密切,各家房屋都背靠背紧密压缩在一起,尽管部分翻建、倒塌,经历数次改造,但始终保持在较为稳定的空间密度和强度范围内,步行空间也逐步合理化,切分出的小地块面积也存在倍数关系。靠近其余三条边界的外围地块是村庄扩展过程中置换田地逐渐形成的地块,面积和道路都与之前的成熟地块有一定区别,由于外围地块的土地权属不够明晰,规划红线也一再被突破,例如村东侧区域原先都是公共农田,鸣山庙原本是村外的土庙,在附近建房的村民就近将农田私下划分为自留地,以便翻建时扩大宅基地面积,加上预留土地未完全建设,密度偏低、地块不闭合、庭院率高便是典型的平面特征。

3)建筑平均高度

根据平均高度的计算公式可得各地块的建筑平均层数,整个曹墩村内的建筑高度偏低,界面平缓,主要为 1—2 层,不超过 12 m,4 层以上建筑超过 12 m,约占总数的 10%(表 7-13)。

表 7-13 各地块内建筑高度统计

地块编号	地块面积 (m²)	建筑数量 (栋)	一层 (栋)	二层 (栋)	三层 (栋)	四层 (栋)	五层 (栋)	平均层数 (层)	地块体积(m³)
A	3 605	36	16	14	4	2	0	1.78	6 417
B	3 584	31	13	13	2	2	1	1.87	6 702
C	9 043	71	37	26	4	4	0	1.65	14 921
D	14 548	96	38	45	6	7	0	1.81	26 332
F	4 868	23	10	12	0	1	0	1.65	8 032
G	3 660	14	6	8	0	0	0	1.57	5 746
H	4 167	25	9	11	2	3	0	1.96	8 167
H1	8 525	5	3	0	0	2	0	2.20	18 755

地块编号	地块面积 （m²）	建筑数量 （栋）	一层 （栋）	二层 （栋）	三层 （栋）	四层 （栋）	五层 （栋）	平均层数 （层）	地块体积（m³）
J	9 217	55	28	17	8	2	0	1.71	15 595
K	10 636	41	20	12	6	3	0	1.80	19 145
L	9 539	33	15	9	5	4	0	1.94	18 506
L1	3 563	12	6	3	1	2	0	1.92	6 841
L2	3 622	16	6	3	4	3	0	2.25	8 150
M	5 640	18	8	10	0	0	0	1.56	8 799
M1	3 762	0	0	0	0	0	0	0.00	0
N	9 938	57	29	22	1	5	0	1.68	16 696
P	9 085	60	30	23	4	3	0	1.67	15 172
Q	7 583	20	9	6	1	4	0	2.00	6 600
S	3 833	28	13	11	2	2	0	1.75	9 284
T	9 436	23	10	10	0	3	0	1.83	7 560
U	7 898	16	6	8	0	2	0	1.88	7 955
W	2 668	8	4	1	0	3	0	2.25	6 003
X	4 579	31	10	11	3	5	2	2.29	10 486
Y	4 982	20	7	3	3	7	0	2.50	12 455
Z	5 939	26	7	10	4	4	1	2.31	13 726
R	5 620	29	11	16	0	2	0	1.76	7 542
VI	7 800	1	0	0	0	1	0	4.00	54 600
III	1 613	12	5	3	4	0	0	1.92	3 097
IV	7 470	33	15	11	3	4	0	1.88	14 044
总计	186 423	934	409	368	68	84	5	—	379 944
均值	6 428.4	—	—	—	—	—	—	1.91	—

具体到每个地块的建筑平均层数和时间的对应性表明：外围地块的高度均高于内部地块，1—3 层民宅集中在中区域，4—5 层民宅基本分布在外围区域地块中，且大多为 2000 年后建设期内的项目。这说明中心区的地块建筑高度控制得较好，即便翻建扩建也能有效地控制建筑高度和体量，虽然可能是受限于当时的建筑材料，但可以确定的是，中心区域的民宅更能体现空间的自在形态，相比较而言，外围地块的人工建设更为明显，无论是农田侵占还是房屋建设都呈现刻板而非与环境相融合的姿态。

4）建筑分散度

曹墩村各地块的建筑分散度见表 7-14。

表 7-14 各地块建筑分散度

地块编号	切分面积（m²）	建筑基底面积(m²)	建筑周长（m）	分散度	地块编号	切分面积（m²）	建筑基底面积(m²)	建筑周长（m）	分散度
A	3 605	2 314.0	579.3	3.01	N	9 938	5 111.7	1 124.8	3.93
B	3 584	2 296.9	490.3	2.56	P	9 085	4 119.6	922.3	3.59
C	9 043	4 562.5	800.1	2.96	Q	7 583	2 284.6	601.3	3.15
D	14 548	8 018.7	1 482.6	4.14	S	3 833	2 336.9	514.0	2.66
F	4 868	2 008.8	379.6	2.12	T	9 436	1 857.2	499.8	2.90
G	3 660	1 844.6	215.6	1.25	U	7 898	1 376.6	288.4	1.94
H	4 167	2 280.7	622.1	3.26	W	2 668	582.6	247.0	2.56
H1	8 525	—	—	—	X	4 579	2 142.7	561.2	3.03
J	9 217	3 998.7	1 106.9	4.38	Y	4 982	2 734.8	577.6	2.76
K	10 636	5 375.3	822.5	2.80	Z	5 939	2 331.1	645.9	3.34
L	9 539	2 208.3	737.1	3.92	R	5 620	2 943.8	497.4	2.29
L1	3 563	948.5	242.0	1.96	VI	7 800	170.4	52.7	1.01
L2	3 622	618.2	239.6	2.41	III	1 613	568.6	182.0	1.91
M	5 640	1 363.0	419.2	2.84	IV	7 470	2 650.2	787.5	3.82
M1	3 762	0.0	0.0	0.00	—	—	—	—	—

在有效的 30 个地块中,除了 VI 地块目前只有一栋建筑导致分散度太小,其余 29 个地块内的建筑分散度均在 1.2 至 4.4 之间,最小为 G 地块,最大为 J 地块。

由公式可知,分散度 T 值越低,表明周长 L 越小或总面积 S 越大。部分分散度较高的地块是由于地块面积小、建筑总数少、建筑平面接近方形,如 L1、L2、III;另一部分则是因为建筑布局紧凑且地块接近方形,如 F、G、T、U,这一类地块才正确表达了分散度的平面意义,即地块中建筑的面状特征更明显,轮廓接近规则形状,紧贴形成房屋群体的数量更多,而零散分布的独栋建筑较少,空间的利用率高。此外,建筑密度、单体建筑的形状、分布组合模式、界面凹凸度等都对周长和面积有影响,因而不能仅从地块面积和建筑总数来反推分散度的影响因素。历史地块中传统建筑密度通常较大,同一时期建筑平面样式接近且排列方式相似、排列紧密,分散度低,如 Q、U 地块的沿街段,而不同时期改建建筑的平面形式不同,且并置交接无规律,常制造出消极空间,故分散度高,如 P 地块的北侧沿街段、X-Y-Z 地块西侧的新建区;新建独栋洋楼通常平面小且规则齐整,尽管分布零散,但根据公式计算出的分散度很低。G 地块分散度最低的主要原因在于建筑全部背靠背互相紧贴,基本没有消极空间,空间效率较高,但从平面肌理的角度判断,它并不是最佳地块,可见分散度指标并不能评价平面的

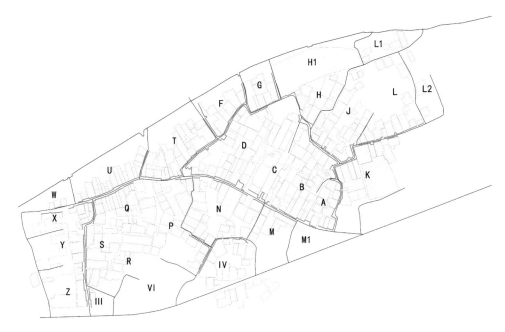

图 7-24   各地块沿街贴线率与分散度的关系

集合度。村庄中建筑分散度的意义主要在于帮助判断各地块中的建筑改
建情况和街巷密度：分散度高的地块中建筑的总边长更长，表明轮廓更参
差、内部更琐碎，可以认为建筑的共时特征更为明显，例如 N、P、J 地块，建
筑单体和组合都犬牙交错，且形状多为不规则形，分散度均在 3.5 以上；消
极空间是指那些既不能承担功能，也无法作为交通空间的"边角料"，通常
是由于建筑的不规则排列造成的，这些空间的边界不但无形中增加了轮廓
的周长，而且占据了更多的公共空间从而造成浪费，相反轮廓规整的群体
所需要的交通面积更少。因此在改建房屋时，应更多地考虑宅基地布局方
式、原有房屋的形式、周边建筑现状与所在地块的整体状况，整体肌理的延
续是依靠每栋建筑的守线来实现的（图 7-24）。

5）贴线率

贴线率计算以每个地块的边长为单位（其中 H1 为小学，独立单位不
在统计范围内），贴线率以贴线的面宽长度占街段总长度的比例为内容，先
测量地块的单边长度，再计算各边贴线率（表 7-15）。结果显示，沿历史老
街两侧的建筑贴线率都较高，前街、中街、上街的民宅基本都严格守线，界
面的围合和视觉观感较好，街巷的序列引导性较强；而越远离主要街道的
地块界面贴线率越低，由此可以推断，某些步行街巷的定位是在住宅建设
之后完成的，利用不规则的背向空间作为地块内部联系的巷道，并在住宅
内聚式增长过程中被迫升级为次要道路，因而呈现出建筑不沿线、与街巷
不匹配的状况。

表 7-15 各地块沿街建筑贴线率

道路编号	道路属性	总长(m)	段数(段)	所在段编号	有效宽度(m)	贴线率1(前,%)	贴线率2(后,%)	贴线建筑平均高度(m)		高宽比
1	主干机动车道	551	7	A-M1	4.0	67	0	6.4	0.0	1.60/0.00
				B-M	2.3	94	94	6.4	6.4	2.78
				C-N	4.0	45	59	7.0	4.3	1.75/1.08
				D-N	4.0	74		6.8	6.8	1.70
				T-P	4.5	91	48	8.8	8.0	1.96/1.78
				U-Q	4.3	94	69	6.2	7.2	1.44/1.67
				W-X	5.5	66*	72*	10.6	6.4	1.93/1.16
2	主干机动车道	197	4	X-Q	2.5	53	91	6.4	5.6	2.56/2.24
				Y-S	3.3	83	83	5.6	6.4	1.70/1.94
				Z-R	3.6	57	88	8.8	4.3	2.44/1.19
				Z-III	5.5		66	12.8	9.6	2.33/1.75
3	主干机动车道	179	3	X-	4.0	0	0	0.0	—	0.00
				Y-	3.6	36	31*	12.6	3.2	3.50/0.89
				Z-	3.3	46	36*	6.4	7.5	1.94/2.27
4	主干机动车道	521	7	T-D	2.2	90	55	5.3	6.4	2.41/2.91
				F-D	2.6	96	69	8.0	6.4	3.08/2.46
				G-D	2.2	97	93	6.4	5.3	2.91/2.41
				H-D	2.4	67	17	5.1	8.0*	2.13/3.33
				J-C	2.3	80	65	4.4	7.7	1.91/3.35
				K-B	2.8	57	69	6.4	12.8	2.29/4.57
				K-A	2.7		75	6.4	7.0	2.37/2.59
5	次干机动车道	272	3	J-K	3.7	60	97	6.4	8.3	1.73/2.24
				L-K	3.0	84	69	6.7	7.3	2.23/2.43
				L2-	6.0	17	0	8.5	3.2	1.42/0.53
6	次干机动车道	248	4	M-IV	2.5	88*	72*	6.4	6.4	2.56
				N-IV	2.0	72		7.2	7.5	3.60/3.75
				P-IV	3.3	62		4.8	4.8	1.45
				VI-IV	2.7	0		0.0	0.0	0.00
7	次干机动车道	82	1	T-F	3.4	48	56	8.5	7.2	2.50/2.12
8	次干机动车道	125	1	K-	5.0	0	0*	3.2	0.0	0.64/0.00

道路编号	道路属性	总长(m)	段数(段)	所在段编号	有效宽度(m)	贴线率1(前,%)	贴线率2(后,%)	贴线建筑平均高度(m)		高宽比
9	机动车道	126	1	L-L2	3.1	39*	40*	12.8	4.8	4.13/1.55
10	机动车道	65	1	P-VI	2.3	97*	100*	3.2	12.8	1.39/5.57
11	机动车道	62	1	X-Y	2.4	0	0	12.8	12.8	5.33
12	步行道	53	1	F-G	2.6	43	63	6.4	6.4	2.46
13	步行道	67	1	G-H1	4.2	45	81	5.3	4.0	1.26/0.95
14	步行道	76	1	H1-L1	2.5	0	28*	4.0	9.6	1.60/3.84
15	步行道	59	1	J-L	1.4	74	85	4.5	5.3	3.21/3.79
16	步行道	268	3	H-J	2.0	94	72	7.0	4.8	3.50/2.40
				L-L1	3.0	42	38*	4.8	7.5	1.60/2.50
				L2-L1	5.0	33		8.0	6.4	1.60/1.28
17	步行道	46	1	A-B	2.6	63	39	4.8	8.5	1.85/3.27
18	步行道	62	1	C-D	2.5	35	65	5.5	6.4	2.20/2.56
19	步行道	72	1	M-M1	4.0	0	0	6.4	0.0	1.60/0.00
20	步行道	67	1	M-N	1.9	72	74	5.3	6.4	2.79/3.37
21	步行道	150	1	N-P	2.1	97	97	6.0	4.8	2.86/2.29
22	步行道	95	2	VI-R	2.2	0*	84	0.0	8.0	0.00/3.64
				VI-III	3.2		0	0.0	4.8	0.00/1.50
23	步行道	50	1	III-R	2.5	78	56	3.2	3.2	1.28
24	步行道	84	1	T-U	1.6	71	63	7.2	6.4	4.50/4.00
25	步行道	43	1	U-W	2.2	29	63	5.3	4.3	2.41/1.95
26	步行道	43	1	Y-Z	2.1	0	0	12.8	11.7	6.10/5.57
新增道路										
1	机动车道	39	1	X-Y延	2.6	82	76	7.5	8.0	2.88/3.08
2	机动车道	20	1	P-VI延	2.7	100	0	3.3	0.0	1.22/0.00
3	机动车道	77	1	L2-延	6.0	0	0*	0.0	0.0	0.00
4	机动车道	93	1	K-延	6.0	0	0*	0.0	0.0	0.00
5	机动车道	250	3	H-H1	2.8	0	0*	0.0	0.0	0.0
				L-L1	3.0	42	38*	4.8	7.5	1.60/2.50
				L2-L1	5.0	33		8.0	6.4	1.60/1.28
6	步行道	62	1	A-B延	2.6	43	89	6.4	6.4	2.46
7	步行道	143	1	B-C	1.8	63	75	6.4	4.8	3.56/2.67

道路编号	道路属性	总长(m)	段数(段)	所在段编号	有效宽度(m)	贴线率1(前,%)	贴线率2(后,%)	贴线建筑平均高度(m)		高宽比
8	步行道	110	1	C-D延	2.5	35	65	5.5	6.4	2.20/2.56
9	步行道	174	2	P-Q	2.9	92	36	5.2	9.6	1.79/3.31
				P-R	2.8	100	33	3.9	4.5	1.39/1.61
10	步行道	175	2	S-R	2.1	74	75	6.4	6.4	3.05
				S-Q	2.5	77	—	8.5	6.4	3.40/2.56
11	步行道	58	1	R-Q	2.2	100	100	—	—	—
12	步行道	84	1	J-L延	2.2	0*	0*	0.0	0.0	0.00
13	步行道	38	1	Y-Z延	2.6	48	36	4.8	9.6	1.85/3.69

注:* 表示地块中仍有大面积建设未完成,直接将街段长度作为总长度计算不合理,改为将已建设部分的街段长度作为总长度。

表 7-15 中还对各条街巷与沿街建筑的高宽比进行了统计,虽不能达到 1∶1.2—1∶1.4 的最佳比例,但与建筑高度的规律基本一致:中部区沿前街—中街—上街的沿街房屋尺度都较合适,越往外围,高宽比越大。同一条街的两侧也因建设年代的先后而呈现不同的界面,悬殊的对话状态也对村貌造成了影响。

7.3.4 地块反馈

1)宅院率

福建地区气候温暖湿润,尤其闽北山区雨量充沛、阳光充足,加上日常的农业耕作,福建地区民居拥有宅院是十分普遍的形制,无论是闽西的客家土楼、闽南的古厝和手巾寮,还是闽中的"一明两暗""三合天井"都保留有室内外沟通顺畅的基本特征,体现了"天人合一""阴阳五行"等哲学思想。同时,闽北民居深受徽派建筑影响,除了马头墙、砖雕等技艺外,天井和院落的使用也相当熟练,曹墩村的民居也很好地继承了这一传统特色。根据统计,曹墩村现存 333 户中有 115 户拥有宅院,约占总数的 34.5%,其中有 13 户包含多个宅院。宅院率(宅院面积与宅基地面积的比例)为 7%—74% 不等,平均值为 28.9%,低于 20% 的共 2 户,10%—20% 的有 31 户,20%—30% 的有 40 户,30%—40% 的有 23 户,大于 40% 的共 20 户;最低值为 7.2%,是 1968 年建设的土屋;最大值为 74%,为 2005 年重新翻建的三层混凝土洋楼式民居(图 7-25)。

从之前按照时间线划分的四个阶段可以看出各个时期建设的民居宅院率数值略有变化。新中国成立以前的 8 栋民居以土房为主,宅院率平均值为 23.4%;新中国成立后至 1980 年间 40 栋房屋混合了土房、木房和砖房,2 户扩建了房屋,宅院率平均值为 26.3%;1980—2000 年为建设高峰

45号砖房U形围合

40号砖混L形围合　133号砖房T形围合

171号砖房L形围合

147号砖房L形围合

294号砖混U形围合

图 7-25　旧屋宅院平面与实景照片

期,新建房屋 46 栋,翻建和扩建 10 栋,宅院率平均值上升至 29.3%;2000 年以后新建 21 栋,翻建和扩建 18 栋,宅院率平均值为 33.7%。可见,村民对院落的需求是不断上升的(图 7-26)。

　　除了各时期民居风格的些许变化之外,建筑材料对宅院面积也有影响。土屋的建筑结构较大,跨度与层高都较高,室内空间宽敞明亮,人对于院子的面积和形态的要求并不十分高;木屋受限于木料尺寸,除祠堂、名人故居以外的普通民居通常木料偏小,无法形成大的天井、院落,因此这两类房屋的宅院率偏低,在 11% 至 16% 之间,且以天井为主。20 世纪 80 年代后,砖的运用突破了建筑低矮的局限,院落也从天井进化为院子。很多住户在危旧房屋倾倒后顺势重建砖房,在围合院落的过程中逐渐采用室外院落的形式并固定下来,砖房的宅院率上升至 22% 左右。

　　由此可见,宅院率呈现逐渐增大的趋势,原因在于:首先,村庄内的各种红线整理促使各个家庭对宅基地和自留地的范围进行了明确的标识,数据显示 20 世纪 80 年代以后凡进行过自建的家庭均加建了围墙,以此划定自家的宅基地范围,总计 115 户宅院中有 43% 的宅院空间是由加建围墙得以形成的,而在这之前只区分宅内宅外,并没有院内院外的明确界限,围墙的出现代表着村民思想上的转变以及他们对于所有权的态度和主张。其次,村民对居住面积、室内环境要求提升的同时,对室外空间的归属感也同步加强,面积便是最直接的表达。从读图的结果来看,主体建筑为混凝土结构(而非局部加建)的房屋,大多是将所有的旧屋全部拆除重建新房,容

20世纪50年代　　　　　　　　　　　20世纪80年代

2013年　　　　　　　　　　　2008年

图 7-26　曹墩村四个发展阶段的宅院率

积率高,院落巨大,宅院率大于 52% 的 10 栋民居全部来自于 2000 年后的完全翻建,因为混凝土结构对室内空间和流线的竖向组织优势精减了很多不必要的空间浪费,提升室内空间品质的同时能够腾出足够多的室外院落改作他用;也有不少住户并没有翻建房屋,仍然居住在土屋、砖屋内,但也加建了围墙,他们不愿意改变现在的生活模式或没有足够的经济能力进行完全翻建却想要得到更多的储藏、晾晒、停车空间。不可否认的是,宅院始终是当地民居的一大特色,同时现代生活习惯更倾向于将室内外生活进行明确区分,结合发展趋势判断,室外院落的比例以 25%—35% 为宜。近期改造的洋楼式住宅院落过大,与房屋的关系是并置而非被包含,缺少围合感,只能表达居者对院落的功能性需求却已失去传统的文化内涵,规划中应尽量倡导传统平面形式的使用和恢复。

　　2) 曹墩村的特殊性

　　每个村落都有基于自身环境和发展过程的特殊问题,对于曹墩村而言,较为突出的问题在于茶居混合建筑和九曲溪沿岸红线突破。这主要是村内用地紧缺、内增式发展模式所导致的,也是家庭作坊式制茶的"副产品"。功能叠合并置本身并无问题,但制茶流程所需要的空间形式与居住空间存在一些冲突,导致茶居混合改造时对房屋体量、立面的改变较大,破坏了原有的建筑尺度。

　　首先,家庭制茶作坊由于受到茶山面积、收种周期、产量规模、设备条件、从业人数的限制,长期维持在家庭规模无法扩大,部分茶农只能承担全流程中的低技术含量部分，比如采青、萎凋，且对场地要求不高，而关键的做青杀青、揉捻、烘焙环节则需要专业技师完成，且需要专门的烘焙制作间、较大的规模和产量予以保证。但即便只从事简单初制，也能获得比种田更高的收入，因此制茶业始终缓慢发展；之后，少数茶田偏多、投资更新设备、聘请优秀技师的作坊将其他茶农的初制茶收购一并精制，不断增强实力，成为中等规模的制茶单位——小型茶厂。正是这类小厂，既不足以进一步扩大为大型茶厂，又不能完全摆脱家庭经营管理的模式，因此选择将制茶与居住功能放置在一起，以便于管理与集约空间。这类改造住房已经达到相当的数量，占建筑总量的18%（图7-27）。夹杂在居住建筑中的通常是私人小型茶厂，底层为作坊，上层为居住空间。这看似节约了许多重复空间，但将两种功能复合在同一建筑内实则增加了不便。制茶厂房、库房的空间模式和居住空间不同，层高、面积、开放度、设备荷载都决定了茶厂应位于下部，居住空间位于上部，有些宅基地面积过小，茶厂甚至占据了1—3层，居住空间位于4—5层。这样的改建已经本末倒置，不是为提升居住条件而是纯粹为了合并茶居功能，居住反而变得不方便。其次，从制茶技术角度来说，每个步骤都有各自不同的、合适的温度与湿度，不能混合；若采用机器制茶，不同大小的机器设备也需要相当面积；烘焙间必须是封闭房间，且必须与其他流程隔开，因为热气和潮湿不利于茶青的萎凋、做青、杀青和后期的储藏。因此，制茶有相对固定的空间要求，且通常会在建筑立面上有所体现，底层多个房间不开窗，与居住空间的立面表达也是不相匹配的。最后，从环境保护角度来说，制茶产生的废水、垃圾与生活垃圾是不同级别的污染源，茶居混合会降低废水的处理程度，排入九曲溪仍会污染溪水质量（图7-28）。综上所述，集中建设制茶工业区将茶叶制作、展示、销售等相关功能全部转移安置、村内回归以居住生活为主，是目前较为合理地选择。

7.4　性能化规划成果

7.4.1　总体定位

2012年曹墩村的建设用地为17.4 hm^2，人口为1 750人，年人均收入为8 800元，人均建设面积约为100 m^2，根据《福建省村庄规划导则（试行）》（2011版）可知，现状人均建设用地面积宜为80—100 m^2，可根据实际用地需要进行增减，由于曹墩村可建设用地紧缺，故按照人均建设用地105 m^{2}的标准进行规划建设，近期建设用地规模 $S_{2015}=1\ 800\times105=189\ 000$ m$^2=18.9$ hm^2，远期建设用地规模 $S_{2030}=2\ 050\times105=215\ 250$ m$^2\approx21.5$ hm^2。综合指数增长法算出曹墩村人口综合增长率为0.9%，近期人口 $P_{2015}=1\ 742\times(1+0.9\%)^4\approx1\ 800$ 人，远期人口 $P_{2030}=1\ 742\times(1+0.9\%)^{18}\approx2\ 050$ 人[④]，即2030年的建设用地将达到21.5 hm^2，

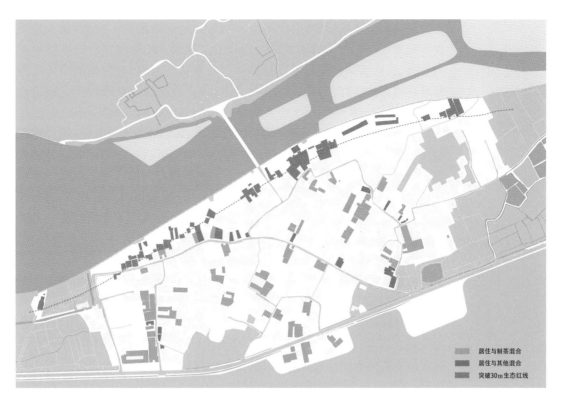

居住与制茶混合

居住与其他混合

突破30m生态红线

图7-27 混合功能的民宅

茶厂+居住　　　　茶厂+居住　　　　超市+居住　　　　　　　　近溪民宅

紧贴九曲溪的民宅

图7-28 混合功能的民宅以及紧贴九曲溪的房屋

7 实证研究:武夷山九曲溪上游村庄保护规划——以曹墩村为例 | **213**

人口为 2 050 人,年人均总收入为 22 000 元。未来 20 年,曹墩村将以发展农业和第三产业作为重点,农业、茶叶采摘和加工仍然是支柱产业并占据主导地位,依靠茶叶优势带动旅游和公共服务。同时,星村镇的茶叶加工示范基地、民俗旅游村、镇域副中心的发展定位也推动曹墩村走向综合实力提升。

曹墩村整治与提升规划遵循"因地制宜、对症下药"的原则,通过对现状存在及未来可预见的问题进行梳理总结,针对问题提出整治与提升的内容,主要包括产业与建设用地两个方面。对曹墩村村落内部的茶厂及小型作坊进行搬迁以及将村内散落的小茶厂一并迁至规划的大型茶厂,进行统一管理与整治;对曹墩村因九曲溪沿岸拆迁用户以及拆除建筑转为公共建筑的用户根据意愿进行安置;对于曹墩村内部的街巷体系进行整治改善,缓解内部交通压力,营造良好的生活氛围。

对基础服务设施进行完善和补充,满足自身及周边村居民的需求。根据《福建省村庄规划导则(试行)》(2011 版),结合曹墩村的实际地形,以"节约用地、高效用地"为基本原则,近期规划村建设用地约为 20 hm²,空间发展宜采取"见缝插针"式的有序更新模式,即在村庄内部闲置土地和一般农田上进行开发建设,房屋以置换和原址更新为主,不再大量新建居住用房,可建设部分公共设施和生产设施。

《福建省武夷山国家级风景名胜区总体规划(2012—2030 年)》提出"区内的建筑风格宜小不宜大、宜土不宜洋、宜低不宜高、宜分散不宜集中,以武夷山乡土建筑风格为主,以控制建筑密度、高度和体量,限制大规模的开发,体现山水田园风光景观特征为目的"。以此为基础的多层次建筑保护和整治控制手段也相应提出。

7.4.2 宏观规划

曹墩村拥有得天独厚的自然地理优势和较好的交通区位条件,制茶技术成熟,从事人数较多,有条件改变家庭作坊式生产销售模式,发展具有高度竞争力的规模化制茶厂区,整合资源,集中利用,带动整村的经济发展,也能更高效地发展以茶为中心的相关产业,处理茶居混合建筑的功能置换和分离、九曲溪沿岸房屋拆迁安置和村中心服务设施体系完善工作。

新一版土地利用总体规划将曹墩村周边土地定性为基本农田,对其严格保护、控制发展。九曲溪北岸及其他地区都是山地,无论从地质条件还是开山费用方面来看都无法承受大面积的建设开发。因此,曹墩村只能通过在内部闲置用地及一般农田上进行开发建设,对拆迁房屋进行原地重建,以实现人地平衡关系。

曹墩村现状用地中工业用地所占比例过大,在本次规划中将制茶作坊向外搬迁,降低在村落建设用地中的比例,同时九曲溪生态绿化的设

九曲溪绿化公园　　小型商业文化街　　村部广场　　　　　　　　村头绿地

图 7-29　曹墩村规划总平面

定弥补了村内公共绿地不足的缺陷,针对拆迁用户居住做必要的补充以及市场性公共服务用地的增加。具体调整如下:村西侧及沿星桐线南侧存在大量的闲置用地,通过对地形条件的处理将其转化为居住用地,根据居民的意愿进行分配安置;将村北侧九曲溪沿岸退让红线 30 m 内的建设用地转换为公共绿地,未来建成九曲溪绿地公园;将西北侧的现状菜地转化为建设用地,为搬迁学校提供场地,在前街以及垂直与前街的轴线上适当增加市场性公共服务设施用地,扩大辐射范围和覆盖率(图 7-29)。

　　根据目前用地布局和公共服务设施的分布状况可知,曹墩村的空间结构规划为"一核一带两轴五片区":一核即以村委会为中心的生活服务中心,前广场面积约为 500 m²,可作为召集村民议事集会的主场地,也是整个村庄的核心公共空间;一带即沿溪生态绿化带,宽度为 30 m,面积约为 2.3 hm²,整个绿化带以软质铺地为主,结合亲水平台布置硬质铺地的节点,并由游览步道串联;两轴为村镇发展主轴和与之垂直的村镇发展次轴;五片区即三片严格控制区和两片一般控制区(图 7-30)。

7.4.3　交通规划

　　前文的分析已经充分说明了村内的交通现状:街巷体系不完整,导致村落内部街道交通负重不堪,日常交通活动无法正常运行。因此,规划对交通系统采用性质区分、等级划分,并通过路网调整补充和交通管制实现交通性能提升。

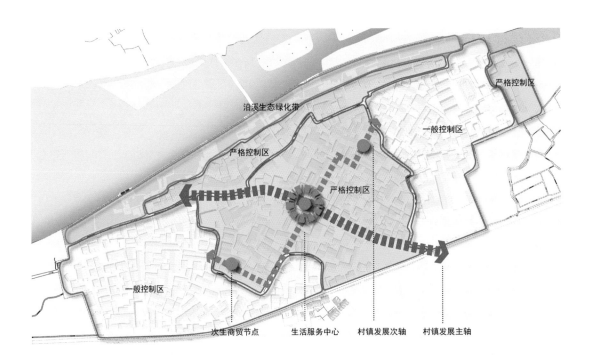

沿溪生态绿化带

严格控制区

严格控制区

严格控制区

一般控制区

一般控制区

次生商贸节点　　生活服务中心　　村镇发展次轴　　村镇发展主轴

图 7-30　曹墩村空间片区划分

（1）交通性质与等级划分

曹墩村道路分为干路和支路,宽度 3 m 以上的可通车硬质道路结构为
"一干一轴四环",干道星桐线的宽度为 7 m,为双向两车道,村内支路的宽
度均为 3—5 m,仅供单向通行,局部较宽处提供车辆避让和会车。巷道主
要为 2—4 m 的禁车步行道路,为垂直于主街向内伸展的鱼骨状形态,可
分为主巷和支巷,主巷承载人们日常生活的主要步行交通,支巷路面宽度
为 2—3 m,为入户的步行交通。

（2）道路调整

机动车道延长三条、增加一条:X-R 向东延长至横梗路,K-N 向北延
长至牌坊下路,L-H 向北延长;在 H 与 H1 地块之间增加机动车道 G'-
H',原有的步行道 h-e 段升级为机动车道,与 L-H 延长线连接成环。

步行道延长三条、增加五条:y-z 向东延长至横梗路,k-a 向南延长至
前街,j-l 向北延长;在 S-E-J-M 地块中增加两条步行道 d'-m'和 b'-k',在
B-V-S-A 地块中增加三条步行道 q-p'、x'-y'和 r'-q',在 X-V-E-F 地块
中增加步行道 g'-河堤。

（3）交通管制

在前街—中街进行单行线设置,对机动车道沿线的会车空间进行补
充,根据街巷的实际情况增加可能的会车场地,确保车道宽度不足的节点
能够顺利过车,排除堵点。

（4）停车场规划

曹墩村目前有 351 户,车辆数量约为 218 辆,由于曹墩村土地面积紧

张,停车系数为 0.5,停车位数量为 $351×70\%×0.5≈123$ 辆,停车面积按照 25 m^2/辆的标准计算,停车场面积$=123×25=3\ 075\ m^2$。村落内目前只有一个停车场,新建三个位于规划范围之内,停车数量分别为 15 辆、15 辆和 25 辆,面积分别为 375 m^2、375 m^2 和 625 m^2。其余的由外围停车场解决,大约可供 95 辆停车,面积约 2 375 m^2(图 7-31)。

7.4.4 建筑控制

1)风貌控制

曹墩村地处武夷山双遗地核心区、国家级自然保护区、九曲溪上游保护区,地理位置优越。村中保留了许多传统建筑,能够体现福建传统民居特色,具有较高的旅游观赏和开发利用价值。但在调研过程中发现了许多与传统风貌不符的现象,如出现四层及以上建筑,坡屋顶材料使用彩钢瓦等。因此,亟须制定相关保护导则,以保证在村落发展的同时保持传统特色。

对于曹墩村而言,“千篇一律”的风格要求不可取,应该彰显统一的文化大背景下和而不同、各具特色的民居,展示多样的生活习惯和人文风俗。在上位规划和福建传统民居特色的基础上,村庄规划对曹墩村的建筑保护和整治提出了一些技术控制规定:村内建筑首先应与环境有机结合,形式灵活自由,注重几何形体的组合多样性;强调公共场所的设计,以方便居民的日常交流和休闲(图 7-32)。

停车场面积:351×70%×0.5≈123 辆,123×25=3 075 m^2

图 7-31 停车场规划图

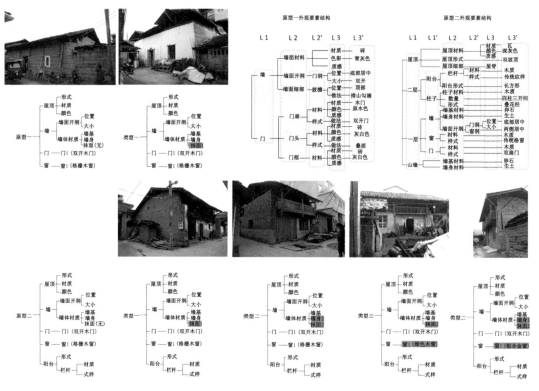

图 7-32　村内民居外观要素提取与比较

（1）功能齐全。每套住宅都布置了齐全的功能空间,每栋均设有车库、厅堂及 5—6 间卧室,以及起居室、露台、阳台等,做到功能空间均有直接对外的采光通风。根据家居的活动规律和需要,对功能空间进行合理组合,减少室内的交通面积,底层分设两个主次出入口,并布置一间老人卧室,努力做到动静分离、洁污分离、公私分离、食居分离、居寝分离,为人们温馨的家居提供了必要的条件。

（2）汲取当地传统民居的特点,结合现代生活的需要,以客厅和起居室作为家庭对内对外的活动中心,方便户内主要空间的联系,把面积较大的客厅、起居室都布置在南向,以适应当地民情风俗和各种功能的需要,结合天井的布置为组织自然通风创造条件。

（3）建筑立面造型设计丰富,具有浓郁的地方风貌和现代特征。根据不同的户型设计不同的坡屋面,再现传统民居的韵味,大面积开敞的门窗、明快的色彩和简洁的处理手法使得立面造型又颇具时代新意。

（4）体量控制:新建、改建、重建的建筑应该对体量予以控制,与周围建筑形成统一连贯的风格,不影响村落的整体风貌。建筑层数控制应在 4 层以下,檐口高度一般低于 12 m,屋脊高度低于 15 m。住宅层高不宜超过 3 m,其中低层层高可酌情增加,但不应超过 3.3 m。

（5）屋顶形式:建议采用传统的坡屋顶形式,选择与传统材质颜色、质感相近的屋顶材料。不允许使用颜色鲜艳的彩钢瓦等作为屋顶材料,不建议采用平屋顶形式。

（6）墙面材质：墙面材料的选用以不破坏风貌为前提。应首先考虑与周边其他建筑的协调统一，材质、颜色、装饰都应优先选择本土材料；墙面颜色宜为灰色、白色等，不允许出现红色、蓝色等鲜艳颜色；墙体材质应和谐统一，不得出现多种材质的拼贴堆砌；空调等墙面附加物应做统一处理，不宜直接暴露，至少不出现在沿主街立面上。

（7）门窗材质与样式：门窗宜采用传统的木质，不建议使用铝合金、铁等作为门窗材质；门窗不宜刷成蓝色、绿色等鲜艳的颜色；不建议使用大面积的现代开门窗洞口的方式；若有门罩，不得使用彩钢瓦、塑料制品等现代材质。

（8）阳台：不宜出现弧形等不规则形状的阳台；栏杆的材质宜采用木质，栏杆纹样宜采用传统样式，不宜采用欧式石膏栏杆。

2）单体整治

根据曹墩村现存建筑的保存状况，我们对单体建筑整治进行了分类指导。

（1）保持原状：建筑物不影响曹墩村的风貌，且有较高的舒适性的，维持其原状不变。

（2）维修改善：对于修建于 20 世纪 50—70 年代及 20 世纪 80—90 年代保存较好的建筑，对其结构破损的地方进行加固和改善；对这一类建筑的采光、卫生及日常使用功能等方面进行改善，提高居民生活的舒适程度。

（3）局部整治：建筑物的细部发生了影响曹墩村风貌的改变时，应该对其进行局部的整治，如门窗的颜色、材质、样式，阳台的形状，栏杆的样式和材质等的变化，应该按照上述建筑风貌控制所提出的要求对其进行控制。此外，还有搭建或者加建的建筑应以不影响与周围环境的协调统一为原则，对其进行整治。

（4）整体改造：对曹墩村整体风貌有消极影响的建筑，应该对其平面格局和立面进行一些改造和调整，在细部的处理上可以结合曹墩村当地的特色进行改造。根据当地居民生产生活习惯与节约用地原则，规划宅基地标准为每户用地不超过 120 m²；住宅建筑基底面积不应大于宅基地面积的 75%，保证留有一定的庭院空间。

福建武夷山曹墩村作为一个具有悠久历史的传统乡村聚落，以制茶为主导产业，但在近年产业升级、转型发展过程中遭遇到发展受限、环境破坏等瓶颈，急需进行适应性改造。曹墩村产业发展与环境保护规划工作首先从在地性、时间性、社会性和传承性方面对村落的传统性进行历史与现实的解读，从街巷、地块、广场和标志物等方面对曹墩村发展现状进行形态完整性分析，提出了性能化保护规划的目标和内容。在规划工作中，以"合理性灵活"的理念，突出"街巷网络提升和地块系统反馈"互动意义，实现曹墩村的整体性能改善和聚落空间的整体保护。性能化规划的成果包括宏观定位、总体规划、街巷规划、建筑控制等内容，并通过实践案例验证了性能化规划技术应用的可靠性和可操作性。

第 7 章注释
① 资料源于武夷山市人民政府网站。
② "八山"是指福建省西北部的武夷山山脉和中部的鹫峰山山脉,"一水"是指闽江,"一分田"是由于福建省大部分为梯田作业,可耕种土地面积少而得此说法。
③ 其他种类的产量为绿茶 140 万 t,红茶 25.3 万 t,黑茶 17.7 万 t,白茶 2 万 t。数据来源于网易新闻。
④ 2016 年的调研更新数据为:建设用地为 19.2 hm²,人口为 1 805 人,年人均收入约为 12 800 元,基本符合规划预测。

第 7 章参考文献
[1] 姜含春,赵红鹰,葛伟. 中国茶产业现状及发展趋势分析[J]. 中国农业资源与区划,2009,30(3):23-28.

第 7 章图表来源
图 7-1 至图 7-3 源自:笔者绘制.
图 7-4 源自:规划项目资料.
图 7-5 源自:笔者绘制.
图 7-6 源自:笔者绘制、拍摄.
图 7-7 源自:笔者绘制.
图 7-8 源自:笔者拍摄.
图 7-9 源自:笔者绘制.
图 7-10 源自:笔者拍摄.
图 7-11 源自:规划项目组郭子君整理.
图 7-12 源自:笔者绘制.
图 7-13 至图 7-15 源自:笔者拍摄.
图 7-16 至图 7-21 源自:笔者绘制.
图 7-22 源自:笔者拍摄.
图 7-23、图 7-24 源自:笔者绘制.
图 7-25 源自:笔者拍摄.
图 7-26、图 7-27 源自:笔者绘制.
图 7-28 源自:笔者拍摄.
图 7-29 源自:规划项目组国子健绘制.
图 7-30、图 7-31 源自:笔者绘制.
图 7-32 源自:规划项目组郭子君整理绘制.
表 7-1、表 7-2 源自:入户调研统计(统计时间为 2014 年 6 月).
表 7-3 至表 7-15 源自:笔者根据调研数据统计绘制.

8 结论与展望

8.1 中国传统乡村聚落性能化提升规划再认识

我国传统乡村聚落博大精深，是自然地理、地域建筑、多元文化、传统民俗的高度集中体现，所代表的地域特色和文化基因在独特的发展模式中得以固化并缓慢演化，却在快速的现代化进程中遭遇前所未有的适应困难和融合偏差。"保护与发展相结合"既是传统聚落生存发展的首要原则，也是现代化、城市化发展背景下的一大难题，尤其乡村的生存空间遭受挤压，日趋狭小，保护形势日益严峻，对于建设者、使用者、管理者而言都是不小的挑战。传统的乡村保护规划通过一系列建设项目将上位规划和近中期建设目标落实，以解决普遍的发展与保护问题，然而对乡村的个性复兴却长期缺位，经过数十年的建设发展，乡村"特色缺失""文化空心"等问题日渐凸显。在保护与发展并举的现实前提下，如何把握两者博弈关系、调控双向利害、实现双赢局面，建筑师与规划师的探讨并不鲜见。但大多数研究都是单向进行的，或从现存问题入手，寻求解决方案；或从规划目标入手，建构规划体系。以问题为导向的规划方法将发展目标划分为多个规划"模块"，包含一系列规范、条例和导则，以及适用于大部分村镇的惯用规划策略、路线和内容，甚至参考套用的技术路线。这种方法虽然保证了规划成果的普适性、高效性和实施阶段的连贯性、统一性，但这种"有限特色规划"的后果是，当有限的特色价值溶解到庞大复杂的规划中后便难觅踪影。

性能化设计便是解决此症结的一个方法补充：不是简单地将规划内容视为一个个模块，而是回溯到需要解决的问题一端重新构建规划框架，以"保护"传统形态完整作为底线，将"发展"问题梳理后对问题组本身进行价值的取舍和组合，并在过程中进行反馈和调整，最终得到性能"打包"方案，再到各具体项目中完成。这一方法不仅针对传统乡村聚落规划，而且适用于在必须兼顾的多种价值之间进行判断和排序的规划类型，是具有普适性的规划方法。

（1）传统性保存是目前我国大部分乡村建设反复强调却一直难以推进的工作。除了经济利益驱动导致保护无力的原因之外，更重要的原因在于各责任主体对于传统性未达成共识，对于传统性的理解和价值认知、对于传统性保存与乡村建设的辩证关系、对于保护工作的先后顺序、对于投入—产出的比例分配等基本概念的理解不统一,导致乡村建设虽有规划,却缺少章法,原因就在于各主体的专业领域不同,工作重点不同,对乡村未来的期许不同,出路不明确。因此,在各利益主体急于满足各自诉求之前,有必要对乡村发展过程中的各种博弈关系、价值定位进行梳理和协调。那么置于何种语境、何种工作平台才能尽量满足更多人的需求,就不仅仅是策略问题,也是一个技术问题。

(2)传统乡村聚落的传统属性可以从在地性、时间性、社会性和传承性四个方面来概括,一方面表明其具有很高的综合价值,另一方面体现规划的难度。不论传统乡村聚落需要怎样的现代化改造提升,保存和继承传统性是一切保护的起点和最终的落点,也是本书的理论起点。对一个充满文脉的既有环境进行功能调整提升规划,与重新规划一块未建设用地相比,难度大得多。建成环境中所蕴含的空间和文化信息,都要在获取、解读的基础上反馈到新的操作中以延续和赋予其新的内涵,即使在不同的时间,用在地、社会、传承的角度去考察这些要素,它们仍然能够维持形态的完整,同时又携带了较明确的时间特征,才是真正保持传统性和形态完整性的设计,这是基于传统形态完整性的性能提升的立论之本,也是难度所在。

(3)在整个性能化规划过程中,性能化思想通过三次介入,分别从宏观——"保护与发展融合"的价值取向、中观——"多项性能指标合集"的技术路线,以及微观——"双向构建与互馈"的技术方法等层面,将性能化——"根据特定或局部的性能需求,对整体系统中出现不能满足需求、不能调整适应的部分采取局部补偿或专项强化的措施,以实现最终整体的性能表现达标"——这一陈述细化为三个不同深度的操作路径,针对不同对象、不同阶段的问题特殊性采取相应的性能化设计手段,贯彻到规划的各个环节。

性能化设计的价值取向和立场应该在落实到各规划项目之前就有所介入和表达,这一阶段可视作总体规划的一部分,主要表达将冲突融合为相互支持、促进的关系,是对规划方向的总体控制;将规划总体目标划分为多个子项目时,不能只完成交集或拆开各自完成,而是尝试将各项目用性能指标落点表示,将非交集的项目统筹转变为有联系的性能合集,扩大可融合的内容,更大限度地扩大"整体"的范畴和内涵;在具体的规划技术方面,主要通过对前端性能表现和后端结构建构的互相反馈、调整和统筹,获得两端不同表述方式下都能满足要求的交集。

(4)实证案例选取了笔者全程参与保护规划的传统村落——位于福建省武夷山自然保护区内的星村镇曹墩村,在应对经济转型和环境保护这两个同等重要的发展议题以及一系列附属问题时,如何通过性能化提升解决局部的升级困难,平衡各方面的生存利益,实现整体的性能强化,同时最大限度地保存传统风貌,对未来村民自建提出引导和规范。

（5）性能化规划并不能取代传统规划设计,只是在规划过程中加入反馈,而不是实施后反馈,另外在人机互动性方面有所补充和进步,为未来计算机辅助设计开辟了新的领域和发展空间,但性能化规划不能脱离传统规划而独立存在。第一,它最初是作为一种价值判断和工作思路出现的,是在认可"设计是有界限的、是优劣势并存的"前提下的一种补偿设计手段,后来逐渐被各设计领域采用而趋于成熟,但其本质仍然是以介入补偿为基本目标的。第二,性能化规划的对象和落点仍然是物质空间,性能需求虽然是针对日常状态,却是日常状态的空间呈现,必须依赖实体将边界、轴线、节奏、韵律、比例等建筑学基本的叙事要素转化为看得见、摸得着的农田、街道、广场、房屋。第三,部分学界观点认为设计依赖数字化,最终会变成一种"选择",失去变化和人情味,但人始终是设计和操作的主体,计算结果只是人的主观选择的一种外部延续和客观印证;人也是诉求和验证的主体,是否满足要求仍需要人的考量和判断。

未来,我国的传统乡村聚落保护规划将朝着更加整体、科学、互动的方向发展,也必将对这些领域有更深刻的理解和更广泛的实践。但对于广袤的乡村而言,物质营造与精神营建同等重要。精神和文化塑造对于传统乡村聚落是更深层、更长久、更潜移默化的建设,"经济基础决定上层建筑",保护规划只能完成物质基础,而精神建设需要更多学科的参与和更深刻的反思,也是乡村真正实现"在地"的必经之路。

8.2　后续研究

（1）研究对象的拓展。本书的研究对象仅针对传统乡村聚落,未将同为传统聚落的乡镇纳入研究范围,但我国的小城镇(乡镇)在数量与质量上都具有很高的研究价值,问题也更为庞杂、更加迫切,在小城镇推广性能化设计规划编制技术更具现实意义。

（2）规划尺度的拓展。在传统乡村聚落中,还有一类对于保护传承具有重要意义和影响力的要素——建筑及细部。作为村落传统性和整体风貌的重要表达主体,建筑整体结构和风貌要素的性能化提升具有重要意义,尝试采用遗传算法、元胞自动机—自生成等方法对风格表征要素进行规律总结和替换方法研究。

（3）村民主动性的调动。乡村聚落和村民是密不可分的命运共同体,村民是村落的主人,也是保护与再生工作的主要实施者和受益者;但村民从被动观望到主动参与最终实现自愿自建,需要漫长的过程。除了进行传统村落价值和保护意义的宣传、建造技术的普及,还要让村民切身感受到生活条件有效改善和文化民俗保护是互不冲突的双赢,尝试让村民根据自身需要和经济能力菜单式地选择希望采取性能化改造的项目和改造深度,才有可能进一步推行"自助式"修建、自筹改造等政府与村民合作项目,从为村民改造过渡为教村民改造,最终实现村民自觉保护和自觉改造。

（4）性能化内容的扩展。性能化设计是具有普适性的设计方法，但在面对不同对象时需要解决的问题是不同的，不仅是尺度的扩展和系统复杂性的增加等技术性问题，而且有责任主体和行政管理的转变。传统聚落的成功转变不在于建，而在于治，管理机制等因素将成为更重要的人性化要素纳入性能化平台和规划技术方法。

后记

本书是基于笔者的博士学位论文进一步修改、完善后的研究成果。

课题的选择是一个富有挑战性的过程,最初选题阶段尝试将村落和乡镇共同作为研究对象,但在研究过程中发现,随着资料的不断充实和对意大利乡村的考察,研究内容不断细化、明晰,研究对象进一步聚焦,研究内容有所调整。

写作是孤独的,也是承载大家帮助的积累过程。

首先,感谢我的导师王建国院士。整个研究过程的每个环节都得到了先生的悉心指导。先生前瞻的学术眼光、严谨的治学态度、一贯的严谨细致,使我受益匪浅。感谢意大利罗马大学建筑学院路易吉·戈佐拉(Luigi Gazzola)教授、萨尔沃·西蒙娜(Salvo Simona)教授、费德理科·德·马泰斯(Federico de Matteis)教授、杨慧对我在意大利交流期间的学习、阅读以及乡村调研所给予的指导和帮助。

感谢诸葛净副教授、唐芃副教授对我的博士学位论文研究、项目实践与写作所给予的指导与帮助;感谢郭子君、国子健等在武夷山村落规划项目中的共同努力。

感谢南京工业大学建筑学院对本书出版的支持。

感谢东南大学出版社徐步政先生和孙惠玉女士在本书出版过程中所付出的辛勤劳动。

感谢武夷山星村镇林芳盛局长、曹墩村村民的支持。

赵　烨

2020 年 6 月于南京

本书作者

赵烨,女,江苏南京人。东南大学建筑学博士,南京工业大学建筑学院教师,中国建筑学会计算性设计学术委员会委员。主要研究方向为城市设计、传统乡村聚落保护规划。先后于《城市规划》《城市规划学刊》《规划师》等学术期刊发表学术论文 8 篇,出版著作《基于大尺度自然景观融合的城市设计》,参加国际城市与区域规划师学会(ISOCARP)、国际城市形态学论坛(ISUF)、亚洲国家城市规划与环境管理国际研讨会(AURG)等国际会议并做学术报告 6 次。